Taschenbuch für die Lebensmittelchemie

Hilfstabellen
für die Arbeiten des Chemikers, Lebensmittel-chemikers, Gärungschemikers, Fettchemikers, Wasserchemikers und verwandter Berufe

Zusammengestellt und bearbeitet von

Dr. A. Thiel † und Dr. R. Strohecker

o. ö. Prof. a. d. Universität Marburg Oberchemierat in Gelsenkirchen

unter Mitwirkung von

Dr. H. Patzsch

Zweite, verbesserte und vermehrte Auflage

Berlin 1947

Walter de Gruyter & Co.

vormals G. J. Göschen'sche Verlagshandlung – J. Guttentag, Verlagsbuchhandlung
Georg Reimer – Karl J. Trübner – Veit & Comp.

Archiv-Nr. 52 60 47
Druck: Verlagsanstalt F. Post, Gelsenkirchen-Buer

Arbeitsmethoden der modernen Naturwissenschaften

Wir widmen dieses Buch dem Andenken von

Josef König
* 15. 11. 1843 † 12. 4. 1930

Aloys Bömer
* 16. 8. 1868 † 9. 10. 1936

Josef Tillmans
* 5. 7. 1876 † 2. 2. 1935

Vorwort zur ersten Auflage

Seit Jahren sind die 1910 erschienenen „Hilfstabellen für Nahrungsmittelchemiker“ von A. Kraus und F. Schwenzer vergriffen, und von vielen Seiten ist angeregt worden, dieses nützliche Buch entweder in neuer Auflage erscheinen oder durch ein ganz neues Werk ersetzen zu lassen. Erneute Vorstellungen in letzter Zeit, besonders nachdrücklich durch Herrn Dr. Herbert Patzsch in Osnabrück erhoben, haben den Verlag* veranlaßt, der Lösung dieser Frage nunmehr näherzutreten. In der Erwägung, daß die Bearbeitung eines solchen Werkes unter maßgebender Mitwirkung eines Physikochemikers erfolgen müsse, und in dem Wunsche, eine engere Anlehnung an die dem Chemiker wohlbekannten „Logarithmischen Rechentafeln“ von F. W. Küster und A. Thiel zu erzielen, hat mich der Verlag im Frühjahr 1937 um Rat und Hilfe bei seinem Vorhaben gebeten. Bei Durchsicht des Materials ergab sich sogleich, daß vom Bestande des „Kraus-Schwenzer“ fast nichts übrigbleiben konnte, wenn das Werk für die Gegenwart die Aufgaben erfüllen sollte, in deren Dienst sich vor nahezu dreißig Jahren der „Kraus-Schwenzer“ mit so gutem Erfolge gestellt hatte. Es kam also darauf an, ein ganz modernes Hilfsbuch, im wesentlichen ein völlig neues Werk, zu schaffen. Wenn ich mich für diese Aufgabe zur Verfügung stellte, so geschah das unter der Voraussetzung, daß ich die Mitarbeit eines bekannten und bewährten Fachmannes auf dem Gebiete der Lebensmittelchemie fände, dessen Persönlichkeit eine harmonische Arbeitsgemeinschaft gewährleistete, womöglich in solcher Nähe, daß eine öftere persönliche Fühlungnahme und Aussprache angängig wäre.

Einen solchen Mitarbeiter fand ich nun glücklicherweise in meinem alten Schüler Dr. phil. habil. Robert Strohecker in Frankfurt am Main. Mit ihm zusammen habe ich vor jetzt gerade 25 Jahren die wahre Stärke der Kohlensäure bestimmt, und es war mir eine besondere Freude, in dem neuen Buche gewissermaßen Gelegenheit zu einer „Jubiläumsarbeit“ zu erhalten.

---

* Walter de Gruyter & Co., Berlin

Wir erfreuten uns bei unserer Arbeit der tätigen Mitwirkung des Herrn Dr. H. Patzsch, dem wir manchen wertvollen Rat und eine Reihe eigener Beiträge verdanken. Wenn das Buch auch seinen Namen trägt, so ist das zugleich eine Würdigung seiner entscheidenden Rolle bei der Entstehung des neuen Werkes.

Für die Förderung unserer Arbeit haben wir drei Verfasser besonders noch den Herren Dr. F. Weiß in Magdeburg und seinem Mitarbeiter Herrn Dr. H. Beier sowie Herrn Dr. A. Splittgerber in Berlin-Steglitz herzlich zu danken. Auch dem Verlage Julius Springer in Berlin sind wir für die Erlaubnis, einige Tabellen aus bei ihm erschienenen Werken unverändert abzudrukken, zu großem Danke verpflichtet.

Der sachkundige Beobachter wird in Anlage, Einrichtung und Ausstattung des neuen Buches eine starke Verwandtschaft mit dem „Küster-Thiel" feststellen können. Was sich bei diesem in einer nunmehr 44jährigen Praxis bewährt hat, ist übernommen worden, soweit als angebracht erschien. Man darf daher den „Thiel-Strohecker-Patzsch" ruhig als eine Ergänzung des „Küster-Thiel" für die besonderen Zwecke der Lebensmittelchemie betrachten. Wenn im Material auch gewisse Überschneidungen unvermeidlich waren, so erhebt doch keines der beiden Bücher etwa den Anspruch, das andere überflüssig zu machen, im Gegenteil: sie werden sich in den Laboratorien ausgezeichnet miteinander und nebeneinander vertragen!

Wir haben es für richtig gehalten, bei jeder Tabelle ihre Herkunft anzugeben, damit sich der Benutzer des Buches nötigenfalls mit dem Zahlenmaterial der Originale vertraut machen kann. Auch die am Schlusse stehende Bibliographie wird gewiß manchem Benutzer willkommen sein.

Auf ein Sachregister glaubten wir verzichten zu dürfen; das Inhaltsverzeichnis gibt über das Material genügend Auskunft.

Ein Wort ist noch zu sagen über die in diesem Buche verwandten Dichteangaben. Die Notwendigkeit einer Abkehr von der Bezeichnung „Spezifisches Gewicht" ist in der Einführung (S. 1) begründet worden. Nach diesem in gewisser Hinsicht „revolutionären Akt" habe ich mich nicht dazu entschließen können, sogleich auch das für den Chemiker noch fremdartige Formelzeichen ρ für die Dichte (vom AEF so festgelegt) anzuwenden; ich habe es vorläufig bei dem vertrauten Buchstaben d belassen. Auch das Zeichen für das „Gewichtsverhältnis" (und letztere Bezeichnung selber) kollidiert noch mit den Empfehlungen des AEF. Diese sind auch noch nicht in allen Punkten endgültig. Eine letzte Bereinigung muß der Zukunft überlassen bleiben, wenn sich der Schrecken über diesen ersten

Umsturz etwas gelegt hat und sich herausgestellt haben wird, wieweit sich die Lebensmittelchemiker an die Neuerungen gewöhnt haben.

An alle interessierten Fachgenossen richten wir die Bitte, durch Mitteilung von Druck- oder Rechenfehlern und die Zuleitung von Vorschlägen für die Verbesserung oder Vervollständigung des Buches dazu beizutragen, daß es sich allmählich zu einem vollkommenen Gehilfen des Lebensmittelchemikers und der anderen für das Buch in Betracht kommenden Berufskreise auswächst.

Wenn wir nun das neue Buch ins Leben hinausgehen lassen, so geschieht es mit dem Wunsche, daß der „T-S-P" im Laufe der Zeit für den weiteren Kreis der Lebensmittelchemie dasselbe werden möge, was der „Küster-Thiel" für den Chemiker im allgemeinen Sinne schon seit langem ist.

Marburg (Lahn), Weißenburgstraße 36, im Frühjahr 1938

A. Thiel

Vorwort zur zweiten Auflage

Das Taschenbuch für Lebensmittelchemie erschien erstmalig im Jahre 1938. Schon im Jahre 1942 war das Taschenbuch vergriffen. Da Herr Prof. Dr. Thiel, dessen genialen Eigenschaften das Taschenbuch gar viel an Übersichtlichkeit und Gebrauchswert verdankt, im Jahre 1942 einem schweren Herzleiden erlegen war, trat der Verlag Walter de Gruyter & Co. an mich heran mit der Bitte, eine Neuauflage vorzubereiten. Mir war von Anfang an klar, daß eine weitgehende Neubearbeitung notwendig war. Im Laufe der Jahre 1938 bis 1941 wurden Wünsche und Anregungen in großer Menge an mich herangetragen, die weitgehend berücksichtigt werden sollten. Für wertvolle Unterstützung und Anregungen bin ich vor allen Dingen den Herren Dr. Patzsch, Dr. Seelig, Prof. Dr. Fresenius, Prof. Dr. Großfeld, der leider inzwischen verschieden ist, Dr. Haase und Dr. Fincke dankbar. Sie haben sich teils durch Zusammenstellung neuer Tabellen, teils durch Hinweise an der Neubearbeitung beteiligt.

Viele Wünsche hatten den Ersatz der früheren Alkohol- und Extrakttabellen durch Tabellen zum Ziel, die eine Ablesung des Alkohol- und Extraktgehaltes bei einem Gewichtsverhältnis $\gamma L \frac{20^{\circ}}{20^{\circ}}$

ermöglichten. Außer dem Ersatz der früheren Alkohol- und Extrakttabellen, der als die prägnanteste Änderung der vorstehenden Auflage gewertet werden muß, ist dem Milchkapitel eine neue Tabelle zur Errechnung der fettfreien Trockensubstanz angefügt. Im Wasserkapitel erscheint eine Reihe neuer Umrechnungsfaktoren. Im Zuckerkapitel wurde eine Tabelle zur Errechnung des Zuckergehaltes aus den Kupferoxydulwerten neu eingesetzt. Weitere Neuerungen befinden sich im Zuckerkapitel bezüglich der Stärkesyrupberechnung. Auch das Fettkapitel bringt verschiedene neue Tabellen, von denen die Tabelle zur Errechnung des Fettgehaltes nach dem Benzinverfahren hervorgehoben sei. Bei allen Neuerungen habe ich mich bemüht, im Sinne von Herrn Professor Dr. Thiel, dem langjährigen Herausgeber der Logarithmischen Rechentafeln Küster-Thiel, zu verfahren. Leider mußte aus technischen Gründen auf den schönen Schwarz-Rot-Druck verzichtet werden.

An alle interessierten Fachgenossen richte ich die Bitte, durch Mitteilung von Druck- und Rechenfehlern und Zuleitung von Anregungen für die Verbesserung und Vervollständigung des Taschenbuches beizutragen, damit es allmählich zu einem unentbehrlichen Begleiter des Lebensmittelchemikers, des öffentlichen Chemikers und des Industriechemikers wird. Derartige Zuschriften erbitte ich an die untenstehende Anschrift.

Möge die zweite Auflage des Taschenbuches für Lebensmittelchemie die gleiche warme Aufnahme erfahren wie die erste Auflage.

Gelsenkirchen-Buer, Westerholter Str 82, im Herbst 1947

R. Strohecker

Inhalt

Index

Anal. VIII. Gruppe: **Allgemeine Analyse**

Vierstellige Logarithmentafel (mit Antilogarithmen) in der Umschlagtasche.

Einführung

1. Einrichtung der Tafeln

Die Tafeln (mit wenigen Ausnahmen, die besondere Gründe haben) zeigen teils halbfetten Druck, teils normalen Schwarzdruck. Die halbfettgedruckten Daten sind die Grundlagen (Beobachtungsdaten), aus denen die gesuchten Werte, die normal schwarz gedruckten Zahlen, berechnet sind. Also: Gegeben = halbfett gedruckte Zahlen; gesucht = normal schwarz gedruckte Zahlen.

2. Logarithmenrechnung

Soweit erforderlich, sind a u c h die Logarithmen der als Faktoren usw. zu verwendenden Werte beigefügt, um die Rechnung zu erleichtern. Je nach dem zu erzielenden Genauigkeitsgrade sind diese Logarithmen (nur die Mantissen) teils vierstellig (Tafel 112a), teils fünfstellig (Tafel 12c und 76), teils siebenstellig (Tafel 63) aufgeführt. Es wird empfohlen, sich nach Möglichkeit g r u n d s ä t z l i c h der Rechnung mit Logarithmen zu bedienen (siehe die darauf bezüglichen Bemerkungen in K ü s t e r - T h i e l, Logarithmische Rechentafeln für Chemiker, 46.–50. Auflage, S. 196 ff.). Als Hilfe dabei soll die in der Deckeltasche befindliche Tafel vierstelliger Logarithmen dienen, die in den allermeisten Fällen genügen wird.

3. Dichte und spezifisches Gewicht

Diese beiden Begriffe werden vielfach immer noch als gleichbedeutend betrachtet und behandelt. In Wirklichkeit bedeuten Dichte und spezifisches Gewicht aber etwas durchaus Verschiedenes, wenn auch ihre Zahlenwerte oft praktisch (oder sogar exakt) gleich sind. Eine klare Auseinandersetzung erscheint daher notwendig.

D i c h t e (oder s p e z i f i s c h e M a s s e) ist die Masse der Raumeinheit (Volumeneinheit) eines Körpers, d. h. die Masse der gesetzlichen Raumeinheit, des Milliliters (1 ml = 1,00003 cm^3)[1], in Gramm.

Da die Masse unabhängig vom Ort auf der Erde (oder im Weltraume) ist, so ist es auch die Dichte eines bestimmten Körpers bei unveränderten Zustandsbedingungen (Temperatur und Druck). Man sollte den Begriff der Dichte darum nur in dem vorstehend gegebenen strengen Sinne benutzen und seine Eindeutigkeit nicht durch abwandelnde Zusätze (wahr, scheinbar, absolut, relativ), welche Gelegenheit zu Irrtümern und Unklarheiten geben, gefährden. Es gibt für einen und denselben (homogenen) Körper bei bestimmter Temperatur und bestimmtem Druck nur *eine* Dichte, und diese hat die Dimension $\frac{\text{Masse}}{\text{Volumen}}$. Die Temperatur, für die ein bestimmter Dichtewert gilt, wird rechts unten neben das Formelzeichen für Dichte, *d*, gesetzt; die Bezeichnung d_{20^0} bedeutet also: Dichte bei 20⁰ Celsius. Eine Angabe des Druckes erübrigt sich bei allen flüssigen und festen Körpern, falls der Druck nur wenig vom normalen Atmosphärendrucke abweicht. Bei Gasen ist dagegen stets auch eine Druckangabe erforderlich.

Die Bestimmung der *Masse* erfolgt im allgemeinen durch Messung des ihr proportionalen *Gewichts*, d. h. der Kraft, mit der ein Körper auf seine Unterlage drückt. Diese Kraft ist bedingt durch die Kraft der Erdanziehung (Schwere) und durch die ihr entgegenwirkenden Auftriebskräfte, die mit zunehmender Dichte des umgebenden Mediums zunehmen und im Falle gleicher Dichte von Körper und umgebendem Medium die Wirkung der Schwere völlig aufheben, so daß der Körper auf eine Unterlage überhaupt nicht mehr drückt, sondern über ihr schwebt (Archimedisches Prinzip). Auf diesen Beziehungen beruhen bekanntlich die Auftriebsmethoden der Dichtemessung (Senkkörpermethode, Aräometrie).

Hieraus ergibt sich, daß das Gewicht eines Körpers (im Gegensatze zu seiner Masse) von der auf der Erde — und erst recht im Weltraume — örtlich verschiedenen Größe der Schwerkraft und von der veränderlichen Dichte des umgebenden Mediums, im allgemeinen der Luft, abhängig, d. h. also veränderlich ist. Die von der Ortsabhängigkeit der Schwerkraft herrührende Veränderlichkeit des Gewichts läßt sich *für die Zwecke der Massenbestimmung* durch das übliche Verfahren der Wägung ausschalten, weil hier der zu wägende Körper und die benutzten

[1] Vgl. Küster-Thiel, Logarithmische Rechentafel für Chemiker 56—60. Auflage 1947.

Gewichtsstücke in gleicher Weise von einer Veränderung der Schwerkraft betroffen werden. Bei anderen Wägemethoden, etwa bei Benutzung einer Federwaage, bleibt dagegen die Veränderlichkeit der Schwerkraft wirksam.

In allen Fällen aber macht sich der Einfluß der Auftriebskräfte bemerkbar, wenn — wie gewöhnlich — die Gewichtsbestimmung nicht im Vakuum, sondern einfach in Luft erfolgt und die Raumerfüllung des zu wägenden Körpers (wie meist) eine andere ist als die der Gewichtsstücke. Bei der Wägung auf der Hebelwaage erscheint ein Körper, dessen Dichte kleiner ist als die der Gewichtsstücke, gegenüber seinem Vakuumgewichte um so leichter, je dichter die Luft, d. h. je höher der Luftdruck, je niedriger die Temperatur und je trockener die Luft ist.

Nur der von der Auftriebswirkung befreite und auf eine mittlere Schwerkraft reduzierte Wert des Gewichts kann im strengen Sinne numerisch gleich der Masse des gewogenen Körpers gesetzt werden. Hierauf ist bei der Ableitung der Dichte eines Körpers aus den Ergebnissen von Wägungen in Luft zu achten.

Spezifisches Gewicht bedeutet nach streng wissenschaftlichem Sprachgebrauche das Gewicht der Raumeinheit (ml) eines Körpers, also die Kraft, mit der 1 ml des Körpers auf seine Unterlage drückt. Die Dimension des spezifischen Gewichts ist also $\frac{\text{Gewicht}}{\text{Volumen}}$ d. h. $\frac{\text{Kraft}}{\text{Volumen}}$, unterscheidet sich mithin von derjenigen der Dichte um den Faktor Beschleunigung (Kraft = Masse × Beschleunigung). Als Seitenstück zur Bezeichnung „Dichte" hat der AEF (Ausschuß für Einheiten und Formelgrößen) für das spezifische Gewicht die Bezeichnung „Wichte" empfohlen, welche die Analogie der beiden Größen augenfällig ausdrückt[1].

Was in der Praxis der technisch-wissenschaftlichen Messung als „spezifisches Gewicht" bestimmt wird, ist in Wirklichkeit gar nicht dieses selbst, sondern eine dimensionslose (absolute, unbenannte Verhältniszahl, welche angibt, wie sich das Gewicht eines Körpers zu dem Gewichte eines gleichen Volumens eines Vergleichskörpers (Bezugskörpers) verhält. Als Vergleichskörper dient allgemein die vielseitige Normalsubstanz Wasser. Als Vergleichsgewicht wird das des Wassers entweder bei der gleichen Temperatur eingesetzt, bei der auch der Körper gewogen wurde, oder aber das des Wassers im Zustande maximaler Dichte,

[1] 5. Sonderdruck des AEF, Abdruck aus der Elektrotechnischen Zeitschrift, S. 15. Julius Springer, Berlin 1937.

d. h. bei 4^0 C. So sind Angaben entstanden, wie „Spezifisches Gewicht bei t^0, bezogen auf Wasser von t^0": $d\frac{t^0}{t^0}$ oder „Spezifisches Gewicht bei t^0, bezogen auf Wasser von 4^0": $d\frac{t^0}{4^0}$.

Durch die Angabe „bezogen auf Wasser von t^0" ($t \gtrless 4$) wird dargetan, daß hier grundsätzlich keine spezifische, d. h. für die Raumeinheit geltende Größe vorliegt, sondern ein Wert, der sich im allgemeinen auf einen anderen Raum als das ml bezieht (auch 1 g Wasser von 4^0 nimmt übrigens, wenn es in Luft gewogen wird, einen von 1 ml etwas abweichenden Raum ein).

Es ist daher nicht richtig, derartige Angaben auch weiterhin noch unter der Bezeichnung „spezifisches Gewicht usw." zu bringen. Man wird vielmehr korrekterweise ihre Bedeutung als Verhältniszahlen scharf hervorheben müssen und ihnen daher die Bezeichnung „Gewichtsverhältnis" — mit einer Angabe der Temperaturen von Körper und Vergleichskörper (Wasser) — beizulegen haben. Es soll dadurch angedeutet werden, daß man zu diesen Verhältniszahlen durch Wägung gelangt, und zwar durch Wägung in Luft, was dadurch ausgedrückt wird, daß ein darauf bezüglicher Index (L) beigefügt wird.

Das Gewichtsverhältnis für eine Flüssigkeit (der häufigste Fall) wird in der Regel so bestimmt, daß man durch Wägung feststellt, wieviel ein Hohlgefäß (Meßkolben, Pyknometer) einmal von der Versuchsflüssigkeit und zum andern von Wasser faßt, und zwar aus praktischen Gründen bei der gleichen Temperatur (t^0). Wieviel Wasser von 4^0 dasselbe Gefäß fassen würde, wird durch Umrechnung (auf Grund der Dichten des Wassers bei t^0 und bei 4^0) ermittelt (siehe die Tafeln 63 und 64).

Es wird folgende Bezeichnungsweise vorgeschlagen und bereits in diesem Buche angewandt:

Begriff	Formelzeichen
Gewichtsverhältnis für $\frac{t^0}{t^0}$ (bestimmt in Luft)	$\gamma_L \frac{t^0}{t^0}$
Gewichtsverhältnis für $\frac{t^0}{4^0}$ (bestimmt in Luft)	$\gamma_L \frac{t^0}{4^0}$

Aus dem Gewichtsverhältnis $\gamma_L \frac{t^0}{4^0}$ läßt sich durch Reduktion auf das Vakuum die Dichte des Versuchskörpers, der Wert d_{t^0}, berechnen (siehe Tafel 64).

Der Unterschied zwischen Dichte d_{t^0} und Gewichtsverhältnis $\gamma_{L\frac{t^0}{4^0}}$ spielt nur bei genaueren Messungen eine Rolle (von der 4. Dezimale an). Für alle roheren Dichtebestimmungen (bis zur 3. Dezimale) darf man ohne merklichen Fehler auf die Umrechnung von Gewichtsverhältnissen auf Vakuumwerte verzichten und praktisch $\gamma_{L\frac{t^0}{4^0}} = d_{t^0}$ setzen.

Die Bezeichnung „spezifisches Gewicht" kommt in diesem Buche nicht mehr vor.

Für den Lebensmittelchemiker wie auch für jeden praktisch arbeitenden Chemiker spielt durchweg die Bestimmung der Gewichtsverhältnisse die wichtigste Rolle. Bei Alkohol- und Extraktbestimmungen wird man deshalb überall da, wo nicht ausdrücklich die „amtliche Anweisung" (s. S. 128/29) vorgeschrieben ist, mit den Tafeln 21 und 25 auskommen. Eine Reduktion auf 4^0 oder auf das Vakuum ist hierbei nicht notwendig.

Tafel 1

Tabelle zur Umrechnung der Dichte der Vollmilch auf die Normaltemperatur von 15° [1]).

Abgelesene Laktodensimetergrade	Abgelesene Wärmegrade der Milch:											Abgelesene Laktodensimetergrade
	10	**11**	**12**	**13**	**14**	**15**	**16**	**17**	**18**	**19**	**20**	
20	19,3	19,4	19,5	19,6	19,8	20	20,1	20,3	20,5	20,7	20,9	**20**
21	20,3	20,4	20,5	20,6	20,8	21	21,2	21,4	21,6	21,8	22,0	**21**
22	21,3	21,4	21,5	21,6	21,8	22	22,2	22,4	22,6	22,8	23,0	**22**
23	22,3	22,4	22,5	22,6	22,8	23	23,2	23,4	23,6	23,8	24,0	**23**
24	23,3	23,4	23,5	23,6	23,8	24	24,2	24,4	24,6	24,8	25,0	**24**
25	24,2	24,3	24,5	24,6	24,8	25	25,2	25,4	25,6	25,8	26,0	**25**
26	25,2	25,3	25,5	25,6	25,8	26	26,2	26,4	26,6	26,8	27,1	**26**
27	26,2	26,3	26,5	26,6	26,8	27	27,2	27,4	27,6	27,9	28,2	**27**
28	27,1	27,2	27,4	27,6	27,8	28	28,2	28,4	28,6	28,9	29,2	**28**
29	28,1	28,2	28,4	28,6	28,8	29	29,2	29,4	29,6	29,9	30,2	**29**
30	29,0	29,2	29,4	29,6	29,8	30	30,2	30,4	30,6	30,9	31,2	**30**
31	30,0	30,2	30,4	30,6	30,8	31	31,2	31,4	31,7	32,0	32,2	**31**
32	31,0	31,2	31,4	31,6	31,8	32	32,2	32,4	32,7	33,0	33,3	**32**
33	32,0	32,2	32,4	32,6	32,8	33	33,2	33,4	33,7	34,0	34,3	**33**
34	32,9	33,1	33,4	33,5	33,8	34	34,2	34,4	34,7	35,0	35,3	**34**
35	33,8	34,0	34,4	34,4	34,7	35	35,2	35,4	35,7	36,0	36,3	**35**

Tafel 2

Tabelle zur Umrechnung der Dichte der Magermilch auf die Normaltemperatur von 15° [2]).

Angelesene Laktodensimetergrade	Abgelesene Wärmegrade der Milch:											Abgelesene Laktodensimetergrade
	10	**11**	**12**	**13**	**14**	**15**	**16**	**17**	**18**	**19**	**20**	
20	19,5	19,6	19,7	19,8	19,9	20	20,1	20,2	20,4	20,6	20,8	**20**
21	20,5	20,6	20,7	20,8	20,9	21	21,1	21,2	21,4	21 6	21,8	**21**
22	21,5	21,6	21,7	21,8	21,9	22	22,1	22,2	22,4	22,6	22,8	**22**
23	22,5	22,6	22,7	22,8	22,9	23	23,1	23,2	23,4	23,6	23,8	**23**
24	23,4	23,5	23,6	23,7	23,9	24	24,1	34,2	24,4	24,6	24,8	**24**
25	24,3	24,4	24,5	24,6	24,8	25	25,1	25,2	25,4	25,6	25,8	**25**
26	25,3	25,4	25,5	25,6	25,8	26	26,1	26,3	26 5	26,7	26,9	**26**
27	26,3	26,4	26,5	26,6	26,8	27	27,1	27 3	27,5	27,7	27,9	**27**
28	27,3	27,4	27,5	27,6	27,8	28	28,1	28 3	28 5	28,7	28,9	**28**
29	28,3	28,4	28,5	28,6	28,8	29	29,1	29,3	29,5	29,7	29,9	**29**
30	29,3	29,4	29,5	29,6	29,8	30	30,1	30,3	30,5	30,7	30,9	**30**
31	30,3	30,4	30,5	30,6	30,8	31	31,2	31,4	31,6	31,8	32,0	**31**
32	31,3	31,4	31,5	31,6	31,8	32	32,2	32,4	32,6	32,8	33,0	**32**
33	32,3	32,4	32,5	32,6	32,8	33	33,2	33,4	33,6	33,8	34,0	**33**
34	33,3	33,4	33,5	33,6	33,8	34	34,2	34,4	34,6	34,8	35,0	**34**
35	34,2	34,3	34,4	34,6	34,8	35	35,2	35,4	35,6	35,8	36,0	**35**
36	35,2	35,3	35,4	35,6	35,8	36	36,2	36,4	36,6	36,9	37,1	**36**
37	36,2	36,3	36,4	36,6	36,8	37	37,2	37,4	37,6	37,9	38 2	**37**
38	37,2	37,3	37,4	37,6	37,8	38	38,2	38,4	38,6	38,9	39,2	**38**
39	38,2	38,3	38,4	38,6	38,8	39	39,2	39,4	39,6	39,9	40,2	**39**
40	39,1	39,2	39,4	39,6	39,8	40	40,2	40,4	40,6	40,9	41,2	**40**

Tafel 3

Tabelle zur Berechnung der Milchtrockensubstanz

	0,10	**0,15**	**0,20**	**0,25**	**0,30**	**0,35**	**0,40**	**0,45**	**0,50**
1,0250	6,62	6,68	6,74	6,80	6,86	6,92	6,98	7,04	7,10
252	67	73	79	85	91	97	7,03	09	15
254	72	78	84	90	96	7,02	08	14	20
256	77	83	89	95	7,01	07	13	19	25
258	82	88	94	7,00	06	12	18	24	30
1,0260	6,87	6,93	6,99	7,05	7,11	7,17	7,23	7,29	7,35
262	92	98	7,04	10	16	22	28	34	40
264	98	7,04	10	16	22	28	34	40	46
266	7,03	09	15	21	27	33	39	45	51
268	08	14	20	26	32	38	44	50	56
1,0270	7,12	7,18	7,24	7,30	7,36	7,42	7,48	7,54	7,60
272	18	24	30	36	42	48	54	60	66
274	23	29	35	41	47	53	59	65	71
276	28	34	40	46	52	58	64	70	76
278	33	39	45	51	57	63	69	75	81
1,0280	7,38	7,44	7,50	7,56	7,62	7,68	7,74	7,80	7,86
282	43	49	55	61	67	73	79	85	91
284	48	54	60	66	72	78	84	90	96
286	53	59	65	71	77	83	89	95	8,01
288	58	64	70	76	82	88	94	8,00	06
1,0290	7,63	7,69	7,75	7,81	7,87	7,93	7,99	8,05	8,11
292	68	74	80	86	92	98	8,04	10	16
294	73	79	85	91	97	8,03	09	15	21
296	78	84	90	96	8,02	08	14	20	26
298	83	89	95	8,01	07	13	19	25	31
1,0300	7,88	7,94	8,00	8,06	8,12	8,18	8,24	8,30	8,36
302	93	99	05	11	17	23	29	35	41
304	98	8,04	10	16	22	28	34	40	46
306	8,03	09	15	21	27	33	39	45	51
308	08	14	20	26	32	38	44	50	56

Die Tafel 3 bringt in den gewöhnlichen Zahlen die aus der Dichte bei 15° (fettgedruckte Vertikalspalte) und dem Gewichtsprozent Fett der Milch (fettgedruckte Horizontalspalte) berechneten Gewichtsprozente Milchtrockensubstanz. Die Werte von d_{15^0} sind aus den auf 15° reduzierten Laktodensimetergraden (Tafel 1 und 2) berechnet.

Tafel 3

nach der Fleischmannschen Formel [3])

	0,55	0,60	0,65	0,70	0,75	0,80	0,85	0,90	0,95
1,0250	7,16	7,22	7,28	7,34	7,40	7,46	7,52	7,58	7,64
252	21	27	33	39	45	51	57	63	69
254	26	32	38	44	50	56	62	68	74
256	31	37	43	49	55	61	67	73	79
258	36	42	48	54	60	66	72	78	84
1,0260	7,41	7,47	7,53	7,59	7,65	7,71	7,77	7,83	7,89
262	46	52	58	64	70	76	82	88	94
264	52	58	64	70	76	82	88	94	8,00
266	57	63	69	75	81	87	93	99	05
268	62	68	74	80	86	92	98	8,04	10
1,0270	7,66	7,72	7,78	7,84	7,90	7,96	8,02	8,08	8,14
272	72	78	84	90	96	8,02	08	14	20
274	77	83	89	95	8,01	07	13	19	25
276	82	88	94	8,00	06	12	18	24	30
278	87	93	99	05	11	17	23	29	35
1,0280	7,92	7,98	8,04	8,10	8,16	8,22	8,28	8,34	8,40
282	97	8,03	09	15	21	27	33	39	45
284	8,02	08	14	20	26	32	38	44	50
286	07	13	19	25	31	37	43	49	55
288	12	18	24	30	36	42	48	54	60
1,0290	8,17	8,23	8,29	8,35	8,41	8,47	8,53	8,59	8,65
292	22	28	34	40	46	52	58	64	70
294	27	33	39	45	51	57	63	69	75
296	32	38	44	50	56	62	68	74	80
298	37	43	49	55	61	67	73	79	85
1,0300	8,42	8,48	8,54	8,60	8,66	8,72	8,78	8,84	8,90
302	47	53	59	65	71	77	83	89	95
304	52	58	64	70	76	82	88	94	9,00
306	57	63	69	75	81	87	93	99	05
308	62	68	74	80	86	92	98	9,04	10

Die Tafel 3 bringt in den gewöhnlichen Zahlen die aus der Dichte bei 15° (fettgedruckte Vertikalspalte) und dem Gewichtsprozent Fett der Milch (fettgedruckte Horizontalspalte) berechneten Gewichtsprozente Milchtrockensubstanz. Die Werte von d_{15^0} sind aus den auf 15° reduzierten Laktodensimetergraden (Tafel 1 und 2) berechnet.

Tafel 3

Tabelle zur Berechnung der

	1,00	1,05	1,10	1,15	1,20	1,25	1,30	1,35	1,40	1,45
1,0250	7,70	7,76	7,82	7,88	7,94	8,00	8,06	8,12	8.18	8,24
252	75	81	87	93	99	05	11	17	23	29
254	80	86	92	98	8,04	10	16	22	28	34
256	85	91	97	8,03	09	15	21	27	33	39
258	90	96	8,02	08	14	20	26	32	38	44
1,0260	7,95	8,01	8,07	8,13	8,19	8,25	8,31	8,37	8,43	8 49
262	8,00	06	12	18	24	30	36	42	48	54
264	06	12	18	24	30	36	42	48	54	60
266	11	17	23	29	35	41	47	53	59	65
268	16	22	28	34	40	46	52	58	64	70
1,0270	8,20	8,26	8,32	8,38	8,44	8,50	8,56	8,62	8,68	8,74
272	26	32	38	44	50	56	62	68	74	80
274	31	37	43	49	55	61	67	73	79	85
276	36	42	48	54	60	66	72	78	84	90
278	41	47	53	59	65	71	77	83	89	95
1,0280	8,46	8,52	8,58	8,64	8,70	8,76	8,82	8,88	8,94	9,00
282	51	57	63	69	75	81	87	93	99	05
284	56	62	68	74	80	86	92	98	9,04	10
286	61	67	73	79	85	91	97	9,03	09	15
288	66	72	78	84	90	96	9,02	08	14	20
1,0290	8,71	8,77	8,83	8,89	8,95	9,01	9,07	9,13	9,19	9,25
292	76	82	88	94	9,00	06	12	18	24	30
294	81	87	93	99	05	11	17	23	29	35
296	86	92	98	9,04	10	16	22	28	34	40
298	91	97	9,03	09	15	21	27	33	39	45
1,0300	8,96	9,02	9,08	9,14	9.20	9,26	9,32	9,38	9,44	9,50
302	9,01	07	13	19	25	31	37	43	49	55
304	06	12	18	24	30	36	42	48	54	60
306	11	17	23	29	35	41	47	53	59	65
308	16	22	28	34	40	46	52	58	64	70

Die Tafel 3 bringt in den gewöhnlichen Zahlen die aus der Dichte bei 15^0 (fettgedruckte Vertikalspalte) und dem Gewichtsprozent Fett der Milch (fettgedruckte Horizontalspalte) berechneten Gewichtsprozente Milchtrockensubstanz. Die Werte von d_{15^0} sind aus den auf 15^0 reduzierten Laktodensimetergraden (Tafel 1 und 2) berechnet.

Tafel 3

Milchtrockensubstanz (Fortsetzung)

	1,50	**1,55**	**1,60**	**1,65**	**1,70**	**1,75**	**1,80**	**1,85**	**1,90**	**1,95**
1,0250	8,30	8,36	8,42	8,48	8,54	8,60	8,66	8,72	8,78	8,84
252	35	41	47	53	59	65	71	77	83	89
254	40	46	52	58	64	70	76	82	88	94
256	45	51	57	63	69	75	81	87	93	99
258	50	56	62	68	74	80	86	92	98	9,04
1,0260	8,55	8,61	8,67	8,73	8,79	8,85	8,91	8,97	9,03	9,09
262	60	66	72	78	84	90	96	9,02	08	14
264	66	72	78	84	90	96	9,02	08	14	20
266	71	77	83	89	95	9,01	07	13	19	25
268	76	82	88	94	9,00	06	12	18	24	30
1,0270	8,80	8,86	8,92	8,98	9,04	9,10	9,16	9,22	9,28	9,34
272	86	92	98	9,04	10	16	22	28	34	40
274	91	97	9,03	09	15	21	27	33	39	45
276	96	9,02	08	14	20	26	32	38	44	50
278	9,01	07	13	19	25	31	37	43	49	55
1,0280	9,06	9,12	9,18	9,24	9,30	9,36	9,42	9,48	9,54	9,60
282	11	17	23	29	35	41	47	53	59	65
284	16	22	28	34	40	46	52	58	64	70
286	21	27	33	39	45	51	57	63	69	75
288	26	32	38	44	50	56	62	68	74	80
1,0290	9,31	9,37	9,43	9,49	9,55	9,61	9,67	9,73	9,79	9,85
292	36	42	48	54	60	66	72	78	84	90
294	41	47	53	59	65	71	77	83	89	95
296	46	52	58	64	70	76	82	88	94	10,00
298	51	57	63	69	75	81	87	93	99	05
1,0300	9,56	9,62	9,68	9,74	9,80	9,86	9,92	9,98	10,04	10,10
302	61	67	73	79	85	91	97	10,03	09	15
304	66	72	78	84	90	96	10,02	08	14	20
306	71	77	83	89	95	10,01	07	13	19	25
308	76	82	88	94	10,00	06	12	18	24	30

Die Tafel 3 bringt in den gewöhnlichen Zahlen die aus der Dichte bei 15° (fettgedruckte Vertikalspalte) und dem Gewichtsprozent Fett der Milch (fettgedruckte Horizontalspalte) berechneten Gewichtsprozente Milchtrockensubstanz. Die Werte von d_{15^0} sind aus den auf 15° reduzierten Laktodensimetergraden (Tafel 1 und 2) berechnet.

Tafel 3

Tabelle zur Berechnung der

	2,00	**2,05**	**2,10**	**2,15**	**2,20**	**2,25**	**2,30**	**2,35**	**2,40**	**2,45**
1,0250	8,90	8,96	9,02	9,08	9,14	9,20	9,26	9,32	9,38	9,44
252	95	9,01	07	13	19	25	31	37	43	49
254	9,00	06	12	18	24	30	36	42	48	54
256	05	11	17	23	29	35	41	47	53	59
258	10	16	22	28	34	40	46	52	58	64
1,0260	9,15	9,21	9,27	9,33	9,39	9,45	9,51	9,57	9,63	9,69
262	20	26	32	38	44	50	56	62	68	74
264	26	32	38	44	50	56	62	68	74	80
266	31	37	43	49	55	61	67	73	79	85
268	36	42	48	54	60	66	72	78	84	90
1,0270	9,40	9,46	9,52	9,58	9,64	9,70	9,76	9,82	9,88	9,94
272	46	52	58	64	70	76	82	88	94	10,00
274	51	57	63	69	75	81	87	93	99	05
276	56	62	68	74	80	86	92	98	10,04	10
278	61	67	73	79	85	91	97	10,03	09	15
1,0280	9,66	9,72	9,78	9,84	9,90	9,96	10,02	10,08	10,14	10,20
282	71	77	83	89	95	10,01	07	13	19	25
284	76	82	88	94	10,00	06	12	18	24	30
286	81	87	93	99	05	11	17	23	29	35
288	86	92	98	10,04	10	16	22	28	34	40
1,0290	9,91	9,97	10,03	10,09	10,15	10,21	10,27	10,33	10,39	10,45
292	96	10,02	08	14	20	26	32	38	44	50
294	10,01	07	13	19	25	31	37	43	49	55
296	06	12	18	24	30	36	42	48	54	60
298	11	17	23	29	35	41	47	53	59	65
1,0300	10,16	10,22	10,28	10,34	10,40	10,46	10,52	10,58	10,64	10,70
302	21	27	33	39	45	51	57	63	69	75
304	26	32	38	44	50	56	62	68	74	80
306	31	37	43	49	55	61	67	73	79	85
308	36	42	48	54	60	66	72	78	84	90

Die Tafel 3 bringt in den gewöhnlichen Zahlen die aus der Dichte bei 15° (fettgedruckte Vertikalspalte) und dem Gewichtsprozent Fett der Milch (fettgedruckte Horizontalspalte) berechneten Gewichtsprozente Milchtrockensubstanz. Die Werte von d_{15^0} sind aus den auf 15° reduzierten Laktodensimetergraden (Tafel 1 und 2) berechnet.

Tafel 3

Milchtrockensubstanz (Fortsetzung)

	2,50	**2,55**	**2,60**	**2,65**	**2,70**	**2,75**	**2,80**	**2,85**	**2,90**	**2,95**
1,0250	9,50	9,56	9,62	9,68	9,74	9,80	9,86	9,92	9,98	10,04
252	55	61	67	73	79	85	91	97	10,03	09
254	60	66	72	78	84	90	96	10,02	08	14
256	65	71	77	83	89	95	10,01	07	13	19
258	70	76	82	88	94	10,00	06	12	18	24
1,0260	9,75	9,81	9,87	9.93	9,99	10,05	10,11	10,17	10,23	10,29
262	80	86	92	98	10,04	10	16	22	28	34
264	86	92	98	10,04	10	16	22	28	34	40
266	91	97	10,03	09	15	21	27	33	39	45
268	96	10,02	08	14	20	26	32	38	44	50
1,0270	10,00	10,06	10,12	10,18	10,24	10,30	10,36	10,42	10,48	10,54
272	06	12	18	24	30	36	42	48	54	60
274	11	17	23	29	35	41	47	53	59	65
276	16	22	28	34	40	46	52	58	64	70
278	21	27	33	39	45	51	57	63	69	75
1,0280	10,26	10,32	10,38	10,44	10,50	10,56	10,62	10,68	10,74	10,80
282	31	37	43	49	55	61	67	73	79	85
284	36	42	48	54	60	66	72	78	84	90
286	41	47	53	59	65	71	77	83	89	95
288	46	52	58	64	70	76	82	88	94	11,00
1,0290	10,51	10,57	10,63	10,69	10,75	10,81	10,87	10,93	10,99	11,05
292	56	62	68	74	80	86	92	98	11,04	10
294	61	67	73	79	85	91	97	11,03	09	15
296	66	72	78	84	90	96	11,02	08	14	20
298	71	77	83	89	95	11,01	07	13	19	25
1,0300	10,76	10,82	10,88	10,94	11,00	11,06	11,12	11,18	11,24	11,30
302	81	87	93	99	05	11	17	23	29	35
304	86	92	98	11,04	10	16	22	28	34	40
306	91	97	11,03	09	15	21	27	33	39	45
308	96	11,02	08	14	20	26	32	38	44	50

Die Tafel 3 bringt in den gewöhnlichen Zahlen die aus der Dichte bei 15° (fettgedruckte Vertikalspalte) und dem Gewichtsprozent Fett der Milch (fettgedruckte Horizontalspalte) berechneten Gewichtsprozente Milchtrockensubstanz. Die Werte von d_{15^0} sind aus den auf 15° reduzierten Laktodensimetergraden (Tafel 1 und 2) berechnet.

Tafel 3

Tabelle zur Berechnung der

	3,00	3,05	3,10	3,15	3,20	3,25	3 30	3,35	3.40	3,45
1,0250	10,10	10,16	10,22	10,28	10,34	10,40	10,46	10,52	10,58	10,64
252	15	21	27	33	39	45	51	57	63	69
254	20	26	32	38	44	50	56	62	68	74
256	25	31	37	43	49	55	61	67	73	79
258	30	36	42	48	54	60	66	72	78	84
1,0260	10,35	10,41	10,47	10,53	10,59	10,65	10,71	10,77	10,83	10,89
262	40	46	52	58	64	70	76	82	88	94
264	46	52	58	64	70	76	82	88	94	11,00
266	51	57	63	69	75	81	87	93	99	05
268	56	62	68	74	80	86	92	97	11,03	09
1,0270	10,60	10,66	10,72	10,78	10,84	10,90	10,96	11,02	11,08	11,14
272	66	72	78	84	90	96	11,02	08	14	20
274	71	77	83	89	95	11,01	07	13	19	25
276	76	82	88	94	11,00	06	12	18	24	30
278	81	87	93	99	05	11	17	23	29	35
1,0280	10,86	10,92	10,98	11,04	11,10	11,16	11,22	11,28	11,34	11,40
282	91	97	11,03	09	15	21	27	33	39	45
284	96	11,02	08	14	20	26	32	38	44	50
286	11,01	07	13	19	25	31	37	43	49	55
288	06	12	18	24	30	36	42	48	54	60
1,0290	11,11	11,17	11,23	11,29	11,35	11,41	11,47	11,53	11,59	11,65
292	16	22	28	34	40	46	52	58	64	70
294	21	27	33	39	45	51	57	63	69	75
296	26	32	38	44	50	56	62	68	74	80
298	31	37	43	49	55	61	67	73	79	85
1,0300	11,36	11,42	11,48	11,54	11,60	11,66	11,72	11,78	11,84	11,90
302	41	47	53	59	65	71	77	83	89	95
304	46	52	58	64	70	76	82	88	94	12,00
306	51	57	63	69	75	81	87	93	99	05
308	56	62	68	74	80	86	92	98	12,04	10

Die Tafel 3 bringt in den gewöhnlichen Zahlen die aus der Dichte bei 15⁰ (fettgedruckte Vertikalspalte) und dem Gewichtsprozent Fett der Milch (fettgedruckte Horizontalspalte) berechneten Gewichtsprozente Milchtrockensubstanz. Die Werte von d_{15^0} sind aus den auf 15^0 reduzierten Laktodensimetergraden (Tafel 1 und 2) berechnet.

Tafel 3

Milchtrockensubstanz (Fortsetzung)

	3,50	**3,55**	**3,60**	**3,65**	**3,70**	**3,75**	**3,80**	**3,85**	**3,90**	**3,95**
1,0250	10,70	10,76	10,82	10,88	10,94	11,00	11,06	11,12	11,18	11,24
252	75	81	87	93	99	05	11	17	23	29
254	80	86	92	98	11,04	10	16	22	28	34
256	85	91	97	11,03	09	15	21	27	33	39
258	90	96	11,02	08	14	20	26	32	38	44
1,0260	10,95	11,01	11,07	11,13	11,19	11,25	11,31	11,37	11,43	11,49
262	11,00	06	12	18	24	30	36	42	48	54
264	06	12	18	24	30	36	42	48	54	60
266	11	17	23	29	35	41	47	53	59	65
268	15	21	27	33	39	45	51	57	63	69
1,0270	11,20	11,26	11,32	11,38	11,44	11,50	11,56	11,62	11,68	11,74
272	26	32	38	44	50	56	62	68	74	80
274	31	37	43	49	55	61	67	73	79	85
276	36	42	48	54	60	66	72	78	84	90
278	41	47	53	59	65	71	77	83	89	95
1,0280	11,46	11,52	11,58	11,64	11,70	11,76	11,82	11,88	11,94	12,00
282	51	57	63	69	75	81	87	93	99	05
284	56	62	68	74	80	86	92	98	12,04	10
286	61	67	73	79	85	91	97	12,03	09	15
288	66	72	78	84	90	96	12,02	08	14	20
1,0290	11,71	11,77	11,83	11,89	11,95	12,01	12,07	12,13	12,19	12,25
292	76	82	88	94	12,00	06	12	18	24	30
294	81	87	93	99	05	11	17	23	29	35
296	86	92	98	12,04	10	16	22	28	34	40
298	91	97	12,03	09	15	21	27	33	39	45
1,0300	11,96	12,02	12,08	12,14	12,20	12,26	12,32	12,38	12,44	12,50
302	12,01	07	13	19	25	31	37	43	49	55
304	06	12	18	24	30	36	42	48	54	60
306	11	17	23	29	35	41	47	53	59	65
308	16	22	28	34	40	46	52	58	64	70

Die Tafel 3 bringt in den gewöhnlichen Zahlen die aus der Dichte bei 15° (fettgedruckte Vertikalspalte) und dem Gewichtsprozent Fett der Milch (fettgedruckte Horizontalspalte) berechneten Gewichtsprozente Milchtrockensubstanz. Die Werte von d_{15^0} sind aus den auf 15° reduzierten Laktodensimetergraden (Tafel 1 und 2) berechnet.

Tafel 3

Tabelle zur Berechnung der

	4,00	**4,05**	**4,10**	**4,15**	**4,20**	**4,25**	**4,30**	**4,35**	**4,40**	**4,45**
1,0250	11,30	11,36	11,42	11,48	11,54	11,60	11,66	11,72	11,78	11,84
252	35	41	47	53	59	65	71	77	83	89
254	40	46	52	58	64	70	76	82	88	94
256	45	51	57	63	69	75	81	87	93	99
258	50	56	62	68	74	80	86	92	98	12,04
1,0260	11,55	11,61	11,67	11,73	11,79	11,85	11,91	11,97	12,03	12,09
262	60	66	72	78	84	90	96	12,02	08	14
264	66	72	78	84	90	96	12,02	08	14	20
266	71	77	83	89	95	12,01	07	13	19	25
268	75	81	87	93	99	05	11	17	23	29
1,0270	11,80	11,86	11,92	11,98	12,04	12,10	12,16	12,22	12,28	12,34
272	86	92	98	12,04	10	16	22	28	34	40
274	91	97	12,03	09	15	21	27	33	39	45
276	96	12,02	08	14	20	26	32	38	44	50
278	12,01	07	13	19	25	31	37	43	49	55
1,0280	12,06	12,12	12,18	12,24	12,30	12,36	12,42	12,48	12,54	12,60
282	11	17	23	29	35	41	47	53	59	65
284	16	22	28	34	40	46	52	58	64	70
286	21	27	33	39	45	51	57	63	69	75
288	26	32	38	44	50	56	62	68	74	80
1,0290	12,31	12,37	12,43	12,49	12,55	12,61	12,67	12,73	12,79	12,85
292	36	42	48	54	60	66	72	78	84	90
294	41	47	53	59	65	71	77	83	89	95
296	46	52	58	64	70	76	82	88	94	13,00
298	51	57	63	69	75	81	87	93	99	05
1,0300	12,56	12,62	12,68	12,74	12,80	12,86	12,92	12,98	13,04	13,10
302	61	67	73	79	85	91	97	13,03	09	15
304	66	72	78	84	90	96	13,02	08	14	20
306	71	77	83	89	95	13,01	07	13	19	25
308	76	82	88	94	13,00	06	12	18	24	30

Die Tafel 3 bringt in den gewöhnlichen Zahlen die aus der Dichte bei 15° (fettgedruckte Vertikalspalte) und dem Gewichtsprozent Fett der Milch (fettgedruckte Horizontalspalte) berechneten Gewichtsprozente Milchtrockensubstanz. Die Werte von d_{15^0} sind aus den auf 15° reduzierten Laktodensimetergraden (Tafel 1 und 2) berechnet.

Tafel 3

Milchtrockensubstanz (Fortsetzung)

	4,50	**4,55**	**4,60**	**4,65**	**4,70**	**4,75**	**4,80**	**4,85**	**4,90**	**4,95**
1,0250	11,90	11,96	12,02	12,08	12,14	12,20	12,26	12,32	12,38	12,44
252	95	12,01	07	13	19	25	31	37	43	49
254	12,00	06	12	18	24	30	36	42	48	54
256	05	11	17	23	29	35	41	47	53	59
258	10	16	22	28	34	40	46	52	58	64
1,0260	12,15	12,21	12,27	12,33	12,39	12,45	12,51	12,57	12,63	12,69
262	20	26	32	38	44	50	56	62	68	74
264	26	32	38	44	50	56	62	68	74	80
266	31	37	43	49	55	61	67	73	79	85
268	35	41	47	53	59	65	71	77	83	89
1,0270	12,40	12,46	12,52	12,58	12,64	12,70	12,76	12,82	12,88	12,94
272	46	52	58	64	70	76	82	88	94	13,00
274	51	57	63	69	75	81	87	93	99	05
276	56	62	68	74	80	86	92	98	13,04	10
278	61	67	73	79	85	91	97	13,03	09	15
1,0280	12,66	12,72	12,78	12,84	12,90	12,96	13,02	13,08	13,14	13,20
282	71	77	83	89	95	13,01	07	13	19	25
284	76	82	88	94	13,00	06	12	18	24	30
286	81	87	93	99	05	11	17	23	29	35
288	86	92	98	13,04	10	16	22	28	34	40
1,0290	12,91	12,97	13,03	13,09	13,15	13,21	13,27	13,33	13,39	13,45
292	96	13,02	08	14	20	26	32	38	44	50
294	13,01	07	13	19	25	31	37	43	49	55
296	06	12	18	24	30	36	42	48	54	60
298	11	17	23	29	35	41	47	53	59	65
1,0300	13,16	13,22	13,28	13,34	13,40	13,46	13,52	13,58	13,64	13,70
302	21	27	33	39	45	51	57	63	69	75
304	26	32	38	44	50	56	62	68	74	80
306	31	37	43	49	55	61	67	73	79	85
308	36	42	48	54	60	66	72	78	84	90

Die Tafel 3 bringt in den gewöhnlichen Zahlen die aus der Dichte bei 15° (fettgedruckte Vertikalspalte) und dem Gewichtsprozent Fett der Milch (fettgedruckte Horizontalspalte) berechneten Gewichtsprozente Milchtrockensubstanz. Die Werte von d_{15^0} sind aus den auf 15° reduzierten Laktodensimetergraden (Tafel 1 und 2) berechnet.

Tafel 3

Tabelle zur Berechnung der

	5,00	**5,05**	**5,10**	**5,15**	**5,20**	**5,25**	**5,30**	**5 35**	**5,40**	**5,45**
1,0250	12,50	12,56	12,62	12,68	12,74	12,80	12,86	12,92	12,98	13,04
252	55	61	67	73	79	85	91	97	13,03	09
254	60	66	72	78	84	90	96	13,02	08	14
256	65	71	77	83	89	95	13,01	07	13	19
258	70	76	82	88	94	13,00	06	12	18	24
1,0260	12,75	12,81	12,87	12,93	12,99	13,05	13,11	13,17	13,23	13,29
262	80	86	92	98	13,04	10	16	22	28	34
264	86	92	98	13,04	10	16	22	28	34	40
266	91	97	13,03	09	15	21	27	33	39	45
268	95	13,01	07	13	19	25	31	37	43	49
1,0270	13,00	13,06	13,12	13,18	13,24	13,30	13,36	13,42	13,48	13,54
272	06	12	18	24	30	36	42	48	54	60
274	11	17	23	29	35	41	47	53	59	65
276	16	22	28	34	40	46	52	58	64	70
278	21	27	33	39	45	51	57	63	69	75
1,0280	13,26	13,32	13,38	13,44	13,50	13,56	13,62	13,68	13,74	13,80
282	31	37	43	49	55	61	67	73	79	85
284	36	42	48	54	60	66	72	78	84	90
286	41	47	53	59	65	71	77	83	89	95
288	46	52	58	64	70	76	82	88	94	14,00
1,0290	13,51	13,57	13,63	13,69	13,75	13,81	13,87	13,93	13,09	14,05
292	56	62	68	74	80	86	92	98	14,04	10
294	61	67	73	79	85	91	97	14,03	09	15
296	66	72	78	84	90	96	14,02	08	14	20
298	71	77	83	89	95	14,01	07	13	19	25
1,0300	13,76	13,82	13,88	13,94	14,00	14,06	14,12	14,18	14,24	14,30
302	81	87	93	99	05	11	17	23	29	35
304	86	92	98	14,04	10	16	22	28	34	40
306	91	97	14,03	09	15	21	27	33	39	45
308	96	14,02	08	14	20	26	32	38	44	50

Die Tafel 3 bringt in den gewöhnlichen Zahlen die aus der Dichte bei 15⁰ (fettgedruckte Vertikalspalte) und dem Gewichtsprozent Fett der Milch (fettgedruckte Horizontalspalte) berechneten Gewichtsprozente Milchtrockensubstanz. Die Werte von d_{15^0} sind aus den auf 15^0 reduzierten Laktodensimetergraden (Tafel 1 und 2) berechnet.

Tafel 3

Milchtrockensubstanz (Fortsetzung)

	5,50	**5,55**	**5,60**	**5,65**	**5,70**	**5,75**	**5,80**	**5,85**	**5,90**	**5,95**	**6,00**
1,0250	13,10	13,16	13,22	13,28	13,34	13,40	13,46	13,52	13,58	13,64	13,70
252	15	21	27	33	39	45	51	57	63	69	75
254	20	26	32	38	44	50	56	62	68	74	80
256	25	31	37	43	49	55	61	67	73	79	85
258	30	36	42	48	54	60	66	72	78	84	90
1,0260	13,35	13,41	13,47	13,53	13,59	13,65	13,71	13,77	13,83	13,89	13,95
262	40	46	52	58	64	70	76	82	88	94	14,00
264	46	52	58	64	70	76	82	88	94	14,00	06
266	51	57	63	69	75	81	87	93	99	05	11
268	55	61	67	73	79	85	91	97	14,03	09	15
1,0270	13,60	13,66	13,72	13,78	13,84	13,90	13,96	14,02	14,08	14,14	14,20
272	66	72	78	84	90	96	14,02	08	14	20	26
274	71	77	83	89	95	14,01	07	13	19	25	31
276	76	82	88	94	14,00	06	12	18	24	30	36
278	81	87	93	99	05	11	17	23	29	35	41
1,0280	13,86	13,92	13,98	14,04	14,10	14,16	14,22	14,28	14,34	14,40	14,46
282	91	97	14,03	09	15	21	27	33	39	45	51
284	96	14,02	08	14	20	26	32	38	44	50	56
286	14,01	07	13	19	25	31	37	43	49	55	61
288	06	12	18	24	30	36	42	48	54	60	66
1,0290	14,11	14,17	14,23	14,29	14,35	14,41	14,47	14,53	14,59	14,65	14,71
292	16	22	28	34	40	46	52	58	64	70	76
294	21	27	33	39	45	51	57	63	69	75	81
296	26	32	38	44	50	56	62	68	74	80	86
298	31	37	43	49	55	61	67	73	79	85	91
1,0300	14,36	14,42	14,48	14,54	14,60	14,66	14,72	14,78	14,84	14,90	14,96
302	41	47	53	59	65	71	77	83	89	95	15,01
304	46	52	58	64	70	76	82	88	94	15,00	06
306	51	57	63	69	75	81	87	93	99	05	11
308	56	62	68	74	80	86	92	98	15,04	10	16

Die Tafel 3 bringt in den gewöhnlichen Zahlen die aus der Dichte bei 15° (fettgedruckte Vertikalspalte) und dem Gewichtsprozent Fett der Milch (fettgedruckte Horizontalspalte) berechneten Gewichtsprozente Milchtrockensubstanz. Die Werte von d_{15^0} sind aus den auf 15° reduzierten Laktodensimetergraden (Tafel 1 und 2) berechnet.

Tafel 3

Tabelle zur Berechnung der

	0,10	**0,15**	**0,20**	**0,25**	**0,30**	**0,35**	**0,40**	**0,45**	**0,50**
1,0310	8,13	8,19	8,25	8,31	8,37	8,43	8,49	8,55	8,61
312	18	24	30	36	42	48	54	60	66
314	23	29	35	41	47	53	59	65	71
316	28	34	40	46	52	58	64	70	76
318	33	39	45	51	57	63	69	75	81
1,0320	8,38	8,44	8,50	8,56	8,62	8,68	8,74	8,80	8,86
322	43	49	55	61	67	73	79	85	91
324	48	54	60	66	72	78	84	90	96
326	53	59	65	71	77	83	89	95	9,01
328	58	64	70	76	82	88	94	9,00	06
1,0330	8,63	8,69	8,75	8,81	8,87	8,93	8,99	9,05	9,11
332	68	74	80	86	92	98	9,04	10	16
334	73	79	85	91	97	9,03	09	15	21
336	78	84	90	96	9,02	08	14	20	26
338	83	89	95	9,01	07	13	19	25	31
1,0340	8,88	8,94	9,00	9,06	9,12	9,18	9,24	9,30	9,36
342	93	99	05	11	17	23	29	35	41
344	98	9,04	10	16	22	28	34	40	46
346	9,03	09	15	21	27	33	39	45	51
348	08	14	20	26	32	38	44	50	56
1,0350	9,13	9,19	9,25	9,31	9,37	9,43	9,49	9,55	9,61
352	18	24	30	36	42	48	54	60	66
354	23	29	35	41	47	53	59	65	71
356	28	34	40	46	52	58	64	70	76
358	33	39	45	51	57	63	69	75	81
1,0360	9,38	9,44	9,50	9,56	9,62	9,68	9,74	9,80	9,86
362	43	49	55	61	67	73	79	85	91
364	48	54	60	66	72	78	84	90	96
366	53	59	65	71	77	83	89	95	10,01
368	58	64	70	76	82	88	94	10,00	06

Die Tafel 3 bringt in den gewöhnlichen Zahlen die aus der Dichte bei 15° (fettgedruckte Vertikalspalte) und dem Gewichtsprozent Fett der Milch (fettgedruckte Horizontalspalte) berechneten Gewichtsprozente Milchtrockensubstanz. Die Werte von d_{15^0} sind aus den auf 15° reduzierten Laktodensimetergraden (Tafel 1 und 2) berechnet.

Tafel 3

Milchtrockensubstanz (Fortsetzung)

	0,55	**0,60**	**0,65**	**0,70**	**0,75**	**0,80**	**0,85**	**0,90**	**0,95**
1,0310	8,67	8,73	8,79	8,85	8,91	8,97	9,03	9,09	9,15
312	72	78	84	90	96	9,02	08	14	20
314	77	83	89	95	9,01	07	13	19	25
316	82	88	94	9,00	06	12	18	24	30
318	87	93	99	05	11	17	23	29	35
1,0320	8,92	8,98	9,04	9,10	9,16	9,22	9,28	9,34	9,40
322	97	9,03	09	15	21	27	33	39	45
324	9,02	08	14	20	26	32	38	44	50
326	07	13	19	25	31	37	43	40	55
328	12	18	24	30	36	42	48	54	60
1,0330	9,17	9,23	9,29	9,35	9,41	9,47	9,53	9,59	9,65
332	22	28	34	40	46	52	58	64	70
334	27	33	39	45	51	57	63	69	75
336	32	38	44	50	56	62	68	74	80
338	37	43	49	55	61	67	73	79	85
1,0340	9,42	9,48	9,54	9,60	9,66	9,72	9,78	9,84	9,90
342	47	53	59	65	71	77	83	89	95
344	52	58	64	70	76	82	88	94	10,00
346	57	63	69	75	81	87	93	99	05
348	62	68	74	80	86	92	98	10,04	10
1,0350	9,67	9,73	9,79	9,85	9,91	9,97	10,03	10,09	10,15
352	72	78	84	90	96	10,02	08	14	20
354	77	83	89	95	10,01	07	13	19	25
356	82	88	94	10,00	06	12	18	24	30
358	87	93	99	05	11	17	23	29	35
1,0360	9,92	9,98	10,04	10,10	10,16	10,22	10,28	10,34	10,40
362	97	10,03	09	15	21	27	33	39	45
364	10,02	08	14	20	26	32	38	44	50
366	07	13	19	25	31	37	43	49	55
368	12	18	24	30	36	42	48	54	60

Die Tafel 3 bringt in den gewöhnlichen Zahlen die aus der Dichte bei 15° (fettgedruckte Vertikalspalte) und dem Gewichtsprozent Fett der Milch (fettgedruckte Horizontalspalte) berechneten Gewichtsprozente Milchtrockensubstanz. Die Werte von d_{15^0} sind aus den auf 15° reduzierten Laktodensimetergraden (Tafel 1 und 2) berechnet.

Tafel 3

Tabelle zur Berechnung der

	1,00	**1,05**	**1,10**	**1,15**	**1,20**	**1,25**	**1,30**	**1,35**	**1,40**	**1,45**
1,0310	9,21	9,27	9,33	9,39	9,45	9,51	9,57	9,63	9,69	9,75
312	26	32	38	44	50	56	62	68	74	80
314	31	37	43	49	55	61	67	73	79	85
316	36	42	48	54	60	66	72	78	84	90
318	41	47	53	59	65	71	77	83	89	95
1,0320	9,46	9,52	9,58	9,64	9,70	9,76	9,82	9,88	9,94	10,00
322	51	57	63	69	75	81	87	93	99	05
324	56	62	68	74	80	86	92	98	10,04	10
326	61	67	73	79	85	91	97	10,03	09	15
328	66	72	78	84	90	96	10,02	08	14	20
1,0330	9,71	9,77	9,83	9,89	9,95	10,01	10,07	10,13	10,19	10,25
332	76	82	88	94	10,00	06	12	18	24	30
334	81	87	93	99	05	11	17	23	29	35
336	86	92	98	10,04	10	16	22	28	34	40
338	91	97	10,03	09	15	21	27	33	39	45
1,0340	9,96	10,02	10,08	10,14	10,20	10,26	10,32	10,38	10,44	10,50
342	10,01	07	13	19	25	31	37	43	49	55
344	06	12	18	24	30	36	42	48	54	60
346	11	17	23	29	35	41	47	53	59	65
348	16	22	28	34	40	46	52	58	64	70
1,0350	10,21	10,27	10,33	10,39	10,45	10,51	10,57	10,63	10,69	10,75
352	26	32	38	44	50	56	62	68	74	80
354	31	37	43	49	55	61	67	73	79	85
356	36	42	48	54	60	66	72	78	84	90
358	41	47	53	59	65	71	77	83	89	95
1,0360	10,46	10,52	10,58	10,64	10,70	10,76	10,82	10,88	10,94	11,00
362	51	57	63	69	75	81	87	93	99	05
364	56	62	68	74	80	86	92	98	11,04	10
366	61	67	73	79	85	91	97	11,03	09	15
368	66	72	78	84	90	96	11,02	08	14	20

Die Tafel 3 bringt in den gewöhnlichen Zahlen die aus der Dichte bei 15° (fettgedruckte Vertikalspalte) und dem Gewichtsprozent Fett der Milch (fettgedruckte Horizontalspalte) berechneten Gewichtsprozente Milchtrockensubstanz. Die Werte von d_{15^0} sind aus den auf 15° reduzierten Laktodensimetergraden (Tafel 1 und 2) berechnet.

Tafel 3

Milchtrockensubstanz (Fortsetzung)

	1,50	**1,55**	**1,60**	**1,65**	**1,70**	**1,75**	**1,80**	**1,85**	**1,90**	**1,95**
1,0310	9,81	9,87	9,93	9,99	10,05	10,11	10,17	10,23	10,29	10,35
312	86	92	98	10,04	10	16	22	28	34	40
314	91	97	10,03	09	15	21	27	33	39	45
316	96	10,02	08	14	20	26	32	38	44	50
318	10,01	07	13	19	25	31	37	43	49	55
1,0320	10,06	10,12	10,18	10,24	10,30	10,36	10,42	10,48	10,54	10,60
322	11	17	23	29	35	41	47	53	59	65
324	16	22	28	34	40	46	52	58	64	70
326	21	27	33	39	45	51	57	63	69	75
328	26	32	38	44	50	56	62	68	74	80
1,0330	10,31	10,37	10,43	10,49	10,55	10,61	10,67	10,73	10,79	10,85
332	36	42	48	54	60	66	72	78	84	90
334	41	47	53	59	65	71	77	83	89	95
336	46	52	58	64	70	76	82	88	94	11,00
338	51	57	63	69	75	81	87	93	99	05
1,0340	10,56	10,62	10,68	10,74	10,80	10,86	10,92	10,98	11,04	11,10
342	61	67	73	79	85	91	97	11,03	09	15
344	66	72	78	84	90	96	11,02	08	14	20
346	71	77	83	89	95	11,01	07	13	19	25
348	76	82	88	94	11,00	06	12	18	24	30
1,0350	10,81	10,87	10,93	10,99	11,05	11,11	11,17	11,23	11,29	11,35
352	86	92	98	11,04	10	16	22	28	34	40
354	91	97	11,03	09	15	21	27	33	39	45
356	96	11,02	08	14	20	26	32	38	44	50
358	11,01	07	13	19	25	31	37	43	49	55
1,0360	11,06	11,12	11,18	11,24	11,30	11,36	11,42	11,48	11,54	11,60
362	11	17	23	29	35	41	47	53	59	65
364	16	22	28	34	40	46	52	58	64	70
366	21	27	33	39	45	51	57	63	69	75
368	26	32	38	44	50	56	62	68	74	80

Die Tafel 3 bringt in den gewöhnlichen Zahlen die aus der Dichte bei 15° (fettgedruckte Vertikalspalte) und dem Gewichtsprozent Fett der Milch (fettgedruckte Horizontalspalte) berechneten Gewichtsprozente Milchtrockensubstanz. Die Werte von d_{15^0} sind aus den auf 15° reduzierten Laktodensimetergraden (Tafel 1 und 2) berechnet.

Tafel 3

Tabelle zur Berechnung der

	2,00	**2,05**	**2,10**	**2,15**	**2,20**	**2,25**	**2,30**	**2,35**	**2,40**	**2,45**
1,0310	10,41	10,47	10,53	10,59	10,65	10,71	10,77	10,83	10,89	10,95
312	46	52	58	64	70	76	82	88	94	11,00
314	51	57	63	69	75	81	87	93	99	05
316	56	62	68	74	80	86	92	98	11,04	10
318	61	67	73	79	85	91	97	11,03	09	15
1,0320	10,66	10,72	10,78	10,84	10,90	10,96	11,02	11,08	11,14	11,20
322	71	77	83	89	95	11,01	07	13	19	25
324	76	82	88	94	11,00	06	12	18	24	30
326	81	87	93	99	05	11	17	23	29	35
328	86	92	98	11,04	10	16	22	28	34	40
1,0330	10,91	10,97	11,03	11,09	11,15	11,21	11,27	11,33	11,39	11,45
332	96	11,02	08	14	20	26	32	38	44	50
334	11,01	07	13	19	25	31	37	43	49	55
336	06	12	18	24	30	36	42	48	54	60
338	11	17	23	29	35	41	47	53	59	65
1,0340	11,16	11,22	11,28	11,34	11,40	11,46	11,52	11,58	11,64	11,70
342	21	27	33	39	45	51	57	63	69	75
344	26	32	38	44	50	56	62	68	74	80
346	31	37	43	49	55	61	67	73	79	85
348	36	42	48	54	60	66	72	78	84	90
1,0350	11,41	11,47	11,53	11,59	11,65	11,71	11,77	11,83	11,89	11,95
352	46	52	58	64	70	76	82	88	94	12,00
354	51	57	63	69	75	81	87	93	99	05
356	56	62	68	74	80	86	92	98	12,04	10
358	61	67	73	79	85	91	97	12,03	09	15
1,0360	11,66	11,72	11,78	11,84	11,90	11,96	12,02	12,08	12,14	12,20
362	71	77	83	89	95	12,01	07	13	19	25
364	76	82	88	94	12,00	06	12	18	24	30
366	81	87	93	99	05	11	17	23	29	35
368	86	92	98	12,04	10	16	22	28	34	40

Die Tafel 3 bringt in den gewöhnlichen Zahlen die aus der Dichte bei 15° (fettgedruckte Vertikalspalte) und dem Gewichtsprozent Fett der Milch (fettgedruckte Horizontalspalte) berechneten Gewichtsprozente Milchtrockensubstanz. Die Werte von d_{15^0} sind aus den auf 15° reduzierten Laktodensimetergraden (Tafel 1 und 2) berechnet.

Tafel 3

Milchtrockensubstanz (Fortsetzung)

	2 50	**2,55**	**2,60**	**2,65**	**2,70**	**2,75**	**2,80**	**2 85**	**2,90**	**2,95**
1,0310	11,01	11,07	11,13	11,19	11,25	11,31	11,37	11,43	11,49	11,55
312	06	12	18	24	30	36	42	48	54	60
314	11	17	23	29	35	41	47	53	59	65
316	16	22	28	34	40	46	52	58	64	70
318	21	27	33	39	45	51	57	63	69	75
1,0320	11,26	11,32	11,38	11,44	11,50	11,56	11,62	11,68	11,74	11,80
322	31	37	43	49	55	61	67	73	79	85
324	36	42	48	54	60	66	72	78	84	90
326	41	47	53	59	65	71	77	83	89	95
328	46	52	58	64	70	76	82	88	94	12,00
1,0330	11,51	11,57	11,63	11,69	11,75	11,81	11,87	11,93	11,99	12,05
332	56	62	68	74	80	86	92	98	12,04	10
334	61	67	73	79	85	91	97	12,03	09	15
336	66	72	78	84	90	96	12,02	08	14	20
338	71	77	83	89	95	12,01	07	13	19	25
1,0340	11,76	11,82	11,88	11,94	12,00	12,06	12,12	12,18	12,24	12,30
342	81	87	93	99	05	11	17	23	29	35
344	86	92	98	12,04	10	16	22	28	34	40
346	91	97	12,03	09	15	21	27	33	39	45
348	96	12,02	08	14	20	26	32	38	44	50
1,0350	12,01	12,07	12,13	12,19	12,25	12,31	12,37	12,43	12,49	12,55
352	06	12	18	24	30	36	42	48	54	60
354	11	17	23	29	35	41	47	53	59	65
356	16	22	28	34	40	46	52	58	64	70
358	21	27	33	39	45	51	57	63	69	75
1,0360	12,26	12,32	12,38	12,44	12,50	12,56	12,62	12,68	12,74	12,80
362	31	37	43	49	55	61	67	73	79	85
364	36	42	48	54	60	66	72	78	84	90
366	41	47	53	59	65	71	77	83	89	95
368	46	52	58	64	70	76	82	88	94	13,00

Die Tafel 3 bringt in den gewöhnlichen Zahlen die aus der Dichte bei 15° (fettgedruckte Vertikalspalte) und dem Gewichtsprozent Fett der Milch (fettgedruckte Horizontalspalte) berechneten Gewichtsprozente Milchtrockensubstanz. Die Werte von d_{15^0} sind aus den auf 15° reduzierten Laktodensimetergraden (Tafel 1 und 2) berechnet.

Tafel 3

Tabelle zur Berechnung der

	3,00	**3,05**	**3,10**	**3,15**	**3,20**	**3,25**	**3,30**	**3,35**	**3,40**	**3,45**
1,0310	11,61	11,67	11,73	11,79	11,85	11,91	11,97	12,03	12,09	12,15
312	66	72	78	84	90	96	12,02	08	14	20
314	71	77	83	89	95	12,01	07	13	19	25
316	76	82	88	94	12,00	06	12	18	24	30
318	81	87	93	99	05	11	17	23	29	35
1,0320	11,86	11,92	11,98	12,04	12,10	12,16	12,22	12,28	12,34	12,40
322	91	97	12,03	09	15	21	27	33	39	45
324	96	12,02	08	14	20	26	32	38	44	50
326	12,01	07	13	19	25	31	37	43	49	55
328	06	12	18	24	30	36	42	48	54	60
1,0330	12,11	12,17	12,23	12,29	12,35	12,41	12,47	12,53	12,59	12,65
332	16	22	28	34	40	46	52	58	64	70
334	21	27	33	39	45	51	57	63	69	75
336	26	32	38	44	50	56	62	68	74	80
338	31	37	43	49	55	61	67	73	79	85
1,0340	12,36	12,42	12,48	12,54	12,60	12,66	12,72	12,78	12,84	12,90
342	41	47	53	59	65	71	77	83	89	95
344	46	52	58	64	70	76	82	88	94	13,00
346	51	57	63	69	75	81	87	93	99	05
348	56	62	68	74	80	86	92	98	13,04	10
1,0350	12,61	12,67	12,73	12,79	12,85	12,91	12,97	13,03	13,09	13,15
352	66	72	78	84	90	96	13,02	08	14	20
354	71	77	83	89	95	13,01	07	13	19	25
356	76	82	88	94	13,00	06	12	18	24	30
358	81	87	93	99	05	11	17	23	29	35
1,0360	12,86	12,92	12,98	13,04	13,10	13,16	13,22	13,28	13,34	13,40
362	91	97	13,03	09	15	21	27	33	39	45
364	96	13,02	08	14	20	26	32	38	44	50
366	13,01	07	13	19	25	31	37	43	49	55
368	06	12	18	24	30	36	42	48	54	60

Die Tafel 3 bringt in den gewöhnlichen Zahlen die aus der Dichte bei 15⁰ (fettgedruckte Vertikalspalte) und dem Gewichtsprozent Fett der Milch (fettgedruckte Horizontalspalte) berechneten Gewichtsprozente Milchtrockensubstanz. Die Werte von d_{15^0} sind aus den auf 15^0 reduzierten Laktodensimetergraden (Tafel 1 und 2) berechnet.

Tafel 3

Milchtrockensubstanz (Fortsetzung)

	3,50	**3,55**	**3,60**	**3,65**	**3,70**	**3,75**	**3,80**	**3,85**	**3,90**	**3,95**
1,0310	12,21	12,27	12,33	12,39	12,45	12,51	12,57	12,63	12,69	12,75
312	26	32	38	44	50	56	62	68	74	80
314	31	37	43	49	55	61	67	73	79	85
316	36	42	48	54	60	66	72	78	84	90
318	41	47	53	59	65	71	77	83	89	95
1,0320	12,46	12,52	12,58	12,64	12,70	12,76	12,82	12,88	12,94	13,00
322	51	57	63	69	75	81	87	93	99	05
324	56	62	68	74	80	86	92	98	13,04	10
326	61	67	73	79	85	91	97	13,03	09	15
328	66	72	78	84	90	96	13,02	08	14	20
1,0330	12,71	12,77	12,83	12,89	12,95	13,01	13,07	13,13	13,19	13,25
332	76	82	88	94	13,00	06	12	18	24	30
334	81	87	93	99	05	11	17	23	29	35
336	86	92	98	13,04	10	16	22	28	34	40
338	91	97	12,03	09	15	21	27	33	39	45
1,0340	12,96	13,02	13,08	13,14	13,20	13,26	13,32	13,38	13,44	13,50
342	13,01	07	13	19	25	31	37	43	49	55
344	06	12	18	24	30	36	42	48	54	60
346	11	17	23	29	35	41	47	53	59	65
348	16	22	28	34	40	46	52	58	64	70
1,0350	13,21	13,27	13,33	13,39	13,45	13,51	13,57	13,63	13,69	13,75
352	26	32	38	44	50	56	62	68	74	80
354	31	37	43	49	55	61	67	73	79	85
356	36	42	48	54	60	66	72	78	84	90
358	41	47	53	59	65	71	77	83	89	95
1,0360	13,46	13,52	13,58	13,64	13,70	13,76	13,82	13,88	13,94	14,00
362	51	57	63	69	75	81	87	93	99	05
364	56	62	68	74	80	86	92	98	14,04	10
366	61	67	73	79	85	91	97	14,03	09	15
368	66	72	78	84	90	96	14,02	08	14	20

Die Tafel 3 bringt in den gewöhnlichen Zahlen die aus der Dichte bei 15° (fettgedruckte Vertikalspalte) und dem Gewichtsprozent Fett der Milch (fettgedruckte Horizontalspalte) berechneten Gewichtsprozente Milchtrockensubstanz. Die Werte von d_{15^0} sind aus den auf 15° reduzierten Laktodensimetergraden (Tafel 1 und 2) berechnet.

Tafel 3

Tabelle zur Berechnung der

	4,00	**4,05**	**4,10**	**4,15**	**4,20**	**4,25**	**4,30**	**4,35**	**4,40**	**4,45**
1,0310	12,81	12,87	12,93	12,99	13,05	13,11	13,17	13,23	13,29	13,35
312	86	92	98	13,04	10	16	22	28	34	40
314	91	97	13,03	09	15	21	27	33	39	45
316	96	13,02	08	14	20	26	32	38	44	50
318	13,01	07	13	19	25	31	37	43	49	55
1,0320	13,06	13,12	13,18	13,24	13,30	13,36	13,42	13,48	13,54	13,60
322	11	17	23	29	35	41	47	53	59	65
324	16	22	28	34	40	46	52	58	64	70
326	21	27	33	39	45	51	57	63	69	75
328	26	32	38	44	50	56	62	68	74	80
1,0330	13,31	13,37	13,43	13,49	13,55	13,61	13,67	13,73	13,79	13,85
332	36	42	48	54	60	66	72	78	84	90
334	41	47	53	59	65	71	77	83	89	95
336	46	52	58	64	70	76	82	88	94	14,00
338	51	57	63	69	75	81	87	93	99	05
1,0340	13,56	13,62	13,68	13,74	13,80	13,86	13,92	13,98	14,04	14,10
342	61	67	73	79	85	91	97	14,03	09	15
344	66	72	78	84	90	96	14,02	08	14	20
346	71	77	83	89	95	14,01	07	13	19	25
348	76	82	88	94	14,00	06	12	18	24	30
1,0350	13,81	13,87	13,93	13,99	14,05	14,11	14,17	14,23	14,29	14,35
352	86	92	98	14,04	10	16	22	28	34	40
354	91	97	14,03	09	15	21	27	33	39	45
356	96	14,02	08	14	20	26	32	38	44	50
358	14,01	07	13	19	25	31	37	43	49	55
1,0360	14,06	14,12	14,18	14,24	14,30	14,36	14,42	14,48	14,54	14,60
362	11	17	23	29	35	41	47	53	59	65
364	16	22	28	34	40	46	52	58	64	70
366	21	27	33	39	45	51	57	63	69	75
368	26	32	38	44	50	56	62	68	74	80

Die Tafel 3 bringt in den gewöhnlichen Zahlen die aus der Dichte bei 15° (fettgedruckte Vertikalspalte) und dem Gewichtsprozent Fett der Milch (fettgedruckte Horizontalspalte) berechneten Gewichtsprozente Milchtrockensubstanz. Die Werte von d_{15^0} sind aus den auf 15° reduzierten Laktodensimetergraden (Tafel 1 und 2) berechnet.

Tafel 3

Milchtrockensubstanz (Fortsetzung)

	4,50	**4,55**	**4,60**	**4,65**	**4,70**	**4,75**	**4,80**	**4,85**	**4,90**	**4,95**
1,0310	13,41	13,47	13,53	13,59	13,65	13,71	13,77	13,83	13,89	13,95
312	46	52	58	64	70	76	82	88	94	14,00
314	51	57	63	69	75	81	87	93	99	05
316	56	62	68	74	80	86	92	98	14,04	10
318	61	67	73	79	85	91	97	14,03	09	15
1,0320	13,66	13,72	13,78	13,84	13,90	13,96	14,02	14,08	14,14	14,20
322	71	77	83	89	95	14,01	07	13	19	25
324	76	82	88	94	14,00	06	12	18	24	30
326	81	87	93	99	05	11	17	23	29	35
328	86	92	98	14,04	10	16	22	28	34	40
1,0330	13,91	13,97	14,03	14,09	14,15	14,21	14,27	14,33	14,39	14,45
332	96	14,02	08	14	20	26	32	38	44	50
334	14,01	07	13	19	25	31	37	43	49	55
336	06	12	18	24	30	36	42	48	54	60
338	11	17	23	29	35	41	47	53	59	65
1,0340	14,16	14,22	14,28	14,34	14,40	14,46	14,52	14,58	14,64	14,70
342	21	27	33	39	45	51	57	63	69	75
344	26	32	38	44	50	56	62	68	74	80
346	31	37	43	49	55	61	67	73	79	85
348	36	42	48	54	60	66	72	78	84	90
1,0350	14,41	14,47	14,53	14,59	14,65	14,71	14,77	14,83	14,89	14,95
352	46	52	58	64	70	76	82	88	94	15,00
354	51	57	63	69	75	81	87	93	99	05
356	56	62	68	74	80	86	92	98	15,04	10
358	61	67	73	79	85	91	97	15,03	09	15
1,0360	14,66	14,72	14,78	14,84	14,90	14,96	15,02	15,08	15,14	15,20
362	71	77	83	89	95	15,01	07	13	19	25
364	76	82	88	94	15,00	06	12	18	24	30
366	81	87	93	99	05	11	17	23	29	35
368	86	92	98	15,04	10	16	22	28	34	40

Die Tafel 3 bringt in den gewöhnlichen Zahlen die aus der Dichte bei 15° (fettgedruckte Vertikalspalte) und dem Gewichtsprozent Fett der Milch (fettgedruckte Horizontalspalte) berechneten Gewichtsprozente Milchtrockensubstanz. Die Werte von d_{15^0} sind aus den auf 15° reduzierten Laktodensimetergraden (Tafel 1 und 2) berechnet.

Tafel 3

Tabelle zur Berechnung der

	5,00	**5,05**	**5,10**	**5,15**	**5,20**	**5,25**	**5,30**	**5,35**	**5,40**	**5,45**
1,0310	14,01	14,07	14,13	14,19	14,25	14,31	14,37	14,43	14,49	14,55
312	06	12	18	24	30	36	42	48	54	60
314	11	17	23	29	35	41	47	53	59	65
316	16	22	28	34	40	46	52	58	64	70
318	21	27	33	39	45	51	57	63	69	75
1,0320	14,26	14,32	14,38	14,44	14,50	14,56	14,62	14,68	14,74	14,80
322	31	37	43	49	55	61	67	73	79	85
324	36	42	48	54	60	66	72	78	84	90
326	41	47	53	59	65	71	77	83	89	95
328	46	52	58	64	70	76	82	88	94	15,00
1,0330	14,51	14,57	14,63	14,69	14,75	14,81	14,87	14,93	14,99	15,05
332	56	62	68	74	80	86	92	98	15,04	10
334	61	67	73	79	85	91	97	15,03	09	15
336	66	72	78	84	90	96	15,02	08	14	20
338	71	77	83	89	95	15,01	07	13	19	25
1,0340	14,76	14,82	14,88	14,94	15,00	15,06	15,12	15,18	15,24	15,30
342	81	87	93	99	05	11	17	23	29	35
344	86	92	98	15,04	10	16	22	28	34	40
346	91	97	15,03	09	15	21	27	33	39	45
348	96	15,02	08	14	20	26	32	38	44	50
1,0350	15,01	15,07	15,13	15,19	15,25	15,31	15,37	15,43	15,49	15,55
352	06	12	18	24	30	36	42	48	54	60
354	11	17	23	29	35	41	47	53	59	65
356	16	22	28	34	40	46	52	58	64	70
358	21	27	33	39	45	51	57	63	69	75
1,0360	15,26	15,32	15,38	15,44	15,50	15,56	15,62	15,68	15,74	15,80
362	31	37	43	49	55	61	67	73	79	85
364	36	42	48	54	60	66	72	78	84	90
366	41	47	53	59	65	71	77	83	89	95
368	46	52	58	64	70	76	82	88	94	16,00

Die Tafel 3 bringt in den gewöhnlichen Zahlen die aus der Dichte bei 15° (fettgedruckte Vertikalspalte) und dem Gewichtsprozent Fett der Milch (fettgedruckte Horizontalspalte) berechneten Gewichtsprozente Milchtrockensubstanz. Die Werte von $d_{15°}$ sind aus den auf 15° reduzierten Laktodensimetergraden (Tafel 1 und 2) berechnet.

Tafel 3

Milchtrockensubstanz (Fortsetzung)

	5,50	**5,55**	**5,60**	**5,65**	**5,70**	**5,75**	**5,80**	**5,85**	**5,90**	**5,95**	**6,00**
1,0310	14,61	14,67	14,73	14,79	14,85	14,91	14,97	15,03	15,09	15,15	15,21
312	66	72	78	84	90	96	15,02	08	14	20	26
314	71	77	83	89	95	15,01	07	13	19	25	31
316	77	82	88	94	15,00	06	12	18	24	30	36
318	81	87	93	99	05	11	17	23	29	35	41
1,0320	14,86	14,92	14,98	15,04	15,10	15,16	15,22	15,28	15,34	15,40	15,46
322	91	97	15,03	09	15	21	27	33	39	45	51
324	96	15,02	08	14	20	26	32	38	44	50	56
326	15,01	07	13	19	25	31	37	43	49	55	61
328	06	12	18	24	30	36	42	48	54	60	66
1,0330	15,11	15,17	15,23	15,29	15,35	15,41	15,47	15,53	15,59	15,65	15,71
332	16	22	28	34	40	46	52	58	64	70	76
334	21	27	33	39	45	51	57	63	69	75	81
336	26	32	38	44	50	56	62	68	74	80	86
338	31	37	43	49	55	61	67	73	79	85	91
1,0340	15,36	15,42	15,48	15,54	15,60	15,66	15,72	15,78	15,84	15,90	15,96
342	41	47	53	59	65	71	77	83	89	95	16,01
344	46	52	58	64	70	76	82	88	94	16,00	06
346	51	57	63	69	75	81	87	93	99	05	11
348	56	62	68	74	80	86	92	98	16,04	10	16
1,0350	15,61	15,67	15,73	15,79	15,85	15,91	15,97	16,03	16,09	16,15	16,21
352	66	72	78	84	90	96	16,02	08	14	20	26
354	71	77	83	89	95	16,01	07	13	19	25	31
356	76	82	88	94	16,00	06	12	18	24	30	36
358	81	87	93	99	05	11	17	23	29	35	41
1,0360	15,86	15,92	15,98	16,04	16,10	16,16	16,22	16,28	16,34	16,40	16,46
362	91	97	16,03	09	15	21	27	33	39	45	51
364	96	16,02	08	14	20	26	32	38	44	50	56
366	16,01	07	13	19	25	31	37	43	49	55	61
368	06	12	18	24	30	36	42	48	54	60	66

Die Tafel 3 bringt in den gewöhnlichen Zahlen die aus der Dichte bei 15° (fettgedruckte Vertikalspalte) und dem Gewichtsprozent Fett der Milch (fettgedruckte Horizontalspalte) berechneten Gewichtsprozente Milchtrockensubstanz. Die Werte von d_{15^0} sind aus den auf 15° reduzierten Laktodensimetergraden (Tafel 1 und 2) berechnet.

Tafel 4

Tabelle zur Berechnung der fettfreien Trockensubstanz*) nach Hoyberg

berechnet aus der Formel: $$\frac{\text{Laktodensimetergrade} + \text{Fett}^{4)}}{4}$$

Fett %/o	Laktodensimetergrade												
	25	25 5	26	26,5	27	27,5	28	28,5	29	29,5	30	30,5	31
0,0	6,25	6,38	6,50	6,63	6,75	6,88	7,00	7,13	7,25	7,38	7,50	7,63	7,75
0,5	6,38	6,50	6,63	6,75	6,88	7,00	7,13	7,25	7,38	7,50	7,63	7,75	7,88
1.0	6,50	6,63	6,75	6,80	7,00	7,13	7,25	7,38	7,50	7,63	7,75	7,88	8,00
1,5	6,63	6,75	6,88	7,00	7,13	7,25	7,38	7,50	7,63	7,75	7,88	8,00	8,13
2,0	6,75	6,88	7,00	7,13	7,25	7,38	7,50	7,63	7,75	7,88	8,00	8,13	8,25
2,5	6,88	7,00	7,13	7,25	7,38	7,50	7,63	7,75	7,88	8,00	8,13	8,25	8,38
2,6	6,90	7,03	7,15	7,28	7,40	7,53	7,65	7,78	7,90	8,03	8,15	8,28	8,40
2,7	6,93	7,05	7,18	7,30	7,43	7,55	7,68	7,80	7,93	8,05	8,18	8,30	8,43
2,8	6,95	7,07	7,20	7,33	7,45	7,58	7,70	7,83	7,95	8,08	8,20	8,33	8,45
2,9	6,98	7,10	7,23	7,35	7,48	7,60	7,73	7,85	7,98	8,10	8,23	8,35	8,48
3,0	7,00	7,13	7,25	7,38	7,50	7,63	7,75	7,88	8,00	8,13	8,25	8,38	8,50
3,1	7,03	7,15	7,28	7,40	7,53	7,65	7,78	7,90	8,03	8,15	8,28	8,40	8,53
3,2	7,05	7,18	7,30	7,43	7,55	7,68	7,80	7,93	8,05	8,18	8,30	8,43	8,55
3,3	7,08	7,20	7,33	7,45	7,58	7,70	7,83	7,95	8,08	8,20	8,33	8,45	8,58
3,4	7,10	7,23	7,35	7,48	7,60	7,73	7,85	7,98	8,10	8,23	8,35	8,48	8,60
3,5	7,13	7,25	7,38	7,50	7,63	7,75	7,88	8,00	8,13	8,25	8,38	8,50	8,63
3,6	7,15	7,28	7,40	7,53	7,65	7,78	7,90	8,03	8,15	8,28	8,40	8,53	8,65
3,7	7,18	7,30	7,43	7,55	7,68	7,80	7,93	8,05	8,18	8,30	8,43	8,55	8,68
3,8	7,20	7,33	7,45	7,58	7,70	7,83	7,95	8,08	8,20	8,33	8,45	8,58	8,70
3,9	7,23	7,35	7,48	7,60	7,73	7,85	7,98	8,10	8,23	8,35	8.48	8,60	8,73
4,0	7,25	7,38	7,50	7,63	7,75	7,88	8,00	8,13	8,25	8,38	8,50	8,63	8,75
4,5	7,38	7,50	7,63	7,75	7,88	8,00	8,13	8,25	8,38	8,50	8,63	8,75	8,88
5,0	7,50	7,63	7,75	7,88	8,00	8,13	8,25	8,38	8,50	8,63	8,75	8,88	9,00
5,5	7,63	7,75	7,88	8,00	8,13	8,25	8,38	8,50	8,63	8,75	8,88	9,00	9,13
6,0	7,75	7,88	8,00	8,13	8,25	8,38	8,50	8,63	8,75	8,88	9,00	9,13	9,25

*) Die Werte sind nur annähernd richtig, aber für die meisten Zwecke ausreichend.

Tafel 4

Tabelle zur Berechnung der fettfreien Trockensubstanz*) nach Hoyberg

berechnet aus der Formel: $\frac{\text{Laktodensimetergrade} + \text{Fett}^{4)}}{4}$

Fett %	Laktodensimetergrade									
	31,5	32	32,5	33	33,5	34	34,5	35	35,5	36
0,0	7,88	8,00	8,13	8,25	8,38	8,50	8,63	8,75	9,88	9,00
0,5	8,00	8,13	8,25	8,38	8,50	8,63	8,75	8,88	9,00	9 13
1,0	8,13	8,25	8,38	8,50	8,63	8,75	8,88	9,00	9,13	9,25
1,5	8,25	8,38	8,50	8,63	8,75	8,88	9,00	9,13	9,25	9,38
2,0	8,38	8,50	8,63	8,75	8,88	9,00	9,13	9,25	9,38	9,50
2,5	8,50	8,63	8,75	8,88	9,00	9,13	9,25	9,38	9,50	9,63
2,6	8,53	8,65	8,78	8,90	9,03	9,15	9,28	9,40	9,53	9,65
2,7	8,55	8,68	8,80	8,93	9,05	9,18	9,30	9,43	9,55	9,68
2,8	8,58	8,70	8,83	8,95	9,08	9,20	9,33	9,45	9,58	9,70
2,9	8,60	8,73	8,85	8,98	9,10	9,23	9,35	9,48	9,60	9,73
3,0	8,63	8,75	8,88	9,00	9,13	9,25	9,38	9,50	9,63	9,75
3,1	8,65	8,78	8,90	9,03	9,15	9,28	9,40	9,53	9,65	9,78
3,2	8,68	8,80	8,93	9,05	9,18	9,30	9,43	9,55	9,68	9,80
3,3	8,70	8,83	8,95	9.08	9,20	9,33	9,45	9,58	9,70	9,83
3,4	8,73	8,85	8,98	9,10	9,23	9,35	9,48	9,60	9,73	9,85
3,5	8,75	8,88	9,00	9,13	9,25	9,38	9,50	9,63	9,75	9,88
3,6	8,78	8,90	9,03	9,15	9,28	9,40	9,53	9,65	9,78	9,90
3,7	8,80	8,93	9,05	9,18	9,30	9,43	9,55	9,68	9,80	9,93
3,8	8,83	8,95	9,08	9,20	9,33	9,45	9,58	9,70	9,83	9,95
3,9	8,85	8,98	9,10	9,23	9,35	9,48	9,60	9,73	9,85	9,98
4,0	8,88	9,00	9,13	9,25	9,38	9,50	9,63	9,75	9,88	10,00
4,5	9,00	9,13	9,25	9,38	9,50	9,63	9,75	9,88	10,00	10,13
5,0	9,13	9,25	9,38	9,50	9,63	9,75	9,88	10,00	10,13	10,25
5,5	9,25	9,38	9,50	9,63	9,75	9,88	10,00	10,13	10,25	10,38
6,0	9,38	9,50	9,63	9,75	9,88	10,00	10,13	10,25	10,38	10,50

*) Die Werte sind nur annähernd richtig, aber für die meisten Zwecke ausreichend.

Tafel 5

Tabelle zur Berechnung des Milchzucker-

CuO mg	Milchzucker mg	CuO mg	Milchzucker mg	CuO mg	Milchzucker mg	CuO mg	Milchzucker mg	CuO mg	Milchzucker mg
125,2	71,6	**162,7**	93,8	**200,3**	116,4	**237,8**	139,3	**275,4**	161,9
126,4	72,4	**164,0**	94,6	**201,5**	117,1	**239,1**	140,0	**276,6**	162,6
127,7	73,1	**165,2**	95,3	**202,8**	117,9	**240,3**	140,8	**277,9**	163,4
128,9	73,8	**166,5**	96,1	**204,0**	118,6	**241,6**	141,6	**279,1**	164,2
130,2	74,6	**167,7**	96,9	**205,3**	119,4	**242,8**	142,3	**280,4**	164,9
131,4	75,3	**169,0**	97,6	**206,5**	120,2	**244,1**	143,1	**281,6**	165,7
132,7	76,1	**170,2**	98,3	**207,8**	120,9	**245,3**	143,9	**282,9**	166,4
133,9	76,8	**171,5**	99,1	**209,0**	121,7	**246,6**	144,6	**284,1**	167,2
135,2	77,6	**172,7**	99,8	**210,3**	122,4	**247,8**	145,4	**285,4**	167,9
136,4	78,3	**174,0**	100,5	**211,5**	123,2	**249,1**	146,2	**286,6**	168,6
137,7	79,0	**175,2**	101,3	**212,8**	123,9	**250,3**	146,9	**287,9**	169,4
138,9	79,8	**176,5**	102,0	**214,0**	124,7	**251,6**	147,7	**289,1**	170,1
140,2	80,5	**177,7**	102,8	**215,3**	125,5	**252,8**	148,5	**290,4**	170,7
141,4	81,3	**179,0**	103,5	**216,5**	126,2	**254,1**	149,2	**291,6**	171,6
142,7	82,0	**180,2**	104,3	**217,8**	127,0	**255,3**	150,0	**292,9**	172,4
143,9	82,7	**181,5**	105,1	**219,0**	127.8	**256,6**	150,7	**294,1**	173,1
145,2	83,5	**182,7**	105,8	**220,3**	128,5	**257,9**	151,5	**295,4**	173,9
146,4	84,2	**184,0**	106,6	**221,5**	129,3	**259,1**	152,2	**296,7**	174,6
147,7	85,0	**185,2**	107,3	**222,8**	130,1	**260,4**	153,0	**297,9**	175,4
149,0	85,7	**186,5**	108,1	**224,1**	130,8	**261,6**	153,7	**299,2**	176,2
150,2	86,4	**187,8**	108,8	**225,3**	131,6	**262,9**	154,5	**300,4**	176,9
151,5	87,2	**189,0**	109,6	**226,6**	132,4	**264,1**	155,2	**301,7**	177,7
152,7	87,9	**190,3**	110,3	**227,8**	133,1	**265,4**	156,0	**302,9**	178,5
154,0	88,7	**191,5**	111,1	**229,1**	133,9	**266,6**	156,7	**304,2**	179,3
155,2	89,4	**192,8**	111,9	**230,3**	134,7	**267,9**	157,5	**305,4**	180,1
156,5	90,1	**194,0**	112,6	**231,6**	135,4	**269,1**	158,2	**306,7**	180,8
157,7	90,9	**195,3**	113,4	**232,8**	136,2	**270,4**	159,0	**307,9**	181,6
159,0	91,6	**196,5**	114,1	**234,1**	137,0	**271,6**	159,7	**309,2**	182,4
160,2	92,4	**197,8**	114,9	**235,3**	137,8	**272,9**	160,4	**310,4**	183,2
161,5	93,1	**199,0**	115,6	**236,6**	138,5	**274,1**	161,2	**311,7**	184,0

Tafel 5 *)

gehaltes aus der Kupferoxydmenge [5])

CuO	Milchzucker	CuO	Milchzucker	CuO	Milchzucker	CuO	Milchzucker	CuO	Milchzucker
mg	mg	mg	mg	mg	mg	mg	mg	mg	mg
312,9	184,8	**350,5**	208,3	**388,0**	232,2	**425,6**	255,7	**463,1**	280,5
314,2	185,5	**351,7**	209,1	**389,3**	232,9	**426,8**	256,5	**464,4**	281,4
315,4	186,3	**353,0**	209,9	**390,5**	233,7	**428,1**	257,4	**465,6**	282,2
316,7	187,1	**354,2**	210,7	**391,8**	234,5	**429,3**	258,2	**466,9**	283,1
317,9	187,9	**355,5**	211,5	**393,0**	235,3	**430,6**	259,0	**468,1**	283,9
319,2	188,7	**356,7**	212,3	**394,3**	236,1	**431,8**	259,8	**469,4**	284,8
320,4	189,4	**358,0**	213,1	**395,5**	236,8	**433,1**	260,6	**470,6**	285,7
321,7	190,2	**359,2**	213,9	**396,8**	237,6	**434,3**	261,4	**471,9**	286,5
322,9	191,0	**360,5**	214,7	**398,0**	238,4	**435,6**	262,3	**473,1**	287,4
324,2	191,8	**361,7**	215,5	**399,3**	239,2	**436,8**	263,1	**474,4**	288,2
325,4	192,5	**363,0**	216,3	**400,5**	240,0	**438,1**	263,9	**475,6**	289,1
326,7	193,3	**364,2**	217,1	**401,8**	240,7	**439,3**	264,7	**476,9**	289,9
327,9	194,1	**365,5**	217,9	**403,0**	241,5	**440,6**	265,5	**478,1**	290,8
329,2	194,9	**366,7**	218,7	**404,3**	242,3	**441,8**	266,3	**479,4**	291,7
330,4	195,7	**368,0**	219,5	**405,6**	243,1	**443,1**	267,2	**480,7**	292,5
331,7	196,4	**369,2**	220,3	**406,8**	243,9	**444,4**	268,0	**481,9**	293,4
332,9	197,2	**370,5**	221,1	**408,1**	244,6	**445,6**	268,8	**483,2**	294,2
334,2	198,0	**371,8**	221,9	**409,3**	245,4	**446,9**	269,5	**484,4**	295,1
335,5	198,8	**373,0**	222,7	**410,6**	246,2	**448,1**	270,4	**485,7**	296,0
336,7	199,5	**374,3**	223,5	**411,8**	247,0	**449,4**	271,2	**486,9**	296,8
338,0	200,3	**375,5**	224,4	**413,1**	247,7	**450,6**	272,2	**488,2**	297,7
339,2	201,1	**376,8**	225,2	**414,3**	248,5	**451,9**	272,9	**489,4**	298,5
340,5	201,9	**378,0**	225,9	**415,6**	249,2	**453,1**	273,7	**490,7**	299,4
341,7	202,7	**379,3**	226,7	**416,8**	250,0	**454,4**	274,5	**491,9**	300,3
343,0	203,5	**380,5**	227,5	**418,1**	250,8	**455,6**	275,3	**493,2**	301,1
344,2	204,3	**381,8**	228,3	**419,3**	251,6	**456,9**	276,2	**494,4**	302,0
345,5	205,1	**383,0**	229,1	**420,6**	252,5	**458,1**	277,1	**495,7**	302,8
346,7	205,9	**384,3**	229,8	**421,8**	253,3	**459,4**	277,9	**496,9**	303,7
348,0	206,7	**385 5**	230,6	**423,1**	254,1	**460,6**	278,8	**498,2**	304,6
349,2	207,5	**386,8**	231,4	**424,3**	254,9	**461,9**	279,6	**499,4**	305,4

s. a. Tafel 29

Tafel 6. **Tabelle zur Bestimmung des Milchzuckers nach der Methode von G. Bruhns[5])**

20 ccm Fehlingsche Lösung + 20 ccm Milchlösung (= 2,0 ccm Milch) + 20 ccm Wasser Kochdauer 6 Minuten. Ermittlung des Kupferverbrauches mittels 0,1 n-Thiosulfat unter Berücksichtigung des Blindversuches.

ccm 0,1 n Thiosulfat	Milchzucker %	ccm 0,1 n Thiosulfat	Milchzucker %	ccm 0,1 n Thiosulfat	Milchzucker %	ccm 0,1 n Thiosulfat	Milchzucker %
10,0	2,31	**13,3**	3,11	**16,6**	3,91	**19,9**	4,73
10,1	2,33	**13,4**	3,14	**16,7**	3,93	**20,0**	4,76
10,2	2,36	**13,5**	3,16	**16,8**	3,96	**20,1**	4,79
10,3	2,38	**13,6**	3,19	**16,9**	3,98	**20,2**	4,82
10,4	2,40	**13,7**	3,21	**17,0**	4,01	**20,3**	4,84
10,5	2,43	**13,8**	2,24	**17,1**	4,03	**20,4**	4,87
10,6	2,45	**13,9**	3,26	**17,2**	4,06	**20,5**	4,89
10,7	2,48	**14,0**	3,27	**17,3**	4,08	**20,6**	4,92
10,8	2,50	**14,1**	3,29	**17,4**	4,11	**20,7**	4,94
10,9	2,52	**14,2**	3,31	**17,5**	4,13	**20,8**	4,97
11,0	2,55	**14,3**	3,34	**17,6**	4,16	**20,9**	4,99
11,1	2,57	**14,4**	3,36	**17,7**	4,18	**21,0**	5,02
11,2	2,60	**14 5**	3,39	**17,8**	4,21	**21,1**	5,04
11,3	2,62	**14,6**	3,41	**17,9**	4,23	**21,2**	5,07
11,4	2,65	**14,7**	3,44	**18,0**	4,26	**21,3**	5,09
11,5	2,67	**14,8**	3,46	**18,1**	4,28	**21,4**	5,12
11,6	2,70	**14,9**	3,49	**18,2**	4,31	**21,5**	5,14
11,7	2,72	**15,0**	3,51	**18,3**	4,33	**21,6**	5,17
11,8	2,75	**15,1**	3,53	**18,4**	4,36	**21,7**	5,20
11,9	2,77	**15,2**	3,56	**18,5**	4,38	**21,8**	5,22
12,0	2,80	**15,3**	3,58	**18,6**	4,41	**21,9**	5,25
12,1	2,82	**15,4**	3,61	**18,7**	4,43	**22,0**	5,28
12,2	2,85	**15,5**	3,63	**18,8**	4,46	**22,1**	5,30
12,3	2,87	**15,6**	3,66	**18,9**	4,48	**22,2**	5,33
12,4	2,90	**15,7**	3,68	**19,0**	4,51	**22,3**	5,35
12,5	2,92	**15,8**	3,71	**19,1**	4,53	**22,4**	5,38
12,6	2,94	**15,9**	3,73	**19,2**	4,56	**22,5**	5,41
12,7	2,97	**16,0**	3,76	**19,3**	4,58	**22,6**	5,43
12,8	2,99	**16,1**	3,78	**19,4**	4,61	**22,7**	5,46
12,9	3,02	**16,2**	3,81	**19,5**	4,63	**22,8**	5,48
13,0	3,04	**16,3**	3,83	**19,6**	4,66	**22,9**	5,51
13,1	3,06	**16,4**	3,86	**19,7**	4,68	**23,0**	5,54
13,2	3,09	**16,5**	3,88	**19,8**	4,71	**23,1**	5,56

Tafel 7

Tabelle zur Berechnung des Cl'- oder Na Cl-Gehaltes aus der verbrauchten Silberintrallösung nach Dr. H. Patzsch

0,1 ro-Lösung	0		1		2		3		4	
ccm	Cl' mg	Na Cl mg	Cl' mg	Na Cl mg	Cl' mg	Na Cl mg	Cl' mg	Na Cl mg	Cl' mg	Na Cl mg
0	—	—	0,35	0,58	0,71	1,17	1,06	1,75	1,42	2,34
1	3,55	5,85	3,90	6,49	4,25	7,02	4,61	7,60	4,96	8,18
2	7,09	11,69	7,45	12,28	7,80	12,86	8,16	13,45	8,51	14,03
3	10,64	17,54	10,99	18,12	11,35	18,71	11,70	19,29	12,06	19,88
4	14,18	23,38	14,54	23,97	14,89	24,55	15,25	25,14	15,60	25,72
5	17,73	29,23	18,08	29,81	18,44	30,40	18,79	30,98	19,15	31,57
6	21,28	35,08	21,63	35,66	21,98	36,25	22,34	36,83	22,69	37,41
7	24,82	40,92	25,18	41,51	25,53	42,09	25,89	42,68	26,24	43,26
8	28,37	46,77	28,72	47,35	29,08	47,94	29,43	48,52	29 79	49,11
9	31,91	52,61	32,27	53,20	32,62	53,78	32,98	54,37	33,33	54,95
10	35,46	58,46	35,81	59,04	36,17	59,63	36,52	60,21	36,88	60,80
11	39,01	64,31	39,36	64,89	39,71	65,47	40,07	66,06	40,42	66,64
12	42,55	70,15	42,91	70,74	43,26	71,32	43,62	71,90	43,97	72,49
13	46,10	76,00	46,45	76,58	46,81	77,17	47,16	77,75	47,52	78,34
14	49,64	81,84	50,00	82,43	50,35	83,01	50,71	83,60	51,06	84,18
15	53,19	87,69	53,54	88,27	53,90	88,86	54,25	89,44	54,61	90,03
16	56,74	93,54	57,09	94,12	57,44	94,70	57,80	95,29	58,15	95,87
17	60,28	99,38	60,64	99,97	60,99	100,55	61,35	101,13	61,70	101,72
18	63,83	105,23	64,18	105,81	64,54	106,40	64,89	106,98	65,25	107,57
19	67,37	111,07	67,73	111,66	68,08	112,24	68,44	112,83	68,79	113,41
20	70,92	116,92	71,27	117,50	71,63	118,09	71,98	118,67	72,34	119,26
21	74,47	122,76	74,82	123,35	75,17	123,93	75,53	124,52	75,88	125,10
22	78,01	128,61	78,37	129,19	78,72	129,78	79,08	130,36	79,43	130,95
23	81,56	134,46	81,91	135,04	82,27	135,63	82,62	136,21	82,98	136,79
24	85,10	140,30	85,46	140,89	85,81	141,47	86,17	142,06	86,52	142,64
25	88,65	146,15	89,00	146,73	89,36	147,32	89,71	147,90	90,07	148,49
26	92,20	151,99	92,55	152,58	92,90	153,16	93,26	153,75	93,61	154,33
27	95,74	157,84	96,10	158,42	96,45	159,01	96,81	159,59	97,16	160,18
28	99,29	163,69	99,64	164 27	100,00	164,86	100,35	165,64	100,71	166,02
29	102,83	169,53	103,19	170,12	103,54	170,70	103,90	171,29	104,25	171,87
30	106,38	175,38	106,73	175,96	107,09	176,55	107,44	177,13	107,80	177,72
31	109,93	181,22	110,28	181,81	110,63	182,39	110,99	182,98	111,34	183,56
32	113,47	187,07	113,83	187,65	114,18	188,24	114,54	188,82	114,89	189,41
33	117,02	192,92	117,37	193,50	117,73	194,09	118,08	194,67	118,44	195,25
34	120,56	198,76	120,92	199,35	121,27	199,93	121,63	200,52	121,98	201,10
35	124,11	204,61	124,46	205,19	124,82	205,78	125,17	206,36	125,53	206,95
36	127,66	210,45	128,01	211,04	128,36	211,62	128,72	212,21	129,07	212,79
37	131,20	216 30	131,56	216,88	131,91	217,47	132,27	218,05	132,62	218,64
33	134,75	222,15	135,10	222,73	135,46	223,31	135,81	223,90	136,17	224,48
39	138 29	227,99	138,65	228,58	139,00	229,16	139,36	229,75	139,71	230,33
40	141,84	233,84	142,19	234,42	142,55	235,01	142,90	235,59	143 26	236,18

Tafel 7

Tabelle zur Berechnung des Cl'- oder Na Cl-Gehaltes aus der verbrauchten Silberintrallösung nach Dr. H. Patzsch

0,1 r,0-Lösung	5		6		7		8		9	
	Cl'	Na Cl	Cl'	Na Cl	Cl'	Na Cl	Cl'	Na Cl	Cl'	Na Cl
ccm	mg	mg	mg	mg	mg	mg	mg	mg	mg	mg
0	1,77	2,92	2,13	3,51	2,48	4,09	2,84	4,68	3,19	5,26
1	5,32	8,77	5,67	9,35	6,03	9,94	6,38	10,50	6,74	11,11
2	8,86	14,62	9,22	15,20	9,57	15,78	9,93	16,37	10,28	16,95
3	12,41	20,46	12,77	21,05	13,12	21,13	13,47	22,22	13,83	22,80
4	15,96	26,31	16,31	26,89	16,67	27,48	17,02	28,06	17,37	28,65
5	19,50	32,15	19,86	32,74	20,21	33,32	20,57	33,91	20,92	34,49
6	23,05	38,00	23,40	38,58	23,76	39,17	24,11	39,75	24,47	40,34
7	26,59	43,85	26,95	44,43	27,30	45,01	27,66	45,60	28,01	46,18
8	30,14	49,69	30,50	50,28	30,85	50,86	31,20	51,44	31,56	52,03
9	33,69	55,54	34,04	56,12	34,40	56,71	34,75	57,29	35,10	57,87
10	37,23	61,38	37,59	61,97	37,94	62,55	38,30	63,14	38,65	63,72
11	40,78	67,23	41,13	67,81	41,49	68,40	41,84	68,98	42,20	69,57
12	44,32	73,07	44,68	73,66	45,03	72,24	45,39	74,83	45,74	75,41
13	47,87	78,92	48,23	79,50	48,58	80,09	48,93	80,67	49,28	81,26
14	51,42	84,77	51,77	85,35	52,13	85,94	52,48	86,52	52,83	87,10
15	54,96	90,61	54,32	91,20	55,67	91,78	56,03	92,37	56,38	92,95
16	58,51	96,46	58,86	97,04	59,22	97,63	59,57	98,21	59,93	98,80
17	62,05	102,30	62,41	102,89	62,76	103,47	63,12	104,58	63,47	104,64
18	65,60	108,15	65,96	108,74	66,31	109,32	66,66	109,90	67,02	110,49
19	69,15	113,99	69,50	114,58	69,86	115,16	70,21	115,75	70,56	116,33
20	72,69	119,84	73,05	120,43	73,40	121,01	73,76	121,59	74,11	122,18
21	76,24	125,69	76,59	126,27	76,95	126,86	77,30	127,44	77,66	128,03
22	79,78	131,53	80,14	132,12	80,49	132,70	80,85	133,29	81,20	133,87
23	83,33	137,38	83,69	137,96	84,04	138,55	84,39	139,13	84,75	139,72
24	86,88	143,22	87,23	143,81	87 59	144,39	87,94	144,98	88,29	145,56
25	90,42	149,07	90,78	149,66	91,13	150,24	91,49	150,82	91,84	151,41
26	93,97	154,92	94,32	155,50	94,68	156,09	95,03	156,67	95,38	157,26
27	97,51	160,76	97,87	161,35	98,22	161,93	98,58	162,52	98,93	163,10
28	101,06	166,61	101,42	167,19	101,77	167,78	102,12	168,36	102,48	168,95
29	104,61	172,45	104,96	173,04	105,32	173,62	105,67	174,21	106,03	174,79
30	108,15	178,30	108,51	178,89	108,86	179,47	109,22	180,05	109,57	180,64
31	111,70	184,15	112,05	184,73	112,41	185,32	112,76	185,90	113,12	186,49
32	115,24	189,99	115,60	190,58	115,95	191,16	116,31	191,75	116,60	192,33
33	118,79	195,84	119,15	196,42	119,50	197,01	119,85	197,59	120,21	198,18
34	122,34	201,68	122,69	202,27	123,05	202,85	123,40	203,44	123,76	204,02
35	125,88	207,53	126,24	208,12	126,59	208,70	126,95	209,28	127,30	209,87
36	129,43	213,38	129,78	213,96	130,14	214,55	130,49	215,13	130,85	215,72
37	132,97	219,22	133,33	219,81	133,68	220,39	134,04	220,98	134,39	221,56
38	136,52	225,07	136,88	225,65	137,28	226,24	137,58	226,82	137,94	227,41
39	140,07	230,91	140,42	231,50	140,78	232,08	141,13	232,67	141,49	233,25
40	143,61	236,70	143,97	237,35	144,32	237,93	144,68	238,51	145,03	239,10

Tafel 8

Tabelle zur Berechnung des Fremdwasser-Gehaltes aus dem Gefrierpunkte der Milch nach Winter[6])

Gefrierpunkt C°	Wassergehalt, Teile auf 100 Teile Milch	Gefrierpunkt C°	Wassergehalt, Teile auf 100 Teile Milch
—0,55	0	—0,44	20,0
—0,53	3,6	—0,43	21,8
—0,52	5,4	—0,42	23,6
—0,51	7,3	—0,41	25,4
—0,50	9,1	—0,40	27,3
—0 49	10,9	—0,39	29,1
—0,48	12,7	—0,38	30,9
—0,47	14,5	—0.37	32,7
—0 46	16,4	—0,36	34,5
—0,45	18,2		

Tafel 9

Tabelle zur Berechnung des Fremdwasser-Gehaltes aus den Refraktionswerten nach E. Ackermann[7])

D = Refraktionsdifferenz zwischen Stallprobe (+) und verdächtiger Probe (—)

D	Wasserzusatz %	*D*	Wasserzusatz %
1,3°	5	5,7°	30
2,3°	10	6,4°	35
3,3°	15	7,0°	40
4,2°	20	7,6°	45
5 2°	25	8,1°	50

Tafel 10

Tabelle zur Ermittelung der Milchneutralisierung nach J. Tillmans und W. Luckenbach[9])

Titerverbrauch bezogen auf 100 ccm Milch ccm 0,1 n-HCl	entspricht einem ursprünglichen Säuregrad von	Titerverbrauch bezogen auf 100 ccm Milch ccm 0,1 n-HCl	entspricht einem ursprünglichen Säuregrad von	Titerverbrauch bezogen auf 100 ccm Milch ccm 0,1 n-HCl	entspricht einem ursprünglichen Säuregrad von	Titerverbrauch bezogen auf 100 ccm Milch ccm 0,1 n-HCl	entspricht einem ursprünglichen Säuregrad von
5,0	6,0	**11,5**	8,5	**17,75**	10,8	**24,0**	13,7
5,25	6,2	**11,75**	8,6	**18,0**	10,9	**24,25**	13,8
5,5	6,3	**12,0**	8,7	**18,25**	11,0	**24,5**	13,9
5,75	6,4	**12,25**	8,75	**18,5**	11,15	**24,75**	14,0
6,0	6,5	**12,5**	8,8	**18,75**	11,25	**25,0**	14,1
6,25	6,6	**12,75**	8,9	**19,0**	11,4	**25,25**	14,3
6,5	6,7	**13,0**	9,0	**19,25**	11,5	**25,5**	14,5
6,75	6,8	**13,25**	9,1	**19,5**	11,6	**25,75**	14,6
7,0	6,9	**13,5**	9,15	**19,75**	11,7	**26,0**	14,8
7,25	6 95	**13,75**	9,2	**20,0**	11,8	**26,25**	14,9
7,5	7,0	**14,0**	9,3	**20,25**	12,0	**26,5**	15,1
7,75	7,1	**14,25**	9,4	**20,5**	12,1	**26,75**	15.3
8,0	7,2	**14,5**	9,5	**20,75**	12,2	**27,0**	15,4
8,25	7,3	**14,75**	9,6	**21,0**	12,3	**27,25**	15,6
8,5	7,4	**15,0**	9,65	**21,25**	12,4	**27,5**	15,8
8,75	7,5	**15,25**	9,7	**21,5**	12,5	**27,75**	16,0
9,0	7,6	**15,5**	9,8	**21,75**	12,6	**28,0**	16,1
9,25	7,7	**15,75**	9,9	**22,0**	12,7	**28,25**	16,3
9,5	7,8	**16,0**	10,0	**22,25**	12,9	**28,5**	16.5
9,75	7,9	**16,25**	10,1	**22,5**	13,0	**28,75**	16,6
10,0	8,0	**16,5**	10,2	**22,75**	13,1	**29,0**	16,8
10,25	8,1	**16,75**	10,3	**23,0**	13,2	**29,25**	16,9
10,5	8,2	**17,0**	10,4	**23,25**	13,3	**29,5**	17,0
10,75	8,3	**17,25**	10,55	**23,5**	13,4	**29,75**	17,2
11,0	8,35	**17 5**	10,7	**23.75**	13,5	**30,0**	17,4
11,25	8,4						

Erläuterungen zu Tafel 10

Zur Bestimmung der Neutralisation wird zunächst in 50 ccm Milch nach Zusatz von 2 ccm 2%igem Phenolphthalein der Säuregrad nach Soxhlet-Henkel bestimmt. Zu der fertig titrierten Lösung gibt man 40 ccm kolloidale Eisenhydroxydlösung, rührt während 15 Minuten wiederholt um und filtriert durch ein Faltenfilter. 20 ccm des klaren Serums werden nach Zusatz von 0,3 ccm einer 0,01%igen alkoholischen Lösung von Methylgelb *) mit n/10-Salzsäure auf den Farbton einer Pufferlösung der Stufe 3,2 (43 ccm einer Lösung, die 21,008 g Zitronensäure und 200 ccm n-Natronlauge im Liter enthält, + 57 ccm n/10-Salzsäure) titriert, nachdem man die Pufferlösung mit 0,3 ccm des Indikators angefärbt hat. Von dem Titerverbrauch zieht man 0,17 ccm als Korrektion in jedem Falle ab und rechnet dann auf 100 ccm Milch um. Angenommen, bei obigen Verhältnissen, die Milch hätte einen Säuregrad von 6,0 gezeigt, d. h. 50 ccm Milch hätten nach Soxhlet-Henkel 3,0 ccm n/4-Lauge verbraucht und der Salzsäureverbrauch sei 2,3 ccm gewesen, so berechnet sich der Titerverbrauch für 100 ccm Milch zu

$$(2{,}3-0{,}17) \cdot \frac{50+2+40+3}{20} \cdot 2 = 20{,}25 \text{ (abgerundet aus 20,235).}$$

Zu diesem Wert entnimmt man aus der Tabelle den gesuchten Säuregrad vor der Neutralisation. Er beträgt in unserem Falle 12. Daraus ergibt sich, daß die Milch von Säuregrad 12,0 auf Säuregrad 6,0 neutralisiert worden ist.

---

*) Vielfach noch Dimethylgelb genannt.

Tafel 11

Tabelle zur Berechnung der Refraktionszahl aus dem Gewichtsverhältnis $\left(\gamma L \frac{15^0}{15^0}\right)$ des Chlorcalciumserums [8])

Gewichtsverhältnis $\gamma L \frac{15^0}{15^0}$	Refr.-Zahl 17,5°	Gewichtsverhältnis $\gamma L \frac{15^0}{15^0}$	Refr.-Zahl 17,5°	Gewichtsverhältnis $\gamma L \frac{15^0}{15^0}$	Refr.-Zahl 17,5°	Gewichtsverhältnis $\gamma L \frac{15^0}{15^0}$	Refr.-Zahl 17,5°
1,0290	42,0	1,0260	39,0	1,0230	36,0	1,0200	33,0
1,0289	41,9	1,0259	38,9	1,0229	35,9	1,0199	32,9
1,0288	41,8	1,0258	38,8	1,0228	35,8	1,0198	32,8
1,0287	41,7	1,0257	38,7	1,0227	35,7	1,0197	32,7
1,0286	41,6	1,0256	38,6	1,0226	35,6	1,0196	32,6
1,0285	41,5	1,0255	38,5	1,0225	35,5	1,0195	32,5
1,0284	41,4	1,0254	38,4	1,0224	35,4	1,0194	32,4
1,0283	41,3	1,0253	38,3	1,0223	35,3	1,0193	32,3
1,0282	41,2	1,0252	38,2	1,0222	35,2	1,0192	32,2
1,0281	41,1	1,0251	38,1	1,0221	35,1	1,0191	32,1
1,0280	41,0	1,0250	38,0	1,0220	35,0	1,0190	32,0
1,0279	40,9	1,0249	37,9	1,0219	34,9	1,0189	31,9
1 0278	40,8	1,0248	37,8	1,0218	34,8	1,0188	31,8
1,0277	40,7	1,0247	37,7	1,0217	34,7	1,0187	31,7
1,0276	40,6	1,0246	37,6	1,0216	34,6	1,0186	31,6
1,0275	40,5	1,0245	37,5	1,0215	34,5	1,0185	31,5
1,0274	40,4	1,0244	37,4	1,0214	34,4	1,0184	31,4
1,0273	40,3	1,0243	37,3	1,0213	34,3	1,0183	31,3
1,0272	40,2	1,0242	37,2	1,0212	34,2	1,0182	31,2
1,0271	40,1	1,0241	37,1	1,0211	34,1	1,0181	31,1
1,0270	40,0	1,0240	37,0	1,0210	34,0	1,0180	31,0
1,0269	39,9	1,0239	36,9	1,0209	33,9	1,0179	30,9
1,0268	39,8	1,0238	36,8	1,0208	33,8	1,0178	30,8
1,0267	39,7	1,0237	36,7	1,0207	33,7	1,0177	30,7
1,0266	39,6	1,0236	36,6	1,0206	33,6	1,0176	30,6
1,0265	39,5	1,0235	36,5	1,0205	33,5	1,0175	30,5
1,0264	39,4	1,0234	36,4	1,0204	33,4	1,0174	30,4
1,0263	39,3	1,0233	36,3	1,0203	33,3	1,0173	30,3
1,0262	39,2	1,0232	36,2	1,0202	33,2	1,0172	30,2
1 0261	39,3	1,0231	36,1	1,0201	33,1	1,0171	30,1

Tafel 12

Faktoren für die gebräuchlichsten Untersuchungsverfahren

a) Tabelle nach Dr. H. Beier

E = Bestimmung nach Vorschrift der Einheitsverfahren der Wasseruntersuchung der Fachgruppe Wasserchemie

T = Titration, *G* = gewichtsanalytische Bestimmung

F = Faktor; ergibt, multipliziert mit den verbrauchten ccm oder gefundenen mg, den Gehalt in mg/l

M = Methylorange 0,01 %; P = Phenolphthalein 0,375 g/l

Gesucht	angew. ccm. Wasser		Verfahren	Indik.	*F*	lg *F*
gebundene Kohlensäure (CO_2)	100	*E*	*T* mit n/10 HCl	M	22,0	3424
Bikarbonatkohlensäure (CO_2)	100	*E*	*T* mit n/10 HCl	M	44,0	6435
freie Kohlensäure (CO_2)	200	*E*	*T* mit n/50 Na_2CO_3	P	2,20	3424
freie Kohlensäure (CO_2)	200	—	*T* mit n/20 NaOH	P	11,0	0414
kalkangreifende Kohlensäure (CO_2)	100	*E*	*T* mit n/10 HCl (Mehrverbrauch im Marmorversuch)	M	22,0	3424
Chloride (Cl)	100	*E*	*T* mit n/50 $AgNO_3$	—	7,09	8507
Sulfate (SO_4)	100	*E*	*G* als $BaSO_4$	—	4,12	6144
Sulfate (SO_4)	100	*E*	*T* mit n/100 Thiosulfat	—	6,40	8062
Karbonate (CO_3)	100	*E*	*T* mit n/10 HCl	P	30,0	4771
Bikarbonate (HCO_3)	100	*T*	mit n/10 HCl	M	61,0	7854
Calcium (Ca)	200	*E*	*T* mit n/20 $KMnO_4$	—	5,01	6998
Kalk (CaO)	200	*E*	*T* mit n/20 $KMnO_4$	—	7,01	8457
Calcium (Ca)	200	*E*	*G* als Ca $(COO)_2 \cdot H_2O$	—	1,37	1367
Kalk (CaO)	200	*E*	*G* als Ca $(COO)_2 \cdot H_2O$	—	1,92	2831
Calcium (Ca)	200	—	*G* als CaO	—	3,57	5527
Magnesium (Mg)	200	*E*	*T* mit n/10 HCl	M	6,08	7839
Magnesiumoxyd (MgO)	200	*E*	*T* mit n/10 HCl	M	10,09	0039
Magnesium (Mg)	200	—	*G* als $Mg_2P_2O_7$	—	1,09	0374
Magnesiumoxyd (MgO)	200	—	*G* als $Mg_2P_2O_7$	—	1,81	2577
Kaliumpermanganatverbrauch	100	*E*	*T* mit n/100 $KMnO_4$	—	3,16	4998
Ammonium (NH_4)	200	*E*	*T* mit n/5 H_2SO_4	M	18,0	2553
Karbonathärte dKH	100	*E*	*T* mit n/10 HCl	M	2,80	4472
Gesamthärte dGH	100	*E*	*T* mit n/10 Kaliumpalmitat	P	2,80	4472

Tafel 12

Faktoren für die gebräuchlichsten Untersuchungsverfahren

b) Tabelle nach Dr. A. Splittgerber

1. Nach der Formel $Al_2(SO_4)_3$ (· 18 H_2O) + 3 $Ca(HCO_3)_2$
entsprechen = 2 $Al(OH)_3$ +3 $CaSO_4$ + 6 CO_2 (+ 18 H_2O)

10 mg/l Aluminiumsulfat des Handels, enthaltend 1,53 mg/l Al_2O_3
rund 2 mg/l (genau 1,98) gebundener CO_2
4 mg/l (genau 3,96) Bikarbonat = CO_2
7,6 mg/l $NaHCO_3$
0,25° (0,252°) Karbonathärte bzw. Sulfathärte
2,5 mg/l CaO
3,6 mg/l 3,60) Sulfatrest (SO_3)
3,6 mg/l (3,60) NaOH
4,8 mg/l Na_2CO_3

40 mg/l Aluminiumsulfat des Handels (genau 39,7 mg) = 1° Härte
10 mg/l gebundener } CO_2 — 50,5 mg/l Aluminiumsulfat des
20 mg/l Bikarbonat } Handels.

---

2. Nach der Formel
$2 FeCl_3 + 3 Ca(HCO_3)_2 = 2 Fe(OH)_3 + 3 CaCl_2 + 6 CO_2$
entsprechen 10 mg/l $FeCl_3$ der I. G. (98%ig)
entweder 4 (4,07) mg/l gebundener CO_2,
oder 8 (8,14) mg/l Bikarbonat CO_2
„ ½° (0,52°) Karbonathärte bzw. Nichtkarbonathärte
„ 5 (5,2) mg/l CaO
„ 15 (15,54) mg/l $NaHCO_3$
„ 7 (6,56) mg/l Chlorid aus $FeCl_3$
„ 10 (9,80) mg/l Na_2CO_3
„ 7½ (7,40) mg/l NaOH
„ 2,0 (2,05) mg/l Aluminiumsulfat des Handels

20 mg/l (19,3) $FeCl_3$ (98%ig) = 32,2 mg/l $FeCl_3 : 6H_2O$ = 1° d H.
Das $FeCl_3 \cdot 6 H_2O$ enthält 60,0% $FeCl_3$ und 40,0% H_2O.
10 mg/l gebundener } CO_2 = 24,5 mg/l $FeCl_3$ (98%ig)
20 mg/l Bikarbonat — } = 40,8 mg/l $FeCl_3 . 6 H_2O$

---

3. Nach der Formel
$2 AlCl_3 + 3 Ca(HCO_3)_2 = 2 Al(OH)_3 + 3 CaCl_2 + 6 CO_2$
entsprechen 10 mg/l $AlCl_3$
rund 5 mg/l (genau 4,95 mg/l) gebundener CO_2
„ 10 mg/l (genau 9,90 mg/l) Bikarbonat CO_2
„ 19 mg/l (genau 18,90 mg/l) $NaHCO_3$
„ ⅔° (genau 0,63°) Härte
„ 8 mg/l (genau 7,98 mg/l) Chloridrest Cl
„ 9 mg/l (genau 9,00 mg/l) NaOH
„ 12 mg/l (genau 11,92 mg/l) Na_2CO_3

16 mg/l $AlCl_3$ (genau 15,85 mg/l) = 1° Härte
= 28,7 mg/l = rd. 30 mg/l $AlCl_3 . 6 H_2O$
10 mg/l gebundener } CO_2 = 20,2 mg/l $AlCl_3$
20 mg/l Bikarbonat — } = 36,6 mg/l $AlCl_3 . 6 H_2O$
Das auch käufl. $AlCl_3 : 6 H_2O$ enthält 55,23% $AlCl_3$ und 44,77% H_2O.

Tafel 12

Faktoren für die gebräuchlichsten Untersuchungsverfahren

b) Tabelle nach Dr. A. Splittgerber (Fortsetzung)

4. Nach der Gleichung
$2\,NaAlO_2 + 3\,Ca(HCO_3)_2$
$= 2\,Al(OH)_3 + Na_2CO_3 + 3\,CaCO_3 + 2\,CO_2$
entsprechen
10 mg/l $NaAlO_2$ (Natriumaluminat 100%ig gedacht)
rund 4 (4,02) mg/l gebundener CO_2 (60477)
„ 8 (8,08) mg/l Bikarbonat CO_2 (90589)
„ 10 (10,3) mg/l CaO (01117)
„ 1 (1,03) ° Karbonathärte bzw Sulfathärte (01117)
„ 6 (6,2) mg/l Al_2O_3 (79366)
„ 5 (4,9) mg/l NaOH (68852)
„ 6,5 (6,47) mg/l Na_2CO_3 (81063)
9,75 mg/l (98883) $NaAlO_2$ (100%ig) = 1 ° dH
10 mg/l gebundener } CO_2 = 25 (24,85) mg/l $NaAlO_2$
20 mg/l Bikarbonat- } 100%ig (39523)

Die Handelsware mit 30—33% Al_2O_3 enthält rund 50% Feuchtigkeit, da im $NaAlO_2$ (100%ig) 62,2 % Al_2O_3 gebunden sind; für das betriebliche Rechnen mit käuflichem, wasserhaltigem Natriumaluminat sind daher die vorstehenden Zahlen sämtlich zu halbieren.

---

5. Säureimpfung: 1° Härte =

17,5 mg/l H_2SO_4	13,0 mg/l HCl
25,4 mg/l Na_2SO_4	20,85 mg/l NaCl
20,85 mg/l $CaSO_4$	19,8 mg/l $CaCl_2$

---

6. Berechnung der rückgeführten Kesselwassermenge aus den Chloridgehalten (falls Kondensat fehlt)
$\varkappa$ = %-Anteil an rückgeführtem Kesselwasser im enthärteten Wasser

$$\varkappa = 100 \cdot \text{mg/l Cl}\ \frac{\text{Speisewasser minus Rohwasser}}{\text{Kesselwasser minus Rohwasser}}$$

---

7. Berechnung der Entsalzungsmenge aus den Abdampfrückständen (180° C) bzw. Chloridgehalten
$\varkappa$ = abzuführende Kesselwassermenge in % der Kessel-Speisewassermenge
A = Abdampfrückstand (180° C bzw. Chloridgehalt des Kesselwassers (mg/l)
a = Abdampfrückstand (180° C) des Kessel-Speisewassers (mg/l)
$\varkappa = 100a \cdot (A - a)$

---

8. $116\,p$ = CaSi (mg/l)
$97\,(m - 2\,p)$ = $Ca(HO_3)_2$ (mg/l)

9. $100\,p$ = $CaCO_3$ (mg/l)
$81\,(m - 2\,p)$ = $Ca(HCO_3)_2$ (mg/l)

} p (m) = ccm n/10—HCl, bei der Titration von 100 ccm Wasser mit Phenolphthalein (Methylorange) verbraucht

Tafel 12

Faktoren für die gebräuchlichsten Untersuchungsverfahren
b) Tabelle nach Dr. A. Splittgerber (Fortsetzung)

10. Zugehörige Kohlensäure nach Tillmans

$= CaO \cdot (\text{geb. } CO_2)^2 \cdot 10^{-5} \cdot k$
(vgl. Buch: Kesselbetrieb, 2. Auf. S. 234);
k bei 17° C = 2 (vgl. S. 52)

---

11. 1° Karbonathärte entspricht
110/14 = 7,9 mg/l Karbonatkohlensäure (89763)
= einfach gebundene Kohlensäure

1° Karbonathärte entspricht
110/7 = 15,8 mg/l Bikarbonat-Kohlensäure (19866)
= gebundene + halbgebundene Kohlensäure
= gesamt gebundene Kohlensäure

1° Karbonathärte entspricht
210/7 = 30 mg/l Natriumbikarbonat ($NaHCO_3$) (47712)

1° Karbonathärte entspricht
265/14 = 18,9 mg/l Soda (Na_2CO_3) (27646)

1° Karbonathärte entspricht
100/7 = 14,3 mg/l Ätznatron (NaOH) (15534))

1° Karbonathärte entspricht
810/28 = 28,9 mg/l $Ca(HCO_3)_2$ (46103)
730/28 = 26,1 mg/l $Mg(HCO_3)_2$ (41663)

1° Sulfathärte entspricht
170/7 = 24,3 mg/l $CaSO_4$ (38518)
430/14 = 30,7 mg/l $CaSO_4 \cdot 2\,H_2O$ (48715)

1° Sulfathärte entspricht
170/7 = 24,3 mg/l $CaSO_4$ (38518)
430/14 = 30,7 mg/l $CaSO_4 \cdot 2\,H_2O$ (48715)
120/7 = 17,1 mg/l $MgSO_4$ (23408)
246/7 = 35,1 mg/l $MgSO_4 \cdot 7\,H_2O$ (54584)
355/14 = 25,4 mg/l Na_2SO_4 (40363)
403/7 = 57,5 mg/l $Na_2SO_4 \cdot 10\,H_2O$ (75933)
245/14 = 17,5 mg/l H_2SO_4 (24277)

1° Chloridhärte entspricht
555/28 = 19,8 mg/l $CaCl_2$ (29647)
274/7 = 39,1 mg/l $CaCl_2 \cdot 6\,H_2O$ (59181)
119/7 = 17,0 mg/l $MgCl_2$ (22996)
254/7 = 36,6 mg/l $MgCl_2 \cdot 6\,H_2O$ (55939)
146/7 = 20,9 mg/l NaCl (31903)
91/7 = 13,0 mg/l HCl (11410)

---

12. Calcium-Apatit (der bei der Phosphatenthärtung sich absetzende Bodensatz) $[Ca_3(PO_4)_2]_3 \cdot Ca(OH)_2$; MG = 1004,8; lg MG = 00208; $Mg_3(PO_4)_2$ (die bei der Phosphatentlärtung ausfallnde Magnesiaverbindung); MG = 263,0; lg MG = 41996.

Tafel 12

Faktoren für die gebräuchlichsten Untersuchungsverfahren
b) Tabelle nach Dr. A. Splittgerber (Fortsetzung)

13. Zur Umrechnung der 100%igen Chemikalien auf die niedriger prozentige Handelsware bedient man sich der allgemeinen Formel:

$$x = \frac{100 \cdot a}{\%},$$

worin a die angewandte Gewichtsmenge des 100%igen Enthärtungsmittels und % den Prozentgehalt der Handelsware an reiner Substanz bedeutet.

Tafel 12

Faktoren für die gebräuchlichsten Untersuchungsverfahren
c) Logarithmische Faktorentabelle nach Dr. A. Splittgerber

Gesucht	Gefunden	Faktor	lg
CO_2	**H_2CO_3**	0,7095	85 092
$[Ca_3(PO_4)_2]_3 \cdot Ca(OH)_2$	**CaO**	1,7923	25 342
$[Ca_3(PO_4)_2]_3 \cdot Ca(OH)_2$	**P_2O_5**	2,3578	37 250
$[Ca_3(PO_4)_2]_3 \cdot Ca(OH)_2$	**H_2O**	55,7825	74 650
CaO	**Ca**	1,399	14 588
CaO	**$Ca(HSiO_3)_2$**	0,2887	46 052
CaO	**$CaSiO_3$**	0,4829	68 383
CaO	**H_2O**	3,113	49 316
CaO	**P_2O_5**	1,184	07 352
CaO	**$[Ca_3(PO_4)_2]_3 \cdot Ca(OH)_2$**	0,5579	74 658
$Ca(OH)_2$	**CaO**	1,321	12 101
$CaSiO_3$	**$Ca(HSiO_3)_2$**	0,5980	77 669
Cl	**CaO**	1,264	10 192
Cl	**MgO**	1,759	24 521
Cl	**NH_4**	1,9666	29 349
Fe	**FeO**	0,7773	89 058
Fe	**Fe_3O_4**	0,7236	85 948
$FePO_4$	**Fe_2O_3**	1,890	27 635
$FePO_4$	**P_2O_5**	2,124	32 719
$FeSiO_3$	**SiO_2**	2,1961	34 165
HCO_3	**CO_2**	1,387	14 195
H_2CO_3	**CO_2**	1,410	14 908
H_2O	**CaO**	0,3212	50 684
H_2O	**MgO**	0,4468	65 013
H_2O	**$Ca(HSiO_3)_2$**	0,09276	96 736
H_2O	**$Ca(HCO_3)_2$**	0,1111	04 587
H_2O	**$[Ca_3(PO_4)_2]_3 \cdot Ca(OH)_2$**	0,0179	25 350
H_2SiO_3	**SiO_2**	1,300	11 395
$KMnO_4$	**O**	3,951	59 668
MgO	**Cl**	0,5686	75 479
MgO	**H_2O**	2,238	34 987

Tafel 12

Faktoren für die gebräuchlichsten Untersuchungsverfahren

c) Logarithmische Faktorentabelle nach Dr. A. Splittgerber

(Fortsetzung)

Gesucht	Gefunden	Faktor	lg
MgO	**N_2O_5**	0,3733	57 203
MgO	**P_2O_5**	0,8516	93 022
MgO	**Mg**	1,658	21 956
$Mg(OH)_2$	**MgO**	1,447	16 045
NH_3	**NH_4**	0,9441	97 503
NH_4	**NH_3**	1,059	02 497
NO_2	**N_2O_3**	1,210	08 295
N_2O_3	**NO_2**	0,8261	91 705
N_2O_5	**NO_3**	0,8710	94 001
$NaNO_3$	**N_2O_5**	1,574	19 698
Na_2O	**N_2O_5**	0,5739	75 886
Na_2O	**P_2O_5**	1,309	11 706
NaOH	**Na_2CO_3**	0,7549	87 786
NaOH	**$NaHCO_3$**	0,4762	67 780
Na_3PO_4	**PO_4**	1,726	23 705
Na_3PO_4	**P_2O_5**	2,309	36 349
Na_2SO_4	**SO_4**	1,479	16 990
Na_2So_3	**O**	7,878	89 642
$Na_2SO_3 \cdot 7\,H_2O$	**O**	15,76	19 756
O	**$KMnO_4$**	0,2531	40 332
O	**Cl**	0,2256	35 339
PO_4	**Na_3PO_4**	0,5794	76 295
PO_4	**P_2O_5**	1,338	12 644
P_2O_5	**CaO**	0,8443	92 648
P_2O_5	**MgO**	1,174	06 977
P_2O_5	**Na_3PO_4**	0,4330	63 651
P_2O_5	**PO_4**	0,7474	87 356
SO_2	**O**	4,004	60 247
SO_3	**Fe_2O_3**	1,504	17 729
SO_3	**NH_3**	2,350	37 114
SiO_2	**$Ca(HSiO_3)_2$**	0,6184	79 133
SiO_2	**$CaSiO_3$**	0,5171	71 361

Tafel 13. **Tabelle zur Berechnung der Oxydierbarkeit des Wassers nach Kubel-Tiemann*)**

(Berechnet von Baier und Ackermann-Steinmann[10])

T **(Titer)**	$\left(\frac{0{,}8 \times 10}{T}\right)$	$\left(\frac{3{,}16 \times 10}{T}\right)$	*T* **(Titer)**	$\left(\frac{0{,}8 \times 10}{T}\right)$	$\left(\frac{3{,}16 \times 10}{T}\right)$
9,0	0,888	3,51	**12,0**	0,666	2,63
1	0,879	3,47	**1**	0,661	2,61
2	0,869	3,43	**2**	0,655	2,59
3	0,860	3,40	**3**	0,650	2,57
4	0,851	3,36	**4**	0,645	2,55
5	0,842	3,33	**5**	0,640	2,53
6	0,833	3,29	**6**	0,635	2,51
7	0,824	3,26	**7**	0,629	2,49
8	0,816	3,22	**8**	0,625	2,47
9	0,808	3,10	**9**	0,620	2,45
10,0	0,800	3,16	**13,0**	0,615	2,43
1	0,792	3,12	**1**	0,610	2,41
2	0,784	3,09	**2**	0,606	2,39
3	0,776	3,07	**3**	0,601	2,38
4	0,769	3,04	**4**	0,597	2,36
5	0,761	3,01	**5**	0,592	2,34
6	0,754	2,98	**6**	0,588	2,32
7	0,748	2,95	**7**	0,584	2,31
8	0,740	2,93	**8**	0,579	2,29
9	0,734	2,90	**9**	0,575	2,27
11,0	0,727	2,87	**14,0**	0,571	2,26
1	0,720	2,85	**1**	0,567	2,24
2	0,714	2,82	**2**	0,563	2,23
3	0,708	2,80	**3**	0,559	2,21
4	0,701	2,77	**4**	0,555	2,19
5	0,695	2,75	**5**	0,552	2,18
6	0,689	2,72	**6**	0,548	2,16
7	0,683	2,70	**7**	0,544	2,15
8	0,677	2,68	**8**	0,540	2,13
9	0,672	2,66	**9**	0,536	2,12

*) Anwendung: 1. $\left(\frac{0{,}8 \times 10}{T}\right) a$ = verbrauchte Milligramm Sauerstoff im Liter Wasser oder:

2. $\left(\frac{3{,}16 \times 10}{T}\right) a$ = verbrauchte Milligramm Kaliumpermanganat im Liter Wasser. — Es bedeutet:

T (Titer) = Zahl der ccm Permanganatlösung, die 10 ccm n/10 Oxalsäure entsprechen.

a = die zur Oxydation der organischen Stoffe verbrauchten ccm Permanganatlösung für 100 ccm Wasser.

Tafel 14

Tabelle der Löslichkeit des Luftsauerstoffs in Wasser bei verschiedenen Temperaturen [11]) und [39])

Wasser-temperatur C°	Sättigungswert für Sauerstoff mg/Liter	Wasser-temperatur C°	Sättigungswert für Sauerstoff mg/Liter
0	14,57	27	7,95
1	14,17	28	7,81
2	13,79	29	7,67
3	13,43	30	7,52
4	13,07	35	6,91
5	12,74	40	6,41
6	12,41	45	5,94
7	12,11	50	5,50
8	11,81	55	5,10
9	11,53	60	4,69
10	11,25	65	4,26
11	11,00	70	3,81
12	10,75	75	3,32
13	10,51	80	2,81
14	10,28	85	2,24
15	10,07	90	1,59
16	9,85	91	1,45
17	9,65	92	1,31
18	9,45	93	1,16
19	9,27	94	1,01
20	9,10	95	0,86
21	8,91	96	0,69
22	8,74	97	0,52
23	8,58	98	0,36
24	8,42	99	0,18
25	8,27	100	0
26	8,11		

Unter S ä t t i g u n g s d e f i z i t eines Wassers bezüglich des Sauerstoffs versteht man die Differenz zwischen dem für die betreffende Temperatur geltenden Sättigungswert und dem gefundenen Sauerstoffgehalt.

Tafel 15

Tabelle zur Bestimmung der kalkaggressiven Kohlensäure auf Grund der Arbeiten von J. Tillmans[11]) (nach P. Lehmann und A. Reuß)

S *) = Summe von gebundener und freier Kohlensäure (experimentell ermittelt)

G = Summe von gebundener und kalkagressiver Kohlensäure

Kalkaggressive Kohlensäure = G — gebundene Kohlensäure

(Sämtliche Zahlen bedeuten mg/Liter)

S	G	S	G	S	G	S	G
1	1	**29**	28,4	**57**	53,2	**85**	74,5
2	2	**30**	29,4	**58**	54,0	**86**	75,2
3	3	**31**	30,3	**59**	54,8	**87**	75,9
4	4	**32**	31,2	**60**	55,7	**88**	76,6
5	5	**33**	32,2	**61**	56,5	**89**	77,3
6	6	**34**	33,1	**62**	57,2	**90**	78,0
7	7	**35**	34,0	**63**	58,1	**91**	78,7
8	8	**36**	34,9	**64**	58,8	**92**	79,3
9	9	**37**	35,9	**65**	59,6	**93**	80,0
10	10	**38**	36,8	**66**	60,4	**94**	80,8
11	11	**39**	37,7	**67**	61,2	**95**	81,4
12	12	**40**	38,6	**68**	62,0	**96**	82,1
13	13	**41**	39,5	**69**	62,8	**97**	82,7
14	13,9	**42**	40,3	**70**	63,5	**98**	83,3
15	14,9	**43**	41,2	**71**	64,3	**99**	84,0
16	15,9	**44**	42,1	**72**	65,0	**100**	84,6
17	16,9	**45**	43,0	**73**	65,8	**101**	85,3
18	17,8	**46**	43,9	**74**	66,5	**102**	85,9
19	18,8	**47**	44,7	**75**	67,3	**103**	86,5
20	19,8	**48**	45,6	**76**	68,0	**104**	87,2
21	20,8	**49**	46,5	**77**	68,8	**105**	87,6
22	21,7	**50**	47,3	**78**	69,5	**106**	88,4
23	22,7	**51**	48,2	**79**	70,3	**107**	89,1
24	23,7	**52**	49,0	**80**	71,0	**108**	89,7
25	24,6	**53**	49,9	**81**	71,7	**109**	90,4
26	25,6	**54**	50,7	**82**	72,4	**110**	90,9
27	26,5	**55**	51,6	**83**	73,1	**111**	91,6
28	27,5	**56**	52,4	**84**	73,8	**112**	92,2

*) Im Original mit *s* bezeichnet.

Tafel 15

Tabelle zur Bestimmung der kalkaggressiven Kohlensäure auf Grund der Arbeiten von J. Tillmans[11])

(nach P. Lehmann und A. Reuß) (Fortsetzung)

S	G	S	G	S	G	S	G
113	92,8	**140**	108,1	**167**	121,5	**194**	133,7
114	93,4	**141**	108,6	**168**	122,0	**195**	134,0
115	94,0	**142**	109,1	**169**	122,5	**196**	134,4
116	94,6	**143**	109,6	**170**	123,0	**197**	134,8
117	95,1	**144**	110,2	**171**	123,4	**198**	135,2
118	95,8	**145**	110,7	**172**	123,9	**199**	135,7
119	96,3	**146**	111,2	**173**	124,3	**200**	136,0
120	97,0	**147**	111,7	**174**	124,7	**210**	141,6
121	97,6	**148**	112,2	**175**	125,2	**220**	145,6
122	98,1	**149**	112,5	**176**	125,7	**230**	149,8
123	98,6	**150**	113,2	**177**	126,2	**240**	153,8
124	99,2	**151**	113,7	**178**	126,6	**250**	157,5
125	99,8	**152**	114,2	**179**	127,0	**260**	161,2
126	100,4	**153**	114,7	**180**	127,5	**270**	164,9
127	100,9	**154**	115,3	**181**	127,9	**280**	168,5
128	101,5	**155**	115,8	**182**	128,4	**290**	171,9
129	102,1	**156**	116,3	**183**	128,8	**300**	175,3
130	102,6	**157**	116,6	**184**	129,2	**310**	178,8
131	103,2	**158**	117,3	**185**	129,7	**320**	182,1
132	103,7	**159**	117,6	**186**	130,2	**330**	185,0
133	104,3	**160**	118,1	**187**	130,6	**340**	188,3
134	104,8	**161**	118,6	**188**	131,0	**350**	191,3
135	105,4	**162**	119,1	**189**	131,4	**360**	194,2
136	105,9	**163**	119,6	**190**	131,9	**370**	197,3
137	106,5	**164**	120,1	**191**	132,3	**380**	199,9
138	106,9	**165**	120,6	**192**	132,7	**390**	202,8
139	107,5	**166**	121,0	**193**	133,2	**400**	205,7

Berechnung der zugehörigen Kohlensäure[11]) und [39]):

$$\text{Zugehörige } CO_2 = CaO \cdot (\text{gebund. } CO_2)^2 \cdot K \cdot 10^{-5}$$

bei C°	10	17,5	20	30	40	50	60	70	80	90	100
K =	1,58	2,00	2,11	2,83	3,78	5,05	6,75	9,02	12,06	16,12	21,54

Tafel 16

Tabelle zur Bestimmung der rostschutzverhindernden Kohlensäure nach J. Tillmans[11])

Geb. CO_2 mg/l	Karbonathärte d. H.	Freie zugehörige Kohlensäure mg/l	Geb. CO_2 mg/l	Karbonathärte d. H.	Freie zugehörige Kohlensäure mg/l	Geb. CO_2 mg/l	Karbonathärte d. H.	Freie zugehörige Kohlensäure mg/l
5 06	0.64	0	**75**	9,55	9,25	**137,5**	17,50	72,3
15	1 91	0,25	**77,5**	9,86	10,4	**140**	17,82	76,4
17,5	2,23	0,4	**80**	10.18	11,5	**142,5**	18.14	80,5
20	2,55	0,5	**82,5**	10,50	12,8	**145**	18,46	85,0
22,5	2,86	0 6	**85**	10,82	14,1	**147,5**	18,77	89,1
25	3,18	0,75	**87,5**	11,14	15,6	**150**	19,09	93,5
27,5	3,50	0,9	**90**	11,45	17,2	**152,5**	19,41	98,0
30	3,82	1 0	**92,5**	11,77	19,0	**155**	19,73	103,0
32,5	4 14	1 2	**95**	12,09	20,75	**157,5**	20,05	107,5
35	4 45	1,4	**97,5**	12,41	22,75	**160**	20,36	112,5
37,5	4,77	1,6	**100**	12 73	25,0	**162,5**	20,68	117,5
40	5,09	1,75	**102,5**	13,05	27,3	**165**	21,00	122,5
42,5	5,41	2.1	**105**	13.36	29,5	**167,5**	21,32	127,6
45	5,73	2 4	**107,5**	13,68	32,3	**170**	21,64	132,9
47 5	6,05	2,7	**110**	14,00	35,0	**172,5**	21.95	138,0
50	6,37	3,0	**112,5**	14,32	37,8	**175**	22,22	143,8
52,5	6,68	3,5	**115**	14,64	40,75	**177,5**	22,39	149,1
55	7,00	3,9	**117,5**	14,96	43,8	**180**	22,91	154,5
57 5	7,32	4,25	**120**	15,27	47,0	**182,5**	23,22	160,0
60	7 64	4,8	**122,5**	15,59	50,2	**185**	23,55	165,5
62,5	7,95	5 25	**125**	15 91	54,0	**187,5**	23,86	171,0
65	8,28	6,0	**127,5**	16,23	57,4	**190**	24,18	176,6
67 5	8 59	6,75	**130**	16 55	61,0	**192,5**	24,50	182,3
70	8,91	7,5	**132,5**	16 86	64,7	**195**	24,82	188,0
72 5	9,23	8,3	**135**	17,18	68,5	**200**	25,45	199,5

Beispiel: Gefunden 10,2° Karbonathärte, freie Kohlensäure 36,0 mg/l. Die zugehörige Kohlensäure beträgt dann nach der Tabelle 11,5 mg/l. Die rostschutzverhindernde Kohlensäure ist dann gleich 36,0 — 11,5 = 24,5 mg/l.

Erläuterungen zu Tafel 15 und 16

Die kalkagressive Kohlsensäure kann auch in folgender Weise aus der nebenstehenden Kurve abgelesen werden. Angenommen, es seien in einem Wasser 80 mg gebundene Kohlensäure und 50 mg freie Kohlensäure im Liter analytisch festgestellt. Man trägt dann zunächst den Schnittpunkt der auf Abszisse 80 und Ordinate 50 stehenden Senkrechten ein. Von diesem Punkte zieht man auf die Kurve zu eine Gerade, die mit der Abszissenachse einen Winkel von 45° bildet. Von dem Schnittpunkte dieser Geraden mit der Kurve fällt man eine Senkrechte auf die Abszissenachse. Diese Senkrechte hat in unserem Fall eine Ordinatenlänge von 27,5 mg/l; diese stellt die nach dem Entsäuern des Wassers mit Kalziumkarbonat zu der nunmehr vorhandenen gebundenen Kohlensäure von 102,5 mg im Liter im Gleichgewicht gehörige freie Kohlensäure dar. Die Differenz zwischen der ursprünglichen freien Kohlensäure (50 mg/l) und dieser nach dem Entsäuern erhaltenen „zugehörigen" Kohlensäure gibt die aggressive Kohlensäure an (50 — 27,5 = 22,5 mg/).

Die rostschutzverhindernde Kohlensäure ist in dem angegebenen Falle gleich der Differenz von freier Kohlensäure und der zu einer gebundenen Kohlensäure von 80 mg/l im Gleichgewichte gehörigen Kohlensäure (11,5 mg/l), also gleich 50 — 11,5 = 38,5 mg/l.

Bestimmung der Angriffslust (Kalkaggressivität) eines Wassers nach R. Strohecker[12]) aus der Säurestufe (P_H)*) und dem Gehalte (mg/l) an gebundener Kohlensäure:

Im Kalk - Kohlensäure - Gleichgewichte besteht zwischen der Säurestufe eines Wassers (P_H) und seinem Gehalte an gebundener Kohlensäure (geb. CO_2) die Beziehung

$$P_H = 11{,}39 - 2 \cdot \lg \text{ (geb. } CO_2) \text{ **)}.$$

Sind Kalkgehalt (CaO) und Gehalt an gebundener Kohlensäure nicht (praktisch) gleich, so gilt für das Kalk-Kohlensäure-Gleichgewicht die Gleichung

$$P_H = 11{,}49 - \lg (CaO)\text{**)} - \lg \text{ (geb. } CO_2)\text{**)}.$$

Ist der tatsächlich bestimmte Zahlenwert der Säurestufe kleiner als der nach einer der obigen beiden Gleichungen berechnete, so liegt Angriffslust vor.

*) Bisher auch mit „Wasserstoffexponent", „Wasserstoffzahl" oder „Pehawert" bezeichnet (siehe auch Küster-Thiel, Logarithmische Rechentafeln für Chemiker, 41./45. Aufl., S. 171).

**) mg/Liter.

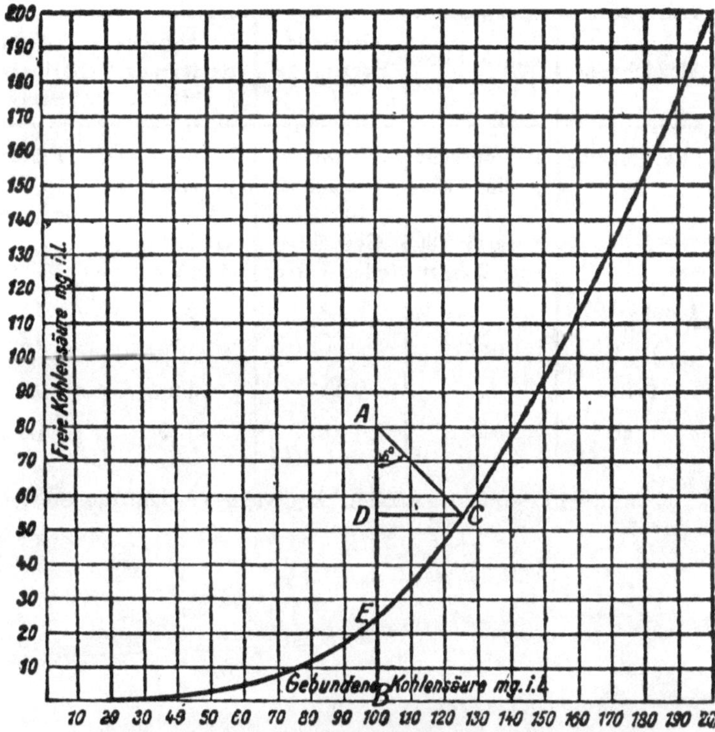

Kurve zur Ermittlung der kalkaggressiven und der rostschutzverhindernden Kohlensäure

Beispiel: 100 mg gebundene CO_2, 80 mg freie CO_2
AB = freie CO_2
AE = rostschutzverhindernde CO_2
BE = CO_2 im Gleichgewicht oder zugehörige CO_2
AD = aggressive CO_2

Tafel 17

Tabelle der Härtebezeichnungen und deren Umrechnungswerte[40])

Bezeichnung	Millival/Liter mval/Liter	Deutsche Härtegrade °dH	Französische Härtegrade °fH	Englische Härtegrade °eH
Bestimmung	erforderliche ccm von 1/10 N.-Salzsäure für 100 ccm Wasser	1 Gewichtsteil CaO in 100000 Gewichtsteilen Wasser	1 Gewichtsteil $CaCO_3$ in 100000 Gewichtsteilen Wasser	1 grain $CaCO_3$ je gallon
1 Millival/Lit.	1	2,8	5,0	3,5
1° dH	0,357	1,0	1,79	1,25
1° fH	0,2	0,56	1,0	0,7
1° eH	0,2	0,8	1,43	1,0

1 Millival/Liter = 1 mg/Liter: Äquivalentgewicht des Stoffes.

Tafel 18

Tabelle über Zusammenhang zwischen Siedetemperatur und Druck bei Unterdruck- (Vakuum-) Entgasung [40])

°C	Druck		Vakuum	°C	Druck		Vakuum
	mm Hg	ata kg/qcm	%		mm Hg	ata kg/qcm	%
0	4,6	0,0060	99,40	**52**	102,1	0,134	86,6
2	5,3	0,0070	99,30	**54**	112,5	0,148	85,2
4	6,1	0,0080	99,20	**56**	123,8	0,163	83,7
6	7,0	0,0092	99,08	**58**	136,1	0,179	82,1
8	8,0	0,0105	98 95	**60**	149,4	0,197	80,3
10	9,2	0,0121	98,79	**62**	163,8	0,216	78,4
12	10,5	0,0138	98,62	**64**	179,3	0,236	76,4
14	12,0	0,0158	98,42	**66**	196,1	0,258	74,2
16	13,6	0,0186	98,14	**68**	214,2	0,282	71,8
18	15,5	0,0211	97,89	**70**	233,7	0,307	69,3
20	17,5	0,0238	97,62	**72**	254,6	0,335	66,5
22	19,8	0,0270	97,30	**74**	277,2	0,365	63,5
24	22,4	0,0305	96,95	**76**	301,4	0,397	60,3
26	25,2	0,0343	96,57	**78**	327,3	0,431	56,9
28	28,3	0,0386	96,14	**80**	355,1	0,467	53,3
30	31,8	0,0432	95,68	**82**	384,9	0,506	49,4
32	35,7	0,0486	95,14	**84**	416,8	0,548	45,2
34	39,9	0,0543	94,57	**86**	450,9	0,593	40,7
36	44,6	0,0606	93,94	**88**	487,1	0,641	35,9
38	49,7	0,0676	93,24	**90**	525,8	0,692	30,8
40	55,3	0,0752	92,48	**92**	567,0	0,746	25,4
42	61,5	0,0836	91,64	**94**	610,9	0,804	19,6
44	68,3	0,0930	90,70	**96**	657,6	0,865	13,5
46	75,7	0,103	89,70	**98**	707,3	0,931	6,9
48	83,7	0,114	88,60	**100**	760,0	1,000	0
50	92,5	0,126	87,40				

Tafel 19

Tabelle der P_H-Werte von Kohlensäurelösungen, gemessen bei 23° C [40])

mg/l CO_2	P_H	mg/l CO_2	P_H	mg/l CO_2	P_H
690	4,16	16	4,98	3,0	5,34
315	4,31	9,0	5,10	2,8	5,35
178	4,36	6,1	5,19	2,6	5,37
90	4,61	4,4	5,26	2,4	5,39
55	4,71	3,6	5,31	2,2	5,41
24	4,89				

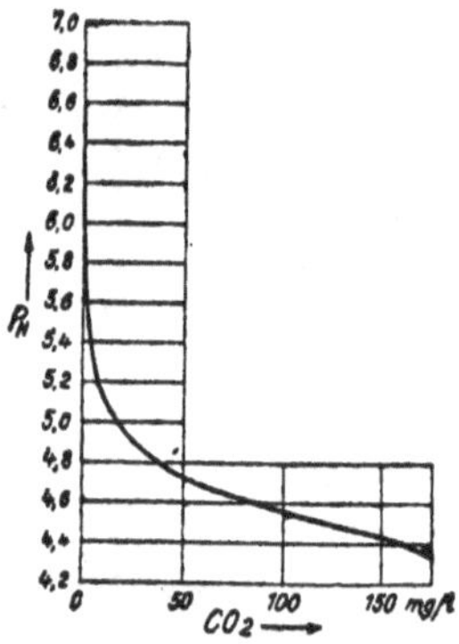

P_H-Werte reinsten Wassers in Abhängigkeit von der Temperatur. (Von 0—156° C durch Versuche, über 156° C durch Rechnung ermittel.)

n. Handbuch der Lebensmittel chemie VIII/2, 369 (1940)

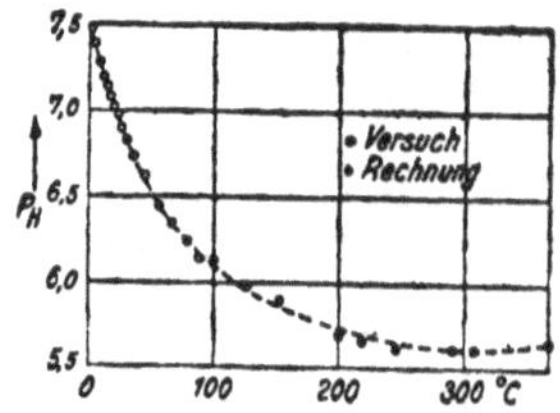

P_H-Werte von Kohlensäure-Lösungen, gemessen bei 23° C

n. Handbuch der Lebensmittelchemie VIII/2, 369 (1940)

Tafel 20

Tabelle der P_H-Werte wässriger Lösungen bei 23° C [40]

mg/l	Natron-lauge Na OH	Soda Na_2CO_3	Trinatrium-phosphat wasserfrei Na_3PO_4	Trinatrium-phosphat Handelsware $Na_3PO_4 \cdot 10\,H_2O$	Am-moniak NH_3
2	9,70	9,6	7,9	7,7	9,67
3	9,90	9,8	7,95	7,75	9,76
4	10,00	—	—	—	9,82
5	10,10	10,0	8,0	7,8	9,87
10	10,40	10,3	8,25	8,0	10,02
20	10,70	10,6	8,65	8,2	10,17
30	10,85	10,8	8,9	8,4	10,26
40	11,00	10,9	9,1	8,6	10,32
50	11,07	11,0	9,2	8,8	10,37
60	11,15	11,05	9,3	8,9	10,41
70	11,22	11,10	9,35	9,0	10,44
80	11,28	11,15	9,4	9,1	10,47
90	11,33	11,18	9,45	9,15	10,50
100	11,37	11,2	9,5	9,2	10,52
125	11,47	11,22	9,6	9,3	10,57
150	11,55	11,24	9,7	9,4	10,61
170	—	—	—	—	10,62
175	11,62	11,27	9,8	9,45	10,64
200	11,67	11,3	9,9	9,5	10,67
250	11,76	11,35	10,05	9,6	10,72
300	11,84	11,45	10,15	9,7	10,76
400	11,96	—	10,25	9,9	10,82
700	—	—	—	—	11,13

Tafel 21

Tabelle zur Bestimmung des Alkoholgehaltes von Alkohol-Wasser-mischungen aus dem Gewichtsverhältnis $\gamma_L \frac{20^\circ}{20^\circ}$ nach F. W. Müller[13])

(Die obere Reihe gibt g in 100 ccm die untere Volumprozent an)

$\gamma_L \frac{20^\circ}{20^\circ}$	9	8	7	6	5	4	3	2	1	0
0,999	0,05	0,11	0,16	0,21	0,27	0,32	0,37	0,43	0,48	0,53
	0,07	0,13	0,20	0,27	0,34	0,40	0,47	0,54	0,61	0,67
0,998	0,58	0,64	0,69	0,74	0,80	0,85	0,90	0,96	1,01	1,06
	0,74	0,81	0,88	0,94	1,01	1,08	1,15	1,21	1,28	1,35
0,997	1,12	1,17	1,23	1,28	1,34	1,39	1,45	1,50	1,55	1,61
	1,42	1,49	1,56	1,62	1,69	1,76	1,83	1,90	1,97	2,04
0,996	1,66	1,72	1,77	1,83	1,88	1,94	1,99	2,05	2,10	2,16
	2,11	2,18	2,24	2,31	2,38	2,45	2,52	2,59	2,10	2,16
0,995	2,21	2,27	2,33	2,38	2,44	2,49	2,55	2,61	2,66	2,72
	2,80	2,88	2,95	3,02	3,09	3,16	3,23	3,30	3,37	3,44
0,994	2,78	2,83	2,89	2,94	3,00	3,06	3,12	3,17	3,23	3,29
	3,52	3,59	3,66	3,73	3,80	3,87	3,95	4,02	4,10	4,17
0,993	3,35	3,41	3,47	3,52	3,58	3,64	3,70	3,76	3,82	3,87
	4,24	4,32	4,39	4,47	4,54	4,62	4,69	4,76	4,84	4,91
0,992	3,93	3,99	4,05	4,11	4,17	4,23	4,29	4,35	4,41	4,47
	4,99	5,06	5,14	5,21	5,29	5,36	5,44	5,51	5,59	5,67
0,991	4,53	4,59	4,65	4,71	4,77	4,83	4,89	4,95	5,01	5,07
	5,74	5,82	5,89	5,97	6,04	6,12	6,19	6,27	6,35	6,43
0,990	5,13	5,19	5,26	5,32	5,38	5,44	5,50	5,56	5,62	5,68
	6,50	6,58	6,66	6,74	6,81	6,89	6,97	7,05	7,12	7,20
0,989	5,75	5,81	5,87	5,93	5,99	6,05	6,12	6,18	6,24	6,31
	7,28	7,36	7,43	7,51	7,59	7,67	7,75	7,83	7,91	7,99
0,988	6,37	6,43	6,50	6,56	6,62	6,69	6,75	6,81	6,88	6,94
	8,07	8,15	8,24	8,32	8,40	8,48	8,56	8,64	8,72	8,80
0,987	7,01	7,07	7,17	7,20	7,27	7,33	7,40	7,46	7,53	7,59
	8,88	8,96	9,05	9,13	9,21	9,29	9,37	9,46	9,54	9,62
0,986	7,66	7,72	7,79	7,85	7,92	7,99	8,05	8,12	8,19	8,25
	9,70	9,78	9,87	9,95	10,03	10,11	10,20	10,28	10,37	10,45
0,985	8,32	8,39	8,45	8,52	8,59	8,65	8,72	8,79	8,85	8,92
	10,54	10,62	10,71	10,79	10,88	10,96	11,05	11,13	11,22	11,30
0,984	8,99	9,06	9,12	9,19	9,26	9,33	9,40	9,46	9,53	9,60
	11,39	11,47	11,56	11,64	11,73	11,81	11,90	11,99	12,07	12,16
0,983	9,67	9,73	9,80	9,87	9,94	10,01	10,08	10,15	10,22	10,29
	12,24	12,33	12,41	12,50	12,59	12,68	12,77	12,86	12,95	13,04
0,982	10,36	10,43	10,50	10,57	10,64	10,71	10,78	10,85	10,92	10,99
	13,13	12,21	13,30	13,39	13,48	13,57	13,66	13,75	13,84	13,93
0,981	11,06	11,14	11,21	11,28	11,35	11,42	11,49	11,57	11,64	11,71
	14,02	14,11	14,20	14,29	14,38	14,47	14,56	14,65	14,74	14,83
0,980	11,78	11,85	11,92	12,00	12,07	12,14	12,21	12,29	12,36	12,43
	14,92	15,01	15,10	15,19	15,29	15,38	15,47	15,56	15,65	15,74

Tafel 21

Tabelle zur Bestimmung des Alkoholgehaltes von Alkohol-Wassermischungen aus dem Gewichtsverhältnis $\gamma_L \frac{20^0}{20^0}$ nach F. W. Müller[13]) (Fortsetzung)

(Die obere Reihe gibt g in 100 ccm die untere Volumprozent an)

$\gamma_L \frac{20^0}{20^0}$	9	8	7	6	5	4	3	2	1	0
0,979	12,50	12,58	12,65	12,72	12,79	12,87	12,94	13,01	13,09	13,16
	15,84	15,93	16,02	16,11	16,20	16,30	16,39	16,48	16,58	16,67
0,978	13,23	13,30	13,38	13,45	13,52	13,60	13,67	13,74	13,82	13,89
	16,76	16,85	16,95	17,04	17,13	17,23	17,32	17,41	17,51	17,60
0,977	13,97	14,04	14,12	14,19	14,27	14,34	14,42	14,49	14,57	14,64
	17,70	17,79	17,88	17,98	18,07	18,16	18,26	18,35	18,45	18,54
0,976	14,71	14,79	14,86	14,93	15,01	15,08	15,15	15,22	15,30	15,37
	18,63	18,73	18,82	18,91	19,01	19,10	19,19	19,28	19,38	19,47
0,975	15,44	15,52	15,59	15,66	15,74	15,81	15,88	15,96	16,03	16,10
	19,56	19,66	19,75	10,84	19,93	20,02	20,12	20,21	20,30	20,39
0,974	16,17	16,25	16,32	16,39	16,47	16,54	16,61	16,68	16,76	16,83
	20,48	20,57	20,67	20,76	20,85	20,94	21,03	21,13	21,22	21,31
0,973	16,90	16,97	17,05	17,12	17,19	17,26	17,34	17,41	17,48	17,55
	21,41	21,50	21,59	21,68	21,78	21,87	21,96	22,06	22,15	22,24
0,972	17,62	17,70	17,77	17,84	17,91	17,98	18,06	18,13	18,20	18,27
	22,33	22,42	22,51	22,60	22,69	22,78	22,88	22,97	23,06	23,15
0,971	18,35	18,42	18,49	18,56	18,63	18,70	18,77	18,84	18,91	18,98
	23,24	23,33	23,42	23,51	23,60	23,69	23,78	23,87	23,96	24,04
0,970	19,05	19,12	19,19	19,26	19,33	19,40	19,47	19,54	19,61	19,68
	24,13	24,22	24,31	24,40	24,49	24,58	24,67	24,75	24,84	24,93
0,969	19,75	19,82	19,89	19,95	20,02	20,09	20,16	20,23	20,30	20,37
	25,02	25,10	25,19	25,28	25,36	25,45	25,54	25,63	25,71	25,80
0,968	20,44	20,50	20,57	20,64	20,71	20,77	20,84	20,91	20,97	21,04
	25,89	25,97	26,06	26,14	26,23	26,31	26,40	26,48	26,57	26,65
0,967	21,11	21,18	21,24	21,31	21,38	21,44	21,51	21,57	21,64	21,70
	26,74	26,82	26,91	26,99	27,07	27,16	27,24	27,32	27,41	27,49
0,966	21,77	21,84	21,90	21,97	22,03	22,10	22,16	22,23	22,29	22,36
	27,57	27,66	27,74	27,83	27,91	27,99	28,08	28,16	28,24	28,32
0,965	22,42	22,49	22,55	22,62	22,68	22,74	22,81	22,87	22,94	23,00
	28,41	28,49	28,57	28,65	28,73	28,82	28,90	28,98	29,06	29,15
0,964	23,07	23,13	23,19	23,26	23,32	23,38	23,45	23,51	23,57	23,64
	29,23	29,31	29,38	29,47	29,55	29,63	28,71	29,79	29,87	29,94
0,963	23,70	23,76	23,83	23,89	23,95	24,02	24,08	24,14	24,20	24,26
	30,02	30,10	30,18	30,26	30,34	30,42	30,50	30,58	30,65	30,73
0,962	24,32	24,38	24,44	24,50	24,57	24,63	24,69	24,75	24,81	24,87
	30,81	30,89	30,96	31,04	31,12	31,20	31,27	31,35	31,43	31,51
0,961	24,93	24,99	25,05	25,11	25,17	25,23	25,28	25,34	25,40	25,46
	31,58	31,66	31,73	31,81	31,88	31,96	32,03	32,11	32,18	32,26
0,960	25,52	25,58	25,64	25,70	25,75	25,81	25,87	25,93	25,99	26,05
	32,33	32,40	32,48	32,55	32,63	32,70	32,78	32,85	32,92	33,00

Tafel 21

Tabelle zur Bestimmung des Alkoholgehaltes von Alkohol-Wassermischungen aus dem Gewichtsverhältnis $\gamma_L \frac{20^\circ}{20^\circ}$ nach F. W. Müller [13]) (Fortsetzung)

(Die obere Reihe gibt g in 100 ccm die untere Volumprozent an)

$\gamma_L \frac{20^\circ}{20^\circ}$	9	8	7	6	5	4	3	2	1	0
0,959	26,10 33,07	26,16 33,14	26,22 33,22	26,28 33,29	26,34 33,36	26,39 33,44	26,45 33,51	26,51 33,58	26,57 33,66	26,63 33,73
0,958	26,68 33,80	26,74 33,88	26,80 33,95	26,86 34,02	26,91 34,09	26,97 34,16	27,02 34,23	27,08 34,31	27,14 34,38	27,19 34,45
0,957	27,25 34,52	27,30 34,59	27,36 34,66	27,41 34,73	27,47 34,80	27,53 34,88	27,58 34,95	27,64 35,02	27,69 35,09	27,75 35,16
0,956	27,81 35,23	27,86 35,30	27,92 35,37	27,97 35,44	28,03 35,51	28,08 35,58	28,14 35,65	28,19 35,72	28,25 35,78	28,30 35,85
0,955	28,36 35,92	28,41 35,99	28,47 36,06	28,52 36,13	28,58 36,20	28,63 36,27	28,68 36,34	28,74 36,40	28,79 36,47	28,84 36,54
0,954	28,89 36,61	28,95 36,67	29,00 36,74	29,05 36,81	29,11 36,87	28,16 36,94	29,21 37,01	29,27 37,07	29,32 37,14	29,37 37,21
0,953	29,42 37,28	29,48 37,34	29,53 37,41	29,58 37,48	29,63 37,54	29,69 37,61	29,74 37,67	29,79 37,74	29,84 37,80	29,90 37,87
0,952	29,95 37,93	30,00 38,00	30,05 38,07	30,10 38,13	30,16 38,20	30,21 38,26	30,26 38,33	30,31 38,39	30,37 38,46	30,42 38,52
0,951	30,47 38,59	30,52 38,65	30,57 38,72	30,62 38,78	30,67 38,84	30,72 38,91	30,77 38,97	30,82 39,03	30,87 39,10	30,91 39,16
0,950	30,96 39,23	31,01 39,29	31,06 39,35	31,11 39,42	31,16 39,48	31,21 39,54	31,26 39,61	31,31 39,67	31,36 39,73	31,41 39,79
0,949	31,46 39,86	31,51 39,92	31,56 39,98	31,61 40,04	31,66 40,11	31,71 40,17	31,75 40,23	31,80 40,29	31,85 40,35	31,90 40,42
0,948	31,95 40,48	32,00 40,54	32,05 40,60	32,10 40,67	32,15 40,73	32,20 40,79	32,25 40,85	32,29 40,91	32,34 40,97	32,39 41,03
0,947	32,44 41,09	32,48 41,15	32,53 41,21	32,58 41,27	32,63 41,33	32,67 41,39	32,72 41,45	32,77 41,51	32,82 41,57	32,86 41,63
0,946	32,91 41,69	32,96 41,75	33,01 41,81	33,05 41,87	33,10 41,93	33,15 41,99	33,19 42,05	33,24 42,11	33,29 42,16	33,33 42,22
0,945	33,38 42,28	33,42 42,34	33,47 42,40	33,52 42,46	33,56 42,51	33,61 42,57	33,66 42,63	33,70 42,69	33,75 42,75	33,79 42,81
0,944	33,84 42,86	33,89 42,92	33,93 42,98	33,98 43,04	34,03 43,10	34,07 43,16	34,12 43,22	34,16 43,27	34,21 43,33	34,25 43,39
0,943	34,30 43,45	34,35 43,51	34,39 43,57	34,44 43,62	34,48 43,68	34,53 43,74	34,58 43,80	34,62 43,86	34,67 43,92	34,71 43,97
0,942	34,76 44,03	34,80 44,09	34,85 44,15	34,89 44,21	34,94 44,26	34,98 44,32	35,03 44,37	35,07 44,43	35,12 44,48	35,16 44,54
0,941	35,20 44,60	35,25 44,65	35,29 44,71	35,34 44,76	35,38 44,82	35,42 44,88	35,47 44,93	35,51 44,99	35,56 45,04	35,60 45,10
0,940	35,65 45,15	35,69 45,21	35,73 45,27	35,78 45,32	35,82 45,38	35,86 45,43	35,91 45,49	35,95 45,54	35,99 45,60	36,04 45,65

Tafel 21

Tabelle zur Bestimmung des Alkoholgehaltes von Alkohol-Wassermischungen aus dem Gewichtsverhältnis $\gamma_L \frac{20^0}{20^0}$ nach F. W. Müller[13]) (Fortsetzung)

(Die obere Reihe gibt g in 100 ccm die untere Volumprozent an)

$\gamma_L \frac{20^0}{20^0}$	9	8	7	6	5	4	3	2	1	0
0,939	36,08 45,71	36,13 45,77	36,17 45,82	36,21 45,88	36,26 45,93	36,30 45,99	36,34 46,04	36,39 46,10	36,43 46,15	36,47 46,21
0 938	36,52 46,26	36,56 46,32	36,60 46,37	36,64 46,43	36,69 46,48	36,73 46,54	36,77 46,59	36,81 46,64	36,86 46,70	36,90 46,75
0,937	36,94 46,80	36,98 46,86	37,03 46,91	37,07 46,97	37,11 47,02	37,15 47,07	37,20 47,13	37,24 47,18	37,28 47,23	37,32 47,29
0,936	37,37 47,34	37,41 47,40	37,45 47,45	37,49 47,50	37,53 47,56	37,58 47,61	37,62 47,66	37,66 47,71	37,70 47,77	37,74 47,82
0,935	37,79 47,87	37,83 47,92	37,87 47,98	37,91 48,03	37,95 48,08	38,00 48,13	38,04 48,19	38,08 48,24	38,12 48,29	38,16 48,34
0,934	38,21 48,40	38,25 48,45	38,29 48,50	38,33 48,55	38,37 48,60	38,41 48,66	38,45 48,71	38,50 48,76	38,54 48,81	38,58 48,86
0,933	38,62 48,92	38,66 48,97	38,70 49,02	38,74 49,07	38,78 49,12	38,82 49,18	38,86 49,23	38,91 49,28	38,95 49,33	38,99 49,38
0,932	39,03 49,44	39,07 49,49	39,11 49,54	39,15 49,59	39,19 49,64	39,23 49,69	39,27 49,75	39,31 49,80	39,35 49,85	39,39 49,90
0,931	39,43 49,95	39,47 50,00	39,51 50,05	39,56 50,11	39,66 50,16	39,64 50,21	39,68 50,26	39,72 50,31	39,76 50,36	39,80 50,41
0,930	39,84 50,47	39,88 50,52	39,92 50,57	39,96 50,62	40,00 50,67	40,04 50,72	40,08 50,77	40,12 50,82	40,16 50,87	40,20 50,92
0,929	40,24 50,97	40,28 51,02	40,32 51,07	40,36 51,12	40,40 51,18	40,44 51,23	40,48 51,28	40,52 51,33	40,56 51,38	40,60 51,43
0,928	40,64 51,48	40,68 51,53	40,72 51,58	40,76 51,63	40,80 51,68	40,84 51,73	40,88 51,78	40,92 51,83	40,95 51,88	40,99 51,93
0,927	41,03 51,98	41,07 52,03	41,11 52,08	41,15 52,13	41,19 52,18	41,23 52,23	41,26 52,27	41,30 52,32	41,34 52,37	41,38 52,42
0,926	41,42 52,47	41,46 52,52	41,50 52,57	41,54 52,62	41,57 52,67	41,61 52,72	41,65 52,77	41,69 52,82	41,73 52,87	41,76 52,91
0,925	41,80 52,96	41,84 53,01	41,88 53,06	41,92 53,11	41,95 53,15	41,99 53,20	42,03 53,25	42,07 53,30	42,11 53,35	42,15 53,40
0,924	42,18 53,44	42,22 53,49	42,26 53,54	42,30 53,59	42,34 53,64	42,37 53,68	42,41 53,73	42,45 53,78	42,49 53,83	42,53 53,88
0,923	42,56 53,92	42,60 53,97	42,64 54,02	42,68 54,07	42,71 54,11	42,75 54,16	42,79 54,21	42,83 54,26	42,87 54,31	42,90 54,35
0,922	42,94 54,40	42,98 54,45	43,02 54,50	43,06 54,54	43,09 54,59	43,13 54,64	43,17 54,69	43,20 54,73	43,24 54,78	43,28 54,83
0,921	43,32 54,88	43,35 54,92	43,39 54,97	43,43 55,02	43,47 55,07	43,50 55,11	43,54 55,16	43,58 55,21	43,62 55,26	43,65 55,30
0,920	43,69 55,35	43,73 55,40	43,76 55,44	43,80 55,49	43,84 55,54	43,88 55,59	43,91 55,63	43,95 55,68	43,99 55,73	44,03 55,78

Tafel 22

Tabelle der Brechungswerte von Äthylalkohol-Wasser-Mischungen bei 17,5° nach K. Sennewald[14])

Sk.T.*)	Gew.-%	Vol.-%	g in 100 ccm
15,0	0,00	0,00	0,00
16 0	0 66	0,81	0,65
17,0	1,30	1,61	1,28
18,0	1,93	2,40	1,91
19,0	2,55	3,17	2,52
20,0	3,16	3,93	3,12
21,0	3,75	4,66	3,71
22,0	4 34	5,40	4,29
23,0	4,94	6,14	4,88
24,0	5,51	6,85	5,44
25,0	6,07	7,55	6,00
26,0	6,64	8,25	6,56
27,0	7,17	8,91	7,07
28,0	7 73	9,59	7,60
29,0	8,24	10,22	8,11
30,0	8,75	10,86	8,62
31,0	9,29	11,52	9,13
32,0	9,81	12,16	9,66
33,0	10,33	12,81	10,17
34,0	10,85	13,44	10,67
35,0	11,36	14,07	11,17
36,0	11,87	14,68	11,65
37,0	12,37	15,30	12,14
38 0	12,87	15,90	12,62
39,0	13,36	16,49	13,10
40,0	13,85	17,09	13,57
41,0	14,34	17,68	14,02
42,0	14,84	18,28	14,50
43,9	15,34	18,88	14,98
44,0	15,84	19,48	15,45
45,0	16,34	20,08	15,94
46,0	16,86	20,71	16,43
47,0	17,36	21,31	16,91
48,0	17,87	21,92	17,39
49,0	18,38	22,53	17,87
50,0	18,90	23,15	18,37
51,0	19,40	23,75	18,85
52,0	19,92	24,37	19,34
53,0	20,43	24,98	19,83
54,0	20,95	25,60	20,31
55,0	21,47	26,22	20,80
56,0	21,98	26,82	21,29
57,0	22,51	27,45	21,78
58,0	23,04	28,07	22 27
59,0	23,56	28,68	22,76
60,0	24,08	29,29	23,25
61,0	24,63	29,92	23,74
62,0	25,19	30,59	24,26
63,0	25,73	31,22	24,77
64,0	26,29	31,87	25,28
65 0	26,88	32,56	25,84
66,0	27,45	33,23	26,37
67,0	28,03	33,90	26,90
68,0	28,62	34,59	27,45
69,0	29,22	35,28	28,00
70,0	29,88	36,02	28,58
71,0	30,52	36,76	29,16
72,0	31,18	37,51	29,76
73,0	31,85	38,27	30,37
74,0	32,54	39,05	30,99
75,0	33,24	39,85	31,63

*) Sk.T. bedeutet: Skalenteile am Eintauchrefraktometer von Zeiß.

Tafel 22 (Fortsetzung)

Sk. T.	Gew.-%	Vol.-%	g in 100 ccm
76,0	33,97	40,67	32,27
77,0	34,72	41,51	32,94
78,0	35,51	42,39	33,64
79,0	36,31	43 29	34,35
80,0	37,15	44,24	35,09
81,0	38,02	45,22	35,85
82,0	38,92	46,16	36,64
83,0	39,82	47,14	37,41
84,0	40,73	48,13	38,19
85,0	41,67	49,14	38,98
86,0	42,66	50,20	39,83
87,0	43,69	51,28	40,69
88,0	44,79	52 44	41,61
89,0	45,91	53,61	42,54
90,0	47,12	54,87	43,54
91,0	48,34	56,13	44,54
92,0	49,59	57,44	45,57
93,0	50,91	58,76	46,63
94,0	52,34	60,19	47,76
95,0	53,83	61,67	48,94

Sk. T.	Gew.-%	Vol.-%	g in 100 ccm
96,0	55,43	63,26	50,20
97,0	57,20	64,99	51,57
98,0	59,08	66,79	53,00
99,0	61,13	68,77	54,58
100,0	63,52	71,02	56 36
101,0	66,23	73,51	58,33
102,0	69,59	76,55	60,75
103,0	74,26	80,64	64,00
103,5	80,28	85,69	68,00
Wendepunkt			
103,5	80,28	85,69	68,00
103,0	84,77	89,25	70,83
102,0	88,15	91,88	72,91
101,0	90,49	93,61	74,29
100,0	92,37	94,96	75,36
99,0	93,92	96,05	76,23
98,0	95,35	97,03	77,00
97,0	96,44	97,75	77,57
96,0	97,50	98,44	78,12
95,0	98,41	99,02	78,58
94,0	99,37	99,61	79,05
93,35	100,00	100,00	79,36

Tafel 23

Tabelle zur Ermittelung der Litermenge Wasser, die zu 100 l eines hochprozentigen Branntweins zuzusetzen ist, um ihn zu schwächerem Branntwein zu verdünnen [15])

Wahre Stärke des verdünnten Branntweins in Maßprozenten	Wahre Stärke des höherprozentigen Branntweins in Maßprozenten															
	95	90	85	80	75	70	65	60	55	50	45	40	35	30	25	20
	Liter Wasser zu 100 Branntwein:															
90	6,4															
85	13,4	6,6														
80	21,0	13,8	6,8													
75	29,5	21,9	14,5	7,2												
70	39,2	31,1	23,1	15,3	7,6											
65	50,2	41,6	33,0	24,6	16,4	8,1										
60	63,0	53,5	44,4	35,4	26,4	17,5	8,7									
55	78,1	67,9	58,0	48,1	38,3	28,6	19,0	9,5								
50	96,0	84,7	73,9	63,1	52,4	41,8	31,3	20,8	10,3							
45	117,6	105,3	93 3	81,3	69,5	57,7	46,1	34,5	22,9	11,4						
40	144,5	130,8	117,3	104,0	90,8	77,6	64,5	51,5	38,4	25,5	12,7					
35	178,7	163,2	147,9	132,8	117,8	102,8	87,9	73,0	58,2	43,5	28,9	14,4				
30	224,1	206,2	188,5	171,0	153,6	136,2	119,0	101,7	84,5	67,4	50,4	33,5	16,7			
25	287,4	266,1	245,1	224,3	203,6	182,9	162,2	141,7	121,2	100,7	80,4	60,1	40,4	20,0		
20	382,4	356,2	330,1	304,1	278,3	252,6	227,0	201,5	176,0	150,5	125,3	100,0	74,9	49,9	24,9	
15	539,5	505,2	471,0	436,9	402,8	368,8	334,9	301,1	267,3	233,6	200,0	166,4	133,0	99,7	66,4	33,2

Beispiel: Um Branntwein mit einem Gehalt von 85 Maßprozent auf eine Stärke von 35 Maßprozent zu bringen, sind auf 100 l des starken Branntweins 147,9 l Wasser einzusetzen; es entstehen daraus aber nicht 247,9 l Mischung, sondern, da eine Zusammenziehung stattfindet, nur 242,9 l; diese enthalten 85 l reinen Alkohol, oder 100 l Mischung enthalten 35 l reinen Alkohol.

Tafel 24

Tabelle zur Ermittelung des Zuckergehaltes wäßriger Zuckerlösungen aus dem Gewichtsverhältnis $\gamma_L \frac{15^0}{15^0}$ *)

Zugleich Extrakttafel für die Untersuchung von Bier, Fruchtsäften usw. Nach K. Windisch[16])

$\gamma_L \frac{15^0}{15^0}$	Gewichtsprozent Zucker	Gramm Zucker in 100 ccm	$\gamma_L \frac{15^0}{15^0}$	Gewichtsprozent Zucker	Gramm Zucker in 100 ccm
1,0000	0,00	0,00	**1,0030**	0,77	0,77
1	0,03	0,03	**1**	0,80	0,80
2	0,05	0,05	**2**	0,82	0,82
6	0,08	0,08	**3**	0,85	0,85
3	0,10	0,16	**4**	0,87	0,87
4	0,13	0,13	**5**	0,90	0,90
5	0,15	0,15	**6**	0,93	0,93
7	0,18	0,18	**7**	0,95	0,95
8	0,21	0,21	**8**	0,98	0,98
9	0,23	0,23	**9**	1,00	1,00
1,0010	0,26	0,26	**1,0040**	1,03	1,03
1	0,28	0,28	**1**	1,05	1,05
2	0,31	0,31	**2**	1,08	1,08
3	0,34	0,34	**3**	1,11	1,11
4	0,36	0,36	**4**	1,13	1,13
5	0,39	0,39	**5**	1,16	1,16
6	0,41	0,41	**6**	1,18	1,18
7	0,44	0,44	**7**	1,21	1,21
8	0,46	0,46	**8**	1,23	1,24
9	0,49	0,49	**9**	1,26	1,26
1,0020	0,52	0,52	**1,0050**	1,28	1,29
1	0,54	0,54	**1**	1,31	1,32
2	0,57	0,57	**2**	1,34	1,34
3	0,59	0,59	**3**	1,36	1,37
4	0,62	0,62	**4**	1,39	1,39
5	0,64	0,64	**5**	1,41	1,42
6	0,67	0,67	**6**	1,44	1,45
7	0,69	0,69	**7**	1,46	1,47
8	0,72	0,72	**8**	1,49	1,50
9	0,75	0,75	**9**	1,52	1,52

*) Siehe Seite 4.

Tafel 24

Tabelle zur Ermittelung des Zuckergehaltes wäßriger Zucker-

$\gamma_L \frac{15^0}{15^0}$	Gewichts-prozent Zucker	Gramm Zucker in 100 ccm	$\gamma_L \frac{15^0}{15^0}$	Gewichts-prozent Zucker	Gramm Zucker in 100 ccm
1,0060	1,54	1,55	**1,0090**	2,31	2,32
1	1,57	1,57	**1**	2,33	2,35
2	1,59	1,60	**2**	2,36	2,38
3	1,62	1,63	**3**	2,38	2,40
4	1,64	1,65	**4**	2,41	2,43
5	1,67	1,68	**5**	2,43	2,45
6	1,69	1,70	**6**	2,46	2,48
7	1,72	1,73	**7**	2,48	2,50
8	1,75	1,76	**8**	2,51	2,53
9	1,77	1,78	**9**	2,53	2,56
1,0070	1,80	1,81	**1,0100**	2,56	2,58
1	1,82	1,83	**1**	2,58	2,61
2	1,85	1,86	**2**	2,61	2,63
3	1,87	1,88	**3**	2,64	2,66
4	1,90	1,91	**4**	2,66	2,69
5	1,92	1,94	**5**	2,69	2,71
6	1,95	1,96	**6**	2,71	2,74
7	1,97	1,99	**7**	2,74	2,76
8	2,00	2,01	**8**	2,76	2,79
9	2,03	2,04	**9**	2,79	2,82
1,0080	2,05	2,07	**1,0110**	2,81	2,84
1	2,08	2,09	**1**	2,84	2,87
2	2,10	2,12	**2**	2,86	2,89
3	2,13	2,14	**3**	2,89	2,92
4	2,15	2,17	**4**	2,91	2,94
5	2,18	2,19	**5**	2,94	2,97
6	2,20	2,22	**6**	2,96	3,00
7	2,23	2,25	**7**	2,99	3,02
8	2,25	2,27	**8**	3,02	3,05
9	2,28	2,30	**9**	3,04	3,07

Tafel 24

lösungen aus dem Gewichtsverhältnis $\gamma_L \frac{15^\circ}{15^\circ}$ *) (Fortsetzung)

$\gamma_L \frac{15^\circ}{15^\circ}$	Gewichts-prozent Zucker	Gramm Zucker in 100 ccm	$\gamma_L \frac{15^\circ}{15^\circ}$	Gewichts-prozent Zucker	Gramm Zucker in 100 ccm
1,0120	3,07	3,10	**1,0150**	3,82	3,87
1	3,09	3,12	**1**	3,85	3,90
2	3,12	3,15	**2**	3,87	3,93
3	3,14	3,18	**3**	3,90	3,95
4	3,17	3,20	**4**	3,92	3,98
5	3,19	3,23	**5**	3,95	4,00
6	3,22	3,26	**6**	3,97	4,03
7	3,24	3,28	**7**	4,00	4,06
8	3,27	3,31	**8**	4,02	4,08
9	3,29	3,33	**9**	4,05	4,11
1,0130	3,32	3,36	**1,0160**	4,07	4,13
1	3,34	3,38	**1**	4,10	4,16
2	3,37	3,41	**2**	4,12	4,19
3	3,39	3,43	**3**	4,15	4,21
4	3,42	3,46	**4**	4,17	4,24
5	3,44	3,49	**5**	4,20	4,26
6	3,47	3,51	**6**	4,22	4,29
7	3,49	3,54	**7**	4,25	4,31
8	3,52	3,56	**8**	4,27	4,34
9	3,54	3,59	**9**	4,30	4,37
1,0140	3,57	3,62	**1,0170**	4,32	4,39
1	3,59	3,64	**1**	4,35	4,42
2	3,62	3,67	**2**	4,37	4,44
3	3,65	3,69	**3**	4,40	4,47
4	3,67	3,72	**4**	4,42	4,50
5	3,70	3,75	**5**	4,45	4,52
6	3,72	3,77	**6**	4,47	4,55
7	3,75	3,80	**7**	4,50	4,57
8	3,77	3,82	**8**	4,52	4,60
9	3,80	3,85	**9**	4,55	4,63

*) Siehe Seite 4.

Tafel 24

Tabelle zur Ermittelung des Zuckergehaltes wäßriger Zucker-

$\gamma_L \frac{15^0}{15^0}$	Gewichts-prozent Zucker	Gramm Zucker in 100 ccm	$\gamma_L \frac{15^0}{15^0}$	Gewichts-prozent Zucker	Gramm Zucker in 100 ccm
1,0180	4,57	4,65	**1,0210**	5,32	5,43
1	4,60	4,68	**1**	5,35	5,45
2	4,62	4,70	**2**	5,37	5,48
3	4,65	4,73	**3**	5,40	5,51
4	4,67	4,75	**4**	5,42	5,53
5	4,70	4,78	**5**	5,45	5,56
6	4,72	4,81	**6**	5,47	5,58
7	4,75	4,83	**7**	5,50	5,61
8	4,77	4,86	**8**	5,52	5,64
9	4,80	4,88	**9**	5,55	5,66
1,0190	4,82	4,91	**1,0220**	5,57	5,69
1	4,85	4,94	**1**	5,60	5,71
2	4,87	4,96	**2**	5,62	5,74
3	4,90	4,99	**3**	5,65	5,77
4	4,92	5,01	**4**	5,67	5,79
5	4,95	5,04	**5**	5,70	5,82
6	4,97	5,06	**6**	5,72	5,84
7	5,00	5,09	**7**	5,74	5,87
8	5,02	5,11	**8**	5,77	5,89
9	5,05	5,14	**9**	5,79	5,92
1,0200	5,07	5,17	**1,0230**	5,82	5,94
1	5,10	5,19	**1**	5,84	5,97
2	5,12	5,22	**2**	5,87	6,00
3	5,15	5,25	**3**	5,89	6,02
4	5,17	5,27	**4**	5,91	6,05
5	5,20	5,30	**5**	5,94	6,07
6	5,22	5,32	**6**	5,96	6,10
7	5,25	5,35	**7**	5,99	6,12
8	5,27	5,38	**8**	6,01	6,15
9	5,30	5,40	**9**	6,04	6,18

Tafel 24

lösungen aus dem Gewichtsverhältnis $\gamma_L \frac{15^0}{15^0}$ *) (Fortsetzung)

$\gamma_L \frac{15^0}{15^0}$	Gewichts-prozent Zucker	Gramm Zucker in 100 ccm	$\gamma_L \frac{15^0}{15^0}$	Gewichts-prozent Zucker	Gramm Zucker in 100 ccm
1,0240	6,06	6,20	**1,0270**	6,80	6,98
1	6,09	6,23	**1**	6,83	7,01
2	6,11	6,25	**2**	6,85	7,03
3	6,14	6,28	**3**	6,88	7,06
4	6,16	6,31	**4**	6,90	7,08
5	6,19	6,33	**5**	6,92	7,11
6	6,21	6,36	**6**	6,95	7,13
7	6,24	6,38	**7**	6,97	7,16
8	6,26	6,41	**8**	7,00	7,19
9	6,29	6,44	**9**	7,02	7,21
1,0250	6,31	6,46	**1,0280**	7,05	7,24
1	6,33	6,49	**1**	7,07	7,26
2	6,36	6,51	**2**	7,10	7,29
3	6,38	6,54	**3**	7,12	7,32
4	6,41	6,56	**4**	7,15	7,34
5	6,43	6,59	**5**	7,17	7,37
6	6,46	6,62	**6**	7,20	7,39
7	6,48	6,64	**7**	7,22	7,42
8	6,51	6,67	**8**	7,24	7,45
9	6,53	6,70	**9**	7,27	7,47
1,0260	6,56	6,72	**1,0290**	7,29	7,50
1	6,58	6,75	**1**	7,32	7,52
2	6,60	6,77	**2**	7,34	7,55
3	6,63	6,80	**3**	7,37	7,58
4	6,65	6,82	**4**	7,39	7,60
5	6,68	6,85	**5**	7,41	7,63
6	6,70	6,88	**6**	7,44	7,65
7	6,73	6,90	**7**	7,46	7,68
8	6,75	6,93	**8**	7,49	7,70
9	6,78	6,95	**9**	7,51	7,73

*) Siehe Seite 4.

Tafel 24

Tabelle zur Ermittelung des Zuckergehaltes wäßriger Zucker-

$\gamma_L \frac{15^0}{15^0}$	Gewichts-prozent Zucker	Gramm Zucker in 100 ccm	$\gamma_L \frac{15^0}{15^0}$	Gewichts-prozent Zucker	Gramm Zucker in 100 ccm
1,0300	7,54	7,76	**1,0330**	8,27	8,53
1	7,56	7,78	**1**	8,29	8,56
2	7,59	7,81	**2**	8,32	8,59
3	7,61	7,83	**3**	8,34	8,61
4	7,64	7,86	**4**	8,37	8,64
5	7,66	7,89	**5**	8,39	8,66
6	7,69	7,91	**6**	8,41	8,69
7	7,71	7,94	**7**	8,44	8,72
8	7,73	7,97	**8**	8,46	8,74
9	7,76	7,99	**9**	8,49	8,77
1,0310	7,78	8,02	**1,0340**	8,51	8,79
1	7,81	8,04	**1**	8,54	8,82
2	7,83	8,07	**2**	8,56	8,85
3	7,85	8,09	**3**	8,59	8,87
4	7,88	8,12	**4**	8,61	8,90
5	7,90	8,14	**5**	8,63	8,92
6	7,93	8,17	**6**	8,66	8,95
7	7,95	8,20	**7**	8,68	8,97
8	7,98	8,22	**8**	8,71	9,00
9	8,00	8,25	**9**	8,73	9,03
1,0320	8,02	8,27	**1,0350**	8,75	9,05
1	8,05	8,30	**1**	8,78	9,08
2	8,07	8,33	**2**	8,80	9,10
3	8,10	8,35	**3**	8,83	9,13
4	8,12	8,38	**4**	8,85	9,16
5	8,15	8,40	**5**	8,88	9,18
6	8,17	8,43	**6**	8,90	9,21
7	8,20	8,46	**7**	8,92	9,23
8	8,22	8,48	**8**	8,95	9,26
9	8,24	8,51	**9**	8,97	9,29

Tafel 24

lösungen aus dem Gewichtsverhältnis $\gamma_L \frac{15^0}{15^0}$ *) (Fortsetzung)

$\gamma_L \frac{15^0}{15^0}$	Gewichtsprozent Zucker	Gramm Zucker in 100 ccm	$\gamma_L \frac{15^0}{15^0}$	Gewichtsprozent Zucker	Gramm Zucker in 100 ccm
1,0360	9,00	9,31	**1,0390**	9,72	10,09
1	9,02	9,34	**1**	9,74	10,11
2	9,04	9,36	**2**	9,77	10,14
3	9,07	9,39	**3**	9,79	10,17
4	9,09	9,42	**4**	9,82	10,19
5	9,12	9,44	**5**	9,84	10,22
6	9,14	9,47	**6**	9,86	10,25
7	9,17	9,49	**7**	9,89	10,27
8	9,19	9,52	**8**	9,91	10,30
9	9,21	9,55	**9**	9,94	10,32
1,0370	9,24	9,57	**1,0400**	9,96	10,35
1	9,26	9,60	**1**	9,98	10,37
2	9,29	9,62	**2**	10,01	10,40
3	9,31	9,65	**3**	10,03	10,43
4	9,33	9,68	**4**	10,06	10,45
5	9,36	9,70	**5**	10,08	10,48
6	9,38	9,73	**6**	10,10	10,51
7	9,41	9,75	**7**	10,13	10,53
8	9,43	9,78	**8**	10,15	10,56
9	9,45	9,80	**9**	10,18	10,58
1,0380	9,48	9,83	**1,0410**	10,20	10,61
1	9,50	9,86	**1**	10,22	10,63
2	9,53	9,88	**2**	10,25	10,66
3	9,55	9,91	**3**	10,27	10,69
4	9,58	9,93	**4**	10,30	10,71
5	9,60	9,96	**5**	10,32	10,74
6	9,62	9,99	**6**	10,34	10,76
7	9,65	10,01	**7**	10,37	10,79
8	9,67	10,04	**8**	10,39	10,82
9	9,70	10,06	**9**	10,42	10,84

*) Siehe Seite 4.

Tafel 24

Tabelle zur Ermittelung des Zuckergehaltes wäßriger Zucker-

$\gamma_L \frac{15^0}{15^0}$	Gewichts-prozent Zucker	Gramm Zucker in 100 ccm	$\gamma_L \frac{15^0}{15^0}$	Gewichts-prozent Zucker	Gramm Zucker in 100 ccm
1,0420	10,44	10,87	**1,0450**	11,16	11,65
1	10,46	10,90	**1**	11,18	11,68
2	10,49	10,92	**2**	11,20	11,70
3	10,51	10,95	**3**	11,23	11,73
4	10,54	10,97	**4**	11,25	11,75
5	10,56	11,00	**5**	11,28	11,78
6	10,58	11,03	**6**	11,30	11,81
7	10,61	11,05	**7**	11,32	11,83
8	10,63	11,08	**8**	11,35	11,86
9	10,65	11,10	**9**	11,37	11,88
1,0430	10,68	11,13	**1,0460**	11,40	11,91
1	10,70	11,15	**1**	11,42	11,94
2	10,73	11,18	**3**	11,44	11,96
3	10,75	11,21	**2**	11,47	11,99
4	10,77	11,23	**4**	11,49	12,01
5	10,80	11,26	**5**	11,51	12,04
6	10,82	11,28	**6**	11,54	12,06
7	10,85	11,31	**7**	11,56	12,09
8	10,87	11,34	**8**	11,58	12,12
9	10,90	11,36	**9**	11,61	12,14
1,0440	10,92	11,39	**1,0470**	11,63	12,17
1	10,94	11,42	**1**	11,65	12,19
2	10,97	11,44	**2**	11,68	12,22
3	10,99	11,47	**3**	11,70	12,25
4	11,01	11,49	**4**	11,73	12,27
5	11,04	11,52	**5**	11,75	12,30
6	11,06	11,55	**6**	11,77	12,32
7	11,09	11,57	**7**	11,80	12,35
8	11,11	11,60	**8**	11,82	12,38
9	11,13	11,62	**9**	11,85	12,40

Tafel 24

lösungen aus dem Gewichtsverhältnis $\gamma_L \frac{15^0}{15^0}$ *) (Fortsetzung)

$\gamma_L \frac{15^0}{15_0}$	Gewichts-prozent Zucker	Gramm Zucker in 100 ccm	$\gamma_L \frac{15_0}{15^0}$	Gewichts-prozent Zucker	Gramm Zucker in 100 ccm
1,0480	11,87	12,43	**1,0510**	12,58	13,21
1	11,89	12,45	**2**	12,60	13,23
2	11,92	12,48	**1**	12,63	13,26
3	11,94	12,51	**3**	12,65	13,29
4	11,96	12,53	**4**	12,67	13,31
5	11,99	12,56	**5**	12,70	13,34
6	12,01	12,58	**6**	12,72	13,36
7	12,03	12,61	**7**	12,74	13,39
8	12,06	12,64	**8**	12,77	13,42
9	12,08	12,66	**9**	12,79	13,44
1,0490	12,10	12,69	**1,0520**	12,81	13,47
1	12,13	12,71	**1**	12,84	13,49
2	12,15	12,74	**2**	12,86	13,52
3	12,18	12,77	**3**	12,88	13,55
4	12,20	12,79	**4**	12,91	13,57
5	12,22	12,82	**6**	12,93	13,60
6	12,25	12,84	**5**	12,95	13,62
7	12,27	12,87	**7**	12,98	13,65
8	12,30	12,90	**8**	13,00	13,68
9	12,32	12,92	**9**	13,03	13,70
1,0500	12,34	12,95	**1,0530**	13,05	13,73
1	12,37	12,97	**1**	13,07	13,75
2	12,39	13,00	**2**	13,10	13,78
3	12,41	13,03	**3**	13,12	13,80
4	12,44	13,05	**4**	13,14	13,83
5	12,46	13,08	**5**	13,17	13,86
6	12,48	13,10	**6**	13,19	13,89
7	12,51	13,13	**7**	13,21	13,91
8	12,53	13,15	**8**	13,24	13,94
9	12,55	13,18	**9**	13,26	13,96

*) Siehe Seite 4.

Tafel 24

Tabelle zur Ermittelung des Zuckergehaltes wäßriger Zucker-

$\gamma_L \frac{15^0}{15^0}$	Gewichtsprozent Zucker	Gramm Zucker in 100 ccm	$\gamma_L \frac{15^0}{15^0}$	Gewichtsprozent Zucker	Gramm Zucker in 100 ccm
1,0540	13,28	13,99	**1,0570**	13,99	14,77
1	13,31	14,01	**1**	14,01	14,80
2	13,33	14,04	**2**	14,03	14,82
3	13,35	14,07	**3**	14,06	14,85
4	13,38	14,09	**4**	14,08	14,87
5	13,40	14,12	**5**	14,10	14,90
6	13,42	14,14	**6**	14,13	14,93
7	13,45	14,17	**7**	14,15	14,95
8	13,47	14,20	**8**	14,17	14,98
9	13,50	14,22	**9**	14,20	15,00
1,0550	13,52	14,25	**1,0580**	14,22	15,03
1	13,54	14,28	**1**	14,24	15,06
2	13,57	14,30	**2**	14,27	15,08
3	13,59	14,33	**3**	14,29	15,11
4	13,61	14,35	**4**	14,31	15,14
5	13,63	14,38	**5**	14,34	15,16
6	13,66	14,41	**6**	14,36	15,19
7	13,68	14,43	**7**	14,38	15,22
8	13,70	14,46	**8**	14,41	15,24
9	13,73	14,48	**9**	14,43	15,27
1,0560	13,75	14,51	**1,0590**	14,45	15,29
1	13,78	14,54	**1**	14,48	15,32
2	13,80	14,56	**2**	14,50	15,35
3	13,82	14,59	**3**	14,52	15,37
4	13,85	14,61	**4**	14,55	15,40
5	13,87	14,64	**5**	14,57	15,42
6	13,89	14,67	**6**	14,59	15,45
7	13,92	14,69	**7**	14,62	15,48
8	13,94	14,72	**8**	14,64	15,50
9	13,96	14,74	**9**	14,66	15,53

lösungen aus dem Gewichtsverhältnis $\gamma_L \frac{15^0}{15^0}$ *) (Fortsetzung)

$\gamma_L \frac{15^0}{15^0}$	Gewichts-prozent Zucker	Gramm Zucker in 100 ccm	$\gamma_L \frac{15^0}{15^0}$	Gewichts-prozent Zucker	Gramm Zucker in 100 ccm
1,0600	14,69	15,55	**1,0630**	15,38	16,33
1	14,71	15,58	**1**	15,40	16,36
2	14,73	15,61	**2**	15,43	16,39
3	14,76	15,63	**3**	15,45	16,41
4	14,78	15,66	**4**	15,47	16,44
5	14,80	15,68	**5**	15,50	16,47
6	14,83	15,71	**6**	15,52	16,49
7	14,85	15,74	**7**	15,54	16,52
8	14,87	15,76	**8**	15,57	16,54
9	14,89	15,79	**9**	15,59	16,57
1,0610	14,92	15,81	**1,0640**	15,61	16,60
1	14,94	15,84	**1**	15,63	16,62
2	14,96	15,87	**2**	15,66	16,65
3	14,99	15,89	**3**	15,68	16,68
4	15,01	15,92	**4**	15,70	16,70
5	15,03	15,94	**5**	15,73	16,73
6	15,06	15,97	**6**	15,75	16,75
7	15,08	16,00	**7**	15,77	16,78
8	15,10	16,02	**8**	15,80	16,80
9	15,13	16,04	**9**	15,82	16,83
1,0620	15,15	16,07	**1,0650**	15,84	16,86
1	15,17	16,10	**1**	15,87	16,88
2	15,20	16,13	**2**	15,89	16,91
3	15,22	16,15	**3**	15,91	16,94
4	15,24	16,18	**4**	15,93	16,96
5	15,27	16,21	**5**	15,96	16,99
6	15,29	16,23	**6**	15,98	17,01
7	15,31	16,26	**7**	16,00	17,04
8	15,33	16,28	**8**	16,03	17,07
9	15,36	16,31	**9**	16,05	17,09

*) Siehe Seite 4.

Tafel 24

Tabelle zur Ermittelung des Zuckergehaltes wäßriger Zucker-

$\gamma_L \frac{15^0}{15^0}$	Zucker Gewichts-prozent	Gramm Zucker in 100 ccm	$\gamma_L \frac{15^0}{15^0}$	Zucker Gewichts-prozent	Gramm Zucker in 100 ccm
1,0660	16,07	17,12	**1,0690**	16,76	17,90
.1	16,10	17,14	**1**	16,78	17,93
2	16,12	17,17	**2**	16,81	17,95
3	16,14	17,20	**3**	16,83	17,98
4	16,16	17,22	**4**	16,85	18,01
5	16,19	17,25	**5**	16,88	18,03
6	16,21	17,27	**6**	16,90	18,06
7	16,23	17,30	**7**	16,92	18,08
8	16,26	17,33	**8**	16,94	18,11
9	16,28	17,35	**9**	16,97	18,14
1,0670	16,30	17,38	**1,0700**	16,99	18,16
1	16,33	17,41	**1**	17,01	18,19
2	16,35	17,43	**2**	17,03	18,22
3	16,37	17,46	**3**	17,06	18,24
4	16,39	17,48	**4**	17,08	18,27
5	16,42	17,51	**5**	17.10	18,30
6	16,44	17,54	**6**	17,13	18,32
7	16,46	17,56	**7**	17,15	18,35
8	16,49	17,59	**8**	17,17	18,37
9	16,51	17,62	**9**	17,20	18,40
1,0680	16,53	17,64	**1,0710**	17,22	18,43
1	16,55	17,67	**1**	17,24	18,45
2	16,58	17,69	**2**	17,26	18,48
3	16,60	17,72	**3**	17,29	18,50
4	16,62	17,75	**4**	17,31	18,53
5	16,65	17,77	**5**	17,33	18,56
6	16,67	17,80	**6**	17,35	18,58
7	16,69	17,83	**7**	17,38	18,61
8	16,72	17,85	**8**	17,40	18,63
9	16,74	17,88	**9**	17,42	18,66

Tafel 24

lösungen aus dem Gewichtsverhältnis $\gamma_L \frac{15^0}{15^0}$ *) (Fortsetzung)

$\gamma_L \frac{15^0}{15^0}$	Zucker Gewichts-prozent	Gramm Zucker in 100 ccm	$\gamma_L \frac{15^0}{15^0}$	Zucker Gewichts-prozent	Gramm Zucker in 100 ccm
1,0720	17,45	18,69	**1,0750**	18,13	19,47
1	17,47	18,71	**1**	18,15	19,50
2	17,49	18,74	**2**	18,17	19,52
3	17,51	18,76	**3**	18,20	19,55
4	17,54	18,79	**4**	18,22	19,58
5	17,56	18,82	**5**	18,24	19,60
6	17,58	18,84	**6**	18,26	19,63
7	17,61	18,87	**7**	18,29	19,65
8	17,63	18,90	**8**	18,31	19,68
9	17,65	18,92	**9**	18,33	19,71
1,0730	17,68	18,95	**1,0760**	18,35	19,73
1	17,70	18,97	**1**	18,38	19,76
2	17,72	19,00	**2**	18,40	19,79
3	17,74	19,03	**3**	18,42	19,81
4	17,76	19,05	**4**	18,45	19,84
5	17,79	19,08	**5**	18,47	19,86
6	17,81	19,10	**6**	18,49	19,89
7	17,83	19,13	**7**	18,51	19,92
8	17,85	19,16	**8**	18,54	19,94
9	17,88	19,18	**9**	18,56	19,97
1,0740	17,90	19,21	**1,0770**	18,58	20,00
1	17,92	19,23	**1**	18,60	20,02
2	17,95	19,26	**2**	18,63	20,05
3	17,97	19,29	**3**	18,65	20,07
4	17,99	19,31	**4**	18,67	20,10
5	18,01	19,34	**5**	18,69	20,12
6	18,04	19,37	**6**	18,72	20,15
7	18,06	19,39	**7**	18,74	20,18
8	18,08	19,42	**8**	18,76	20,20
9	18,10	19,44	**9**	18,78	20,23

*) Siehe Seite 4.

Tafel 24

Tabelle zur Ermittelung des Zuckergehaltes wäßriger Zucker-

$\gamma_L \frac{15^0}{15^0}$	Gewichtsprozent Zucker	Gramm Zucker in 100 ccm	$\gamma_L \frac{15^0}{15^0}$	Gewichtsprozent Zucker	Gramm Zucker in 100 ccm
1,0780	18,81	20,26	**1,0810**	19,48	21,04
1	18,83	20,28	**1**	19,50	21,07
2	18,85	20,31	**2**	19,53	21,10
3	18,88	20,34	**3**	19,55	21,12
4	18,90	20,36	**4**	19,57	21,15
5	18,92	20,39	**5**	19,60	21,17
6	18,94	20,41	**6**	19,62	21,20
7	18,97	20,44	**7**	19,64	21,23
8	18,99	20,47	**8**	19,66	21,25
9	19,01	20,49	**9**	19,68	21,28
1,0790	19,03	20,52	**1,0820**	19,71	21,31
1	19,06	20,55	**1**	19,73	21,33
2	19,08	20,57	**2**	19,75	21,36
3	19,10	20,60	**3**	19,78	21,38
4	19,12	20,62	**4**	19,80	21,41
5	19,15	20,65	**5**	19,82	21,44
6	19,17	20,68	**6**	19,84	21,46
7	19,19	20,70	**7**	19,86	21,49
8	19,21	20,73	**8**	19,89	21,52
9	19,24	20,75	**9**	19,91	21,54
1,0800	19,26	20,78	**1,0830**	19,93	21,57
1	19,28	20,81	**1**	19,95	21,59
2	19,30	20,83	**2**	19,98	21,62
3	19,33	20,86	**3**	20,00	21,65
4	19,35	20,89	**4**	20,02	21,67
5	19,37	20,91	**5**	20,04	21,70
6	19,39	20,94	**6**	20,07	21,73
7	19,42	20,96	**7**	20,09	21,75
8	19,44	20,99	**8**	20,11	21,78
9	19,46	21,02	**9**	20,13	21,80

Tafel 24

lösungen aus dem Gewichtsverhältnis $\gamma_L \frac{15^0}{15^0}$ *) (Fortsetzung)

$\gamma_L \frac{15^0}{15^0}$	Gewichts-prozent Zucker	Gramm Zucker in 100 ccm	$\gamma_L \frac{15^0}{15^0}$	Gewichts-prozent Zucker	Gramm Zucker in 100 ccm
1,0840	20,16	21,83	**1,0870**	20,83	22,62
1	20,18	21,86	**1**	20,85	22,65
2	20,20	21,88	**2**	20,87	22,67
3	20.22	21,91	**3**	20,89	22,70
4	20,25	21,94	**4**	20,92	22,72
5	20,27	21,96	**5**	20,94	22,75
6	20,29	21,99	**6**	20,96	22,78
7	20,31	22,02	**7**	20,98	22,80
8	20,34	22,04	**8**	21,00	22,83
9	20,36	22,07	**9**	21,03	22,86
1,0850	20,38	22,09	**1,0880**	21,05	22,88
1	20,40	22,12	**1**	21,07	22,91
2	20,42	22,15	**2**	21,09	22,93
3	20,45	22,17	**3**	21,12	22,96
4	20,47	22,20	**4**	21,14	22,99
5	20,49	22,22	**5**	21,16	23,01
6	20,51	22,25	**6**	21,18	23,04
7	20,54	22,28	**7**	21,20	23,07
8	20,56	22,30	**8**	21,23	23,09
9	20,58	22,33	**9**	21,25	23,12
1,0860	20,60	22,36	**1,0890**	21,27	23,14
1	20,63	22,38	**1**	21,29	23,17
2	20,65	22,41	**2**	21,32	23,20
3	20,67	22,43	**3**	21,34	23,22
4	20,69	22,46	**4**	21,36	23,25
5	20,72	22,49	**5**	21,38	23,28
6	20,74	22,51	**6**	21,40	23,30
7	20,76	22,54	**7**	21,43	23,33
8	20,78	22,57	**8**	21,45	23,35
9	20,80	22,59	**9**	21,47	23,38

*) Siehe Seite 4.

Tafel 24

Tabelle zur Ermittelung des Zuckergehaltes wäßriger Zucker-

$\gamma_L \frac{15^0}{15^0}$	Gewichts-prozent Zucker	Gramm Zucker in 100 ccm	$\gamma_L \frac{15^0}{15^0}$	Gewichts-prozent Zucker	Gramm Zucker in 100 ccm
1,0900	21,49	23,41	**1,0930**	22,16	24,20
1	21,52	23,43	**1**	22,18	24,22
2	21,54	23,46	**2**	22,20	24,25
3	21,56	23,49	**3**	22,22	24,27
4	21,58	23,51	**4**	22,24	24,30
5	21,60	23,54	**5**	22,27	24,33
6	21,63	23,57	**6**	22,29	24,35
7	21,65	23,59	**7**	22,31	24,38
8	21,67	23,62	**8**	22,33	24,41
9	21,69	23,65	**9**	22,36	24,43
1,0910	21,72	23,67	**1,0940**	22,38	24,46
1	21,74	23,70	**1**	22,40	24,49
2	21,76	23,72	**2**	22,42	24,51
3	21,78	23,75	**3**	22,44	24,54
4	21,80	23,77	**4**	22,47	24,57
5	21,82	23,80	**5**	22,49	24,59
6	21,85	23,83	**6**	22,51	24,62
7	21,87	23,85	**7**	22,53	24,64
8	21,89	23,88	**8**	22,55	24,67
9	21,91	23,91	**9**	22,58	24,70
1,0920	21,94	23,93	**1,0950**	22,60	24,72
1	21,96	23,96	**1**	22,62	24,75
2	21,98	23,99	**2**	22,64	24,78
3	22,00	24,01	**3**	22,66	24,80
4	22,02	24,04	**4**	22,68	24,83
5	22,05	24,07	**5**	22,71	24,85
6	22,07	24,09	**6**	22,73	24,88
7	22,09	24,12	**7**	22,75	24,91
8	22,11	24,14	**8**	22,77	24,93
9	22,13	24,17	**9**	22,80	24,96

Tafel 24

lösungen aus dem Gewichtsverhältnis $\gamma_L \frac{15^0}{15^0}$ *) (Fortsetzung)

$\gamma_L \frac{15^0}{15^0}$	Gewichts-prozent Zucker	Gramm Zucker in 100 ccm	$\gamma_L \frac{15^0}{15^0}$	Gewichts-prozent Zucker	Gramm Zucker in 100 ccm
1,0960	22,82	24,99	**1,0990**	23,47	25,78
1	22,84	25,01	**1**	23,50	25,80
2	22,86	25,04	**2**	23,52	25,83
3	22,88	25,07	**3**	23,54	25,85
4	22,90	25,09	**4**	23,56	25,88
5	22,93	25,12	**5**	23,58	25,91
6	22,95	25,14	**6**	23,60	25,93
7	22,97	25,17	**7**	23,63	25,96
8	22,99	25,20	**8**	23,65	25,99
9	23,01	25,22	**9**	23,67	26,01
1,0970	23,04	25,25	**1,1000**	23,69	26,04
1	23,06	25,28	**1**	23,71	26,06
2	23,08	25,30	**2**	23,73	26,09
3	23,10	25,33	**3**	23,76	26,12
4	23,12	25,36	**4**	23,78	26,14
5	23,15	25,38	**5**	23,80	26,17
6	23,17	25,41	**6**	23,82	26,20
7	23,19	25,43	**7**	23,84	26,22
8	23,21	25,46	**8**	23,87	26,25
9	23,23	25,49	**9**	23,89	26,27
1,0980	23,25	25,51	**1,1010**	23,91	26,30
1	23,28	25,54	**1**	23,93	26,33
2	23,30	25,56	**2**	23,95	26,35
3	23,32	25,59	**3**	23,97	26,38
4	23,34	25,62	**4**	24,00	26,41
5	23,36	25,64	**5**	24,02	26,43
6	23,39	25,67	**6**	24,04	26,46
7	23,41	25,70	**7**	24,06	26,49
8	23,43	25,72	**8**	24,08	26,51
9	23,45	25,75	**9**	24,10	26,54

*) Siehe Seite 4.

Tafel 24

Tabelle zur Ermittelung des Zuckergehaltes wäßriger Zucker-

$\gamma_L \frac{15^0}{15^0}$	Gewichtsprozent Zucker	Gramm Zucker in 100 ccm	$\gamma_L \frac{15^0}{15^0}$	Gewichtsprozent Zucker	Gramm Zucker in 100 ccm
1,1020	24,13	26,56	**1,1050**	24,78	27,35
1	24,15	26,59	**1**	24,80	27,38
2	24,17	26,62	**2**	24,82	27,41
3	24,19	26,64	**3**	24,84	27,43
4	24,21	26,67	**4**	24,86	27,46
5	24,23	26,70	**5**	24,88	27,49
6	24,26	26,72	**6**	24,91	27,51
7	24,28	26,75	**7**	24,93	27,54
8	24,30	26,78	**8**	24,95	27,57
9	24,32	26,80	**9**	24,97	27,59
1,1030	24,34	26,83	**1,1060**	24,99	27,62
1	24,37	26,85	**1**	25,01	27,65
2	24,39	26,88	**2**	25,04	27,67
3	24,41	26,91	**4**	25,06	27,70
4	24,43	26,93	**3**	25,08	27,72
5	24,45	26,96	**5**	25,10	27,75
6	24,47	26,99	**6**	25,12	27,78
7	24,50	27,01	**7**	25,14	27,80
8	24,52	27,04	**8**	25,17	27,83
9	24,54	27,07	**9**	25,19	27,86
1,1040	24,56	27,09	**1,1070**	25,21	27,88
1	24,58	27,12	**1**	25,23	27,91
2	24,60	27,15	**2**	25,25	27,93
3	24,63	27,17	**3**	25,27	27,96
4	24,65	27,20	**4**	25,29	27,99
5	24,67	27,22	**5**	25,32	28,01
6	24,69	27,25	**6**	25,34	28,04
7	24,71	27,27	**7**	25,36	28,07
8	24,73	27,30	**8**	25,38	28,09
9	24,75	27,33	**9**	25,40	28,12

Tafel 24

lösungen aus dem Gewichtsverhältnis $\gamma_L \frac{15^0}{15^0}$ *) (Fortsetzung)

$\gamma_L \frac{15^0}{15^0}$	Gewichts-prozent Zucker	Gramm Zucker in 100 ccm	$\gamma_L \frac{15^0}{15^0}$	Gewichts-prozent Zucker	Gramm Zucker in 100 ccm
1,1080	25,42	28,15	**1,1110**	26,07	28,94
1	25,44	28,17	1	26,09	28,96
2	25,47	28,20	2	26,11	28,99
3	25,49	28,22	3	26,13	29,02
4	25,51	28,25	4	26,15	29,04
5	25,53	28,28	5	26,17	29,07
6	25,55	28,30	6	26,20	29,09
7	25,57	28,33	7	26,22	29,12
8	25,60	28,36	8	26,24	29,15
9	25,62	28,38	9	26,26	29,17
1,1090	25,64	28,41	**1,1120**	26,28	29,20
1	25,66	28,43	1	26,30	29,23
2	25,68	28,46	2	26,32	29,25
3	25,70	28,49	3	26,35	29,28
4	25,72	28,51	4	26,37	29,31
5	25,75	28,54	5	26,39	29,33
6	25,77	28,57	6	26,41	29,36
7	25,79	28,59	7	26,43	29,39
8	25,81	28,62	8	26,45	29,41
9	25,83	28,65	9	26,47	29,44
1,1100	25,85	28,67	**1,1130**	26,50	29,47
1	25,87	28,70	1	26,52	29,49
2	25,90	28,73	2	26,54	29,52
3	25,92	28,75	3	26,56	29,54
4	25,94	28,78	4	26,58	29,57
5	25,96	28,81	5	26,60	29,60
6	25,98	28,83	6	26,62	29,62
7	26,00	28,86	7	26,64	29,65
8	26,03	28,88	8	26,67	29,68
9	26,05	28,91	9	26,69	29,70

*) Siehe Seite 4.

Tafel 24

Tabelle zur Ermittelung des Zuckergehaltes wäßriger Zucker-

$\gamma_L \frac{15^0}{15^0}$	Gewichts-prozent Zucker	Gramm Zucker in 100 ccm	$\gamma_L \frac{15^0}{15^0}$	Gewichts-prozent Zucker	Gramm Zucker in 100 ccm
1,1140	26,71	29,73	1,1170	27,35	30,52
1	26,73	29,76	1	27,37	30,55
2	26,75	29,78	2	27,39	30,57
3	26,77	29,81	3	27,41	30,60
4	26,79	29,83	4	27,43	30,63
5	26,81	29,86	5	27,45	30,65
6	26,84	29,89	6	27,47	30,68
7	26,86	29,91	7	27,50	30,71
8	26,88	29,94	8	27,52	30,73
9	26,90	29,96	9	27,54	30,76
1,1150	26,92	29,99	1,1180	27,56	30,79
1	26,94	30,02	1	27,58	30,81
2	26,96	30,04	2	27,60	30,84
3	26,99	30,07	3	27,62	30,86
4	27,01	30,10	4	27,64	30,89
5	27,03	30,12	5	27,66	30,92
6	27,05	30,15	6	27,69	30,94
7	27,07	30,18	7	27,71	30,97
8	27,09	30,20	8	27,73	31,00
9	27,11	30,23	9	27,75	31,02
1,1160	27,13	30,26	1,1190	27,77	31,05
1	27,16	30,28	1	27,79	31,08
2	27,18	30,31	2	27,81	31,10
3	27,20	30,34	3	27,83	31,13
4	27,22	30,36	4	27,86	31,16
5	27,24	30,39	5	27,88	31,18
6	27,26	30,41	6	27,90	31,21
7	27,28	30,44	7	27,92	31,23
8	27,30	30,47	8	27,94	31,26
9	27,33	30,49	9	27,96	31,29

Tafel 24

lösungen aus dem Gewichtsverhältnis $\gamma_L \frac{15^0}{15^0}$ *) (Fortsetzung)

$\gamma_L \frac{15^0}{15^0}$	Gewichtsprozent Zucker	Gramm Zucker in 100 ccm	$\gamma_L \frac{15^0}{15^0}$	Gewichtsprozent Zucker	Gramm Zucker in 100 ccm
1,1200	27,98	31,31	**1,1230**	28,61	32,11
1	28,00	31,34	**1**	28,64	32,13
2	28,02	31,37	**2**	28,66	32,16
3	28,04	31,39	**3**	28,68	32,19
4	28,07	31,42	**4**	28,70	32,21
5	28,09	31,45	**5**	28,72	32,24
6	28,11	31,47	**6**	28,74	32,26
7	28,13	31,50	**7**	28,76	32,29
8	28,15	31,53	**8**	28,78	32,32
9	28,17	31,55	**9**	28,80	32,34
1,1210	28,19	31,58	**1,1240**	28,82	32,37
1	28,21	31,60	**1**	28,84	32,40
2	28,24	31,63	**2**	28,87	32,42
3	28,26	31,66	**3**	28,89	32,45
4	28,28	31,68	**4**	28,91	32,48
5	28,30	31,71	**5**	28,93	32,50
6	28,32	31,74	**6**	28,95	32,53
7	28,34	31,76	**7**	28,97	32,56
8	28,36	31,79	**8**	28,99	32,58
9	28,38	31,82	**9**	29,01	32,61
1,1220	28,40	31,84	**1,1250**	29,03	32,64
1	28,43	31,87	**1**	29,06	32,66
2	28,45	31,90	**2**	29,08	32,69
3	28,47	31,92	**3**	29,10	32,72
4	28,49	31,95	**4**	29,12	32,74
5	28,51	31,97	**5**	29,14	32,77
6	28,53	32,00	**6**	29,16	32,80
7	28,55	32,03	**7**	29,18	32,82
8	28,57	32,05	**8**	29,20	32,85
9	28,59	32,08	**9**	29,22	32,87

*) Siehe Seite 4.

Tafel 24

Tabelle zur Ermittelung des Zuckergehaltes wäßriger Zucker-

$\gamma_L \frac{15^0}{15^0}$	Gewichts-prozent Zucker	Gramm Zucker in 100 ccm	$\gamma_L \frac{15^0}{15^0}$	Gewichts-prozent Zucker	Gramm Zucker in 100 ccm
1,1260	29,24	32,90	**1,1290**	29,87	33,70
1	29,26	32,93	**1**	29,89	33,72
2	29,29	32,95	**2**	29,91	33,75
3	29,31	32,98	**3**	29,93	33,78
4	29,33	33,01	**4**	29,95	33,80
5	29,35	33,03	**5**	29,97	33,83
6	29,37	33,06	**6**	30,00	33,85
7	29,39	33,08	**7**	30,02	33,88
8	29,41	33,11	**8**	30,04	33,91
9	29,43	33,14	**9**	30,06	33,94
1,1270	29,45	33,17	**1,1300**	30,08	33,96
1	29,47	33,19	**1,1310**	30,29	34,23
2	29,50	33,22	**1,1320**	30,49	34,49
3	29,52	33,25	**1,1330**	30,70	34,75
4	29,54	33,27	**1,1340**	30,91	35,02
5	29,56	33,30	**1,1350**	31,12	35,29
6	29,58	33,33	**1,1360**	31,32	35,55
7	29,60	33,35	**1,1370**	31,53	35,82
8	29,62	33,38	**1,1380**	31,73	36,08
9	29,64	33,40	**1,1390**	31,94	36,35
1,1280	29,66	33,43	**1,1400**	32,14	36,61
1	29,68	33,46	**1,1410**	32,35	36,88
2	29,70	33,48	**1,1420**	32,55	37,14
3	29,73	33,51	**1,1430**	32,76	37,41
4	29,75	33,54	**1,1440**	32,96	37,67
5	29,77	33,56	**1,1450**	33,17	37,95
6	29,79	33,59	**1,1460**	33,37	38,21
7	29,81	33,62	**1,1470**	33,57	38,47
8	29,83	33,64	**1,1480**	33,78	38,75
9	29,85	33,67	**1,1490**	33,98	39,01

Tafel 24

lösungen aus dem Gewichtsverhältnis $\gamma_L \frac{15^\circ}{15^\circ}$ *) (Fortsetzung)

$\gamma_L \frac{15^\circ}{15^\circ}$	Gewichts-prozent Zucker	Gramm Zucker in 100 ccm	$\gamma_L \frac{15^\circ}{15^\circ}$	Gewichts-prozent Zucker	Gramm Zucker in 100 ccm
1,1500	34,18	39,27	**1,1800**	40,12	47,30
1,1510	34,38	39,54	**1,1810**	40,31	47,57
1,1520	34,58	39,80	**1,1820**	40,50	47,83
1,1530	34,79	40,08	**1,1830**	40,70	48,11
1,1540	34,99	40,34	**1,1840**	40,89	48,37
1,1550	35,19	40,61	**1,1850**	41,08	48,64
1,1560	35,39	40,88	**1,1860**	41,28	48,91
1,1570	35,59	41,14	**1,1870**	41,47	49,18
1,1580	35,79	41,41	**1,1880**	41,66	49,45
1,1590	35,99	41,68	**1,1890**	41,85	49,72
1,1600	36,19	41,94	**1,1900**	42,04	49,99
1,1610	36,39	42,21	**1,1910**	42,23	50,26
1,1620	36,59	42,48	**1,1920**	42,42	50,53
1,1630	36,78	42,74	**1,1930**	42,62	50,80
1,1640	36,98	43,01	**1,1940**	42,81	51,07
1,1650	37,18	43,28	**1,1950**	43,00	51,34
1,1660	37,38	43,55	**1,1960**	43,19	51,61
1,1670	37,58	43,82	**1,1970**	43,37	51,87
1,1680	37,77	44,08	**1,1980**	43,56	52,15
1,1690	37,97	44,35	**1,1990**	43,75	52,42
1,1700	38,17	44,62	**1,2000**	43,94	52,68
1,1710	38,36	44,88	**1,2010**	44,13	52,95
1,1720	38,56	45,15	**1,2020**	44,32	53,22
1,1730	38,76	45,42	**1,2030**	44,50	53,49
1,1740	38,95	45,69	**1,2040**	44,69	53,76
1,1750	39,15	45,96	**1,2050**	44,88	54,03
1,1760	39,34	46,22	**1,2060**	45,07	54,30
1,1770	39,54	46,49	**1,2070**	45,25	54,58
1,1780	39,73	46,76	**1,2080**	45,44	54,85
1,1790	39,92	47,03	**1,2090**	45,63	55,12

*) Siehe Seite 4.

Tafel 24

Tabelle zur Ermittelung des Zuckergehaltes wäßriger Zucker-

$\gamma_L \frac{15^0}{15^0}$	Gewichtsprozent Zucker	Gramm Zucker in 100 ccm	$\gamma_L \frac{15^0}{15^0}$	Gewichtsprozent Zucker	Gramm Zucker in 100 ccm
1,2100	45,81	55,39	**1,2420**	51,66	64,11
1,2110	46,00	55,66	**1,2430**	51,83	64,37
1,2120	46,19	55,93	**1,2440**	52,01	64,65
1,2130	46,37	56,20	**1,2450**	52,19	64,92
1,2140	46,56	56,48	**1,2460**	52,37	65,20
1,2150	46,74	56,75	**1,2470**	52,55	65,47
1,2160	46,93	57,02	**1,2480**	52,73	65,75
1,2170	47,11	57,28	**1,2490**	52,90	66,02
1,2180	47,30	57,56	**1,2500**	53,08	66,29
1,2190	47,48	57,83	**1,2510**	53,26	66,57
1,2200	47,66	58,10	**1,2520**	53,43	66,84
1,2210	47,85	58,38	**1,2530**	53,61	67,12
1,2220	48,03	58,65	**1,2540**	53,79	67,40
1,2230	48,22	58,92	**1,2550**	53,96	67,67
1,2240	48,40	59,19	**1,2560**	54,14	67,94
1,2250	48,58	59,46	**1,2570**	54,32	68,22
1,2260	48,76	59,73	**1,2580**	54,49	68,49
1,2270	48,95	60,01	**1,2590**	54,67	68,77
1,2280	49,13	60,28	**1,2600**	54,84	69,04
1,2290	49,31	60,55	**1,2610**	55,02	69,32
1,2300	49,49	60,82	**1,2620**	55,19	69,59
1,2310	49,67	61,10	**1,2630**	55,37	69,87
1,2320	49,85	61,37	**1,2640**	55,54	70,14
1,2330	50,04	61,64	**1,2650**	55,72	70,42
1,2340	50,22	61,92	**1,2660**	55,89	70,69
1,2350	50,40	62,19	**1,2670**	56,06	70,97
1,2360	50,58	62,46	**1,2680**	56,24	71,25
1,2370	50,76	62,73	**1,2690**	56,41	71,52
1,2380	50,94	63,01	**1,2700**	56,58	71,80
1,2390	51,12	63,28	**1,2710**	56,76	72,08
1,2400	51,30	63,56	**1,2720**	56,93	72,35
1,2410	51,48	63,83	**1,2730**	57,10	72,63

Tafel 24

lösungen aus dem Gewichtsverhältnis $\gamma_L \frac{15^0}{15^0}$ *) (Fortsetzung)

$\gamma_L \frac{15^0}{15^0}$	Gewichtsprozent Zucker	Gramm Zucker in 100 ccm	$\gamma_L \frac{15^0}{15^0}$	Gewichtsprozent Zucker	Gramm Zucker in 100 ccm
1,2740	57,27	72,90	**1,3060**	62,70	81,81
1,2750	57,45	73,18	**1,3070**	62,86	82,09
1,2760	57,62	73,46	**1,3080**	63,03	82,37
1,2770	57,79	73,73	**1,3090**	63,19	82,65
1,2780	57,96	74,01	**1,3100**	63,36	82,93
1,2790	58,13	74,29	**1,3110**	63,52	83,21
1,2800	58,31	74,57	**1,3120**	63,69	83,49
1,2810	58,48	74,85	**1,3130**	63,86	83,77
1,2820	58,65	75,12	**1,3140**	64,02	84,05
1,2830	58,82	75,40	**1,3150**	64,19	84,34
1,2840	58,99	75,68	**1,3160**	64,35	84,61
1,2850	59,16	75,95	**1,3170**	64,52	84,90
1,2860	59,33	76,23	**1,3180**	64,68	85,18
1,2870	59,50	76,51	**1,3190**	64,85	85,46
1,2880	59,67	76,79	**1,3200**	65,01	85,74
1,2890	59,84	77,07	**1,3210**	65,17	86,02
1,2900	60,01	77,35	**1,3220**	65,34	86,30
1,2910	60,18	77 63	**1,3230**	65,50	86,58
1,2920	60,35	77,90	**1,3240**	65,66	86,86
1,2930	60,52	78,19	**1,3250**	65,82	87,14
1,2940	60,69	78,46	**1,3260**	65,99	87,43
1,2950	60,85	78 73	**1,3270**	66,15	87,71
1,2960	61,02	79,02	**1,3280**	66,31	87,99
1,2970	61,19	79,30	**1,3290**	66,48	88,27
1,2980	61,36	79,57	**1,3300**	66,64	88,55
1,2990	61,53	79,86	**1,3310**	66,80	88,84
1,3000	61,69	80,13	**1,3320**	66,96	89,12
1,3010	61,86	80,41	**1,3330**	67,12	89,40
1,3020	62,03	80,69	**1,3340**	67,29	89,69
1,3030	62,20	80,97	**1,3350**	67,45	89,97
1,3040	62,36	81,25	**1,3360**	67,61	90,25
1,3050	62,53	81,53	**1,3370**	67,77	90,53

*) Siehe Seite 4.

Tafel 24

Tabelle zur Ermittelung des Zuckergehaltes wäßriger Zuckerlösungen aus dem Gewichtsverhältnis $\gamma_L \frac{15^0}{15^0}$ *) (Fortsetzung)

$\gamma_L \frac{15^0}{15^0}$	Gewichtsprozent Zucker	Gramm Zucker in 100 ccm	$\gamma_L \frac{15^0}{15^0}$	Gewichtsprozent Zucker	Gramm Zucker in 100 ccm
1,3380	67,93	90,81	1,3700	73,00	99,92
1,3390	68,09	91,09	1,3710	73,16	100,21
1,3400	68,25	91,38	1,3720	73,31	100,50
1,3410	68,41	91,66	1,3730	73,47	100,79
1,3420	68,57	91,94	1,3740	73,62	101,07
1,3430	68,73	92,23	1,3750	73,78	101,36
1,3440	68,89	92,51	1,3760	73,94	101,65
1,3450	69,05	92,79	1,3770	74,09	101,93
1,3460	69,21	93,08	1,3780	74,25	102,23
1,3470	69,37	93,36	1,3790	74,40	102,51
1,3480	69,53	93,65	1,3800	74,56	102,81
1,3490	69,69	93,94	1,3810	74,71	103,09
1,3500	69,85	94,21	1,3820	74,87	103,38
1,3510	70,01	94,50	1,3830	75,02	103,66
1,3520	70,16	94,79	1,3900	76,10	105,69
1,3530	70,32	95,07	1,4000	77,63	108,59
1,3540	70,48	95,35	1,4100	79,14	111,49
1,3550	70,64	95,64	1,4200	80,64	114,41
1,3560	70,80	95,93	1,4300	82,13	117,35
1,3570	70,96	96,21	1,4400	83,61	120,29
1,3580	71,12	96,49	1,4500	85,07	123,25
1,3590	71,27	96,78	1,4600	86,52	126,22
1,3600	71,43	97,07	1,4700	87,97	129,20
1,3610	71,59	97,35	1,4800	89,40	132,20
1,3620	71,75	97,64	1,4900	90,82	135,21
1,3630	71,90	97,92	1,5000	92,23	138,23
1,3640	72,06	98,21	1,5100	93,63	141,26
1,3650	72,22	98,50	1,5200	95,03	144,32
1,3660	72,28	98,78	1,5300	96,41	147,38
1,3670	72,53	99,07	1,5400	97,78	150,46
1,3680	72,69	99,35	1,5500	99,15	153,55
1,3690	72,85	99,64	1,55626	100,00	155,49

*) Siehe Seite 4.

Tafel 25

Tabelle zur Bestimmung des Zucker- (Extrakt-) Gehaltes (g/100 ccm) wäßriger Zuckerlösungen aus dem Gewichtsverhältnis $\gamma_L \frac{20^\circ}{20^\circ}$ nach F. W. Müller[13])

$\gamma_L \frac{20^\circ}{20^\circ}$	0	1	2	3	4	5	6	7	8	9
1,000	0,00	0,03	0,05	0,08	0,10	0,13	0,15	0,18	0,21	0,23
1,001	0,26	0,28	0,31	0,34	0,36	0,39	0,41	0,44	0,46	0,49
1,002	0,52	0,54	0,57	0,59	0,62	0,64	0,67	0,70	0,72	0,75
1,003	0,77	0,80	0,83	0,85	0,88	0,90	0,93	0,95	0,98	1,01
1,004	1,03	1,06	1,08	1,11	1,13	1,16	1,19	1,21	1,24	1,26
1,005	1,29	1,31	1,34	1,37	1,39	1,42	1,44	1,47	1,50	1,52
1,006	1,55	1,57	1,00	1,62	1,65	1,68	1,70	1,73	1,75	1,78
1,007	1,80	1,83	1,86	1,88	1,91	1,93	1,96	1,98	2,01	2,04
1,008	2,06	2,09	2,11	2,14	2,17	2,19	2,22	2,24	2,27	2,29
1,009	2,32	2,35	2,37	2,40	2,42	2,45	2,48	2,50	2,53	2,55
1,010	2,58	2,61	2,63	2,66	2,68	2,71	2,74	2,76	2,79	2,81
1,011	2,84	2,86	2,89	2,92	2,94	2,97	2,99	3,02	3,05	3,07
1,012	3,10	3,12	3,15	3,18	3,20	3,23	3,26	3,28	3,31	3,33
1,013	3,36	3,39	3,41	3,44	3,46	3,49	3,52	3,54	3,57	3,60
1,014	3,62	3,65	3,67	3,70	3,73	3,75	3,78	3,80	3,83	3,86
1,015	3,88	3,91	3,94	3,96	3,99	4,01	4,04	4,07	4,09	4,12
1,016	4,14	4,17	4,19	4,22	4,25	4,27	4,30	4,32	4,35	4,37
1,017	4,40	4,43	4,45	4,48	4,50	4,53	4,56	4,58	4,61	4,63
1,018	4,66	4,68	4,71	4,74	4,76	4,79	4,81	4,84	4,86	4,89
1,019	4,92	4,94	4,97	4,99	5,02	5,04	5,07	5,10	5,12	5,15
1,020	5,17	5,20	5,23	5,25	5,28	5,30	5,33	5,36	5,38	5,41
1,021	5,43	5,46	5,49	5,51	5,54	5,56	5,59	5,62	5,64	5,67
1,022	5,69	5,72	5,75	5,77	5,80	5,82	5,85	5,88	5,90	5,93
1,023	5,95	5,98	6,01	6,03	6,06	6,08	6,11	6,14	6,16	6,19
1,024	6,21	6,24	6,27	6,29	6,32	6,34	6,37	6,39	6,42	6,45
1,025	6,47	6,50	6,52	6,55	6,58	6,60	6,63	6,65	6,68	6,70
1,026	6,73	6,76	6,78	6,81	6,83	6,86	6,89	6,91	6,94	6,96
1,027	6,99	7,01	7,04	7,07	7,09	7,12	7,14	7,17	7,20	7,22
1,028	7,25	7,27	7,30	7,33	7,35	7,38	7,40	7,43	7,46	7,48
1,029	7,51	7,54	7,56	7,59	7,61	7,64	7,67	7,69	7,72	7,74
1,030	7,77	7,80	7,82	7,85	7,87	7,90	7,93	7,95	7,98	8,01
1,031	8,03	8,06	8,08	8,11	8,14	8,16	8,19	8,21	8,24	8,27
1,032	8,29	8,32	8,34	8,37	8,40	8,42	8,45	8,47	8,50	8,53

Tafel 25

Tabelle zur Bestimmung des Zucker- (Extrakt-) Gehaltes (g/100 ccm) wäßriger Zuckerlösungen aus dem Gewichtsverhältnis $\gamma_L \frac{20^0}{20^0}$ nach F. W. Müller[13]) (Fortsetzung)

$\gamma_L \frac{20^0}{20^0}$	0	1	2	3	4	5	6	7	8	9
1,033	8,55	8,58	8,61	8,63	8,66	8,68	8,71	8,74	8,76	8,79
1,034	8,81	8,84	8,87	8,89	8,92	8,94	8,97	9,00	0,02	0,05
1,035	9,08	9,10	9,13	9,15	9,18	9,21	9,23	9,26	9,28	9,31
1,036	9,34	9,36	9,39	9,41	9,44	9,47	9,49	9,52	0,54	0,57
1,037	9,59	9,62	9,65	9,67	9,70	9,72	9,75	9,78	9,80	9,83
1,038	9,85	9,88	9,90	9,93	9,96	9,98	10,01	10,03	10,06	10,09
1,039	10,11	10,14	10,16	10,19	10,21	10,24	10,27	10,29	10,32	10,34
1,040	10,37	10,40	10,42	10,45	10,47	10,50	10,53	10,55	10,58	10,60
1,041	10,63	10,66	10,68	10,71	10,74	10,76	10,79	10,81	10,84	10,87
1,042	10,89	10,92	10,94	10,97	11,00	11,02	11,05	11,07	11,10	11,13
1,043	11,15	11,18	11,21	11,23	11,26	11,28	11,31	11,34	11,36	11,39
1,044	11,41	11,44	11,47	11,49	11,52	11,54	11,57	11,60	11,62	11,65
1,045	11,68	11,70	11,73	11,75	11,78	11,81	11,83	11,86	11,89	11,91
1,046	11,94	11,96	11,99	12,02	12,04	12,07	12,09	12,12	12,15	12,17
1,047	12,20	12,23	12,25	12,28	12,30	12,33	12,36	12,38	12,41	12,44
1,048	12,46	12,49	12,51	12,54	12,57	12,59	12,62	12,64	12,67	12,70
1,049	12,72	12,75	12,78	12,80	12,83	12,85	12,88	12,91	12,93	12,96
1,050	12,99	13,01	13,04	13,06	13,09	13,12	13,14	13,17	13,19	13,22
1,051	13,25	13,27	13,30	13,33	13,35	13,88	13,40	13,43	13,46	13,48
1,052	13,51	13,54	13,56	13,59	13,61	13,64	13,67	13,69	13,72	13,74
1,053	13,77	13,80	13,82	13,85	13,87	13,90	13,93	13,95	13,98	14,00
1,054	14,03	14,06	14,08	13,11	14,13	14,16	14,19	14,21	14,24	14,27
1,055	14,29	14,32	14,34	14,37	14,40	14,42	14,45	14,47	14,50	14,53
1,056	14,55	14,58	14,60	14,63	14,66	14,68	14,71	14,73	14,76	14,79
1,057	14,81	14,84	14,87	14,89	14,92	14,94	14,97	15,00	15,02	15,05
1,058	15,08	15,10	15,13	15,15	15,18	15,21	15,23	15,26	15,29	15,31
1,059	15,34	15,36	15,39	15,42	15,44	15,47	15,50	15,52	15,55	15,57
1,060	15,60	15,63	15,65	15,68	15,71	15,73	15,76	15,78	15,81	15,84
1,061	15,86	15,89	15,92	15,94	15,97	16,00	16,02	16,05	16,07	16,10
1,062	16,13	16,15	16,18	16,21	16,23	16,26	16,28	16,31	16,34	16,36
1,063	16,39	16,42	16,44	16,47	16,49	16,52	16,55	16,57	16,60	16,63
1,064	16,65	16,68	16,70	16,73	16,76	16,78	16,81	16,84	16,86	16,89
1,065	16,91	16,94	16,97	16,99	17,02	17,05	17,07	17,10	17,12	17,15

Tafel 25

Tabelle zur Bestimmung des Zucker- (Extrakt-) Gehaltes (g/100 ccm) wäßriger Zuckerlösungen aus dem Gewichtsverhältnis $\gamma_L \frac{20^\circ}{20^\circ}$ nach F. W. Müller[13]) (Fortsetzung)

$\gamma_L \frac{20^\circ}{20^\circ}$	0	1	2	3	4	5	6	7	8	9
1,066	17,18	17,20	17,23	17,25	17,28	17,31	17,33	17,36	17,38	17,41
1,067	17,44	17,46	17,49	17,51	17,54	17,57	17,59	17,62	17,65	17,67
1,068	17,70	17,72	17,75	17,78	17,80	17,83	17,85	17,88	17,91	17,93
1,069	17,96	17,98	18,01	18,04	18,06	18,09	18,11	18,14	18,17	18,19
1,070	18,22	18,24	18,27	18,30	18,32	18,35	18,38	18,40	18,43	18,45
1,071	18,47	18,51	18,53	18,56	18,58	18,61	18,64	18,66	18,69	18,72
1,072	18,74	18,77	18,79	18,82	18,85	18,87	18,90	18,92	18,95	18,98
1,073	19,00	19,03	19,05	19,08	19,11	19,13	19,16	19,19	19,21	19,24
1,074	19,26	19,29	19,32	19,34	19,37	19,39	19,42	19,45	19,47	19,50
1,075	19,53	19,55	19,58	19,60	19,63	19,66	19,68	19,71	19,73	19,76
1,076	19,79	19,81	19,84	19,87	19,89	19,92	19,94	19,97	20,00	20,02
1,077	20,05	20,07	20,10	20,13	20,15	20,18	20,20	20,23	20,26	20,28
1,078	20,31	20,34	20,36	20,39	20,41	20,44	20,47	20,49	20,52	20,55
1,079	20,57	20,60	20,62	20,65	20,68	20,70	20,73	20,76	20,78	20,81
1,080	20,84	20,86	20,89	20,91	20,94	20,97	20,99	21,02	21,05	21,07
1,081	21,10	21,13	21,15	21,18	21,20	21,23	21,26	21,28	21,31	21,34
1,082	21,36	21,39	21,42	21,44	21,47	21,49	21,52	21,55	21,57	21,60
1,083	21,63	21,65	21,68	21,70	21,73	21,76	21,78	21,81	21,84	21,86
1,084	21,89	21,91	21,94	21,97	21,99	22,02	22,05	22,07	22,10	22,12
1,085	22,15	22,18	22,20	22,23	22,26	22,28	22,31	22,33	22,36	22,39
1,086	22,41	22,44	22,47	22,49	22,52	22,54	22,57	22,60	22,62	22,65
1,087	22,68	22,70	22,73	22,75	22,78	22,81	22,83	22,86	22,89	22,91
1,088	22,94	22,97	22,99	23,02	23,04	23,07	23,10	23,12	23,15	23,18
1,089	23,20	23,23	23,26	23,28	23,31	23,34	23,36	23,39	23,41	23,44
1,090	23,47	23,49	23,52	23,55	23,57	23,60	23,63	23,65	23,68	23,71
1,091	23,73	23,76	23,78	23,81	23,84	23,86	23,89	23,92	23,94	23,97
1,092	24,00	24,02	24,05	24,07	24,10	24,13	24,15	24,18	24,21	24,23
1,093	24,26	24,28	24,31	24,34	24,36	24,39	24,42	24,44	24,47	24,49
1,094	24,42	24,55	24,57	24,60	24,63	24,65	24,68	24,70	24,73	24,76
1,095	24,78	24,81	24,84	24,86	24,89	24,91	24,94	24,97	24,99	25,02
1,096	25,05	25,07	25,10	25,12	25,15	25,18	25,20	25,23	25,26	25,28
1,097	25,31	25,34	25,36	25,39	25,42	25,44	25,47	25,49	25,52	25,55
1,098	25,57	25,60	25,63	25,65	25,68	25,71	25,73	25,76	25,79	25,81

Tafel 25

Tabelle zur Bestimmung des Zucker- (Extrakt-) Gehaltes (g/100 ccm) wäßriger Zuckerlösungen aus dem Gewichtsverhältnis $\gamma_L \frac{20^0}{20^0}$ nach F. W. Müller[13]) (Fortsetzung)

$\gamma_L \frac{20^0}{20^0}$	0	1	2	3	4	5	6	7	8	9
1,099	25,84	25,87	25,89	25,92	25,95	25,97	26,00	26,03	26,05	26,08
1,100	26,10	26,13	26,16	26,18	26,21	26,24	26,26	26,29	26,32	26,34
1,101	26,37	26,40	26,42	26,45	26,48	26,50	26,53	26,55	26,58	26,61
1,102	26,63	26,66	26,69	26,71	26,74	26,76	26,79	26,82	26,84	26,87
1,103	26,90	26,92	26,95	26,97	27,00	27,03	27,05	27,08	27,11	27,13
1,104	27,16	27,19	27,21	27,24	27,26	27,29	27,32	27,34	27,37	27,40
1,105	27,42	27,45	27,47	27,50	27,53	27,55	27,58	27,61	27,63	27,66
1,106	27,69	27,71	27,74	27,77	27,79	27,82	27,85	27,87	27,90	27,92
1,107	27,95	27,98	28,00	28,03	28,06	28,08	28,11	28,14	28,16	28,19
1,108	28,22	28,24	28,27	28,30	28,32	28,35	28,38	28,40	28,43	28,46
1,109	28,48	28,51	28,53	28,56	28,59	28,61	28,64	28,67	28,69	28,72
1,110	28,75	28,77	28,80	28,83	28,85	28,88	28,91	28,93	28,96	28,98
1,111	29,01	29,04	29,06	29,09	29,12	29,14	29,17	29,20	29,22	29,25
1,112	29,27	29,30	29,33	29,35	29,38	29,41	29,43	29,46	29,49	29,51
1,113	29,54	29,57	29,59	29,62	29,64	29,67	29,70	29,72	29,75	29,78
1,114	29,80	29,83	29,86	29,88	29,91	29,93	29,96	29,99	30,01	30,04
1,115	30,07	30,09	30,12	30,15	30,17	30,20	30,22	30,25	30,28	30,30
1,116	30,33	30,36	30,38	30,41	30,44	30,46	30,49	30,51	30,54	30,57
1,117	30,59	30,62	30,65	30,67	30,70	30,73	30,75	30,78	30,81	30,83
1,118	30,86	30,88	30,91	30,94	30,96	30,99	31,02	31,04	31,07	31,10
1,119	31,12	31,15	31,17	31,20	31,23	31,25	31,28	31,31	31,33	31,36
1,120	31,39	31,41	31,44	31,47	31,49	31,52	31,55	31,57	31,60	31,63
1,121	31,66	31,68	31,71	31,74	31,76	31,79	31,82	31,84	31,87	31,90
1,122	31,92	31,95	31,98	32,00	32,03	32,06	32,08	32,11	32,14	32,16
1,123	32,19	32,22	32,25	32,27	32,30	32,33	32,35	32,38	32,41	32,43
1,124	32,46	32,49	32,51	32,54	32,57	32,59	32,62	32,65	32,67	32,70
1,125	32,72	32,75	32,78	32,80	32,83	32,86	32,88	32,91	32,93	32,96
1,126	32,99	33,01	33,04	33,07	33,09	33,12	33,14	33,17	33,20	33,22
1,127	33,25	33,28	33,30	33,33	33,35	33,38	33,41	33,43	33,46	33,49
1,128	33,51	33,54	33,56	33,59	33,62	33,64	33,67	33,70	33,72	33,75
1,129	33,77	33,80	33,83	33,85	33,88	33,91	33,93	33,96	33,99	34,01
1,130	34,04	34,07	34,09	34,12	34,15	34,17	34,20	34,23	34,25	34,28
1,131	34,31	34,33	34,36	34,39	34,41	34,44	34,47	34,49	34,52	34,55

Tafel 25

Tabelle zur Bestimmung des Zucker- (Extrakt-) Gehaltes (g/100 ccm) wäßriger Zuckerlösungen aus dem Gewichtsverhältnis $\gamma_L \frac{20^0}{20^0}$ nach F. W. Müller[13]) (Fortsetzung)

$\gamma_L \frac{20^0}{20^0}$	0	1	2	3	4	5	6	7	8	9
1,132	34,57	34,60	34,63	34,65	34,68	34,71	34,73	34,76	34,79	34,81
1,133	34,84	34,87	34,89	34,92	34,95	34,97	35,00	35,03	35,05	35,08
1,134	35,11	35,13	35,16	35,19	35,21	35,24	35,27	35,29	35,32	35,35
1,135	35,37	35,40	35,43	35,45	35,48	35,51	35,53	35,56	35,59	35,61
1,136	35,64	35,67	35,69	35,72	35,75	35,77	35,80	35,83	35,85	35,88
1,137	35,91	35,93	35,96	35,99	36,01	36,04	36,07	36,09	36,12	36,15
1,138	36,17	36,20	36,23	36,25	36,28	36,31	36,33	36,36	36,39	36,41
1,139	36,44	36,47	36,49	36,52	36,55	36,57	36,60	36,63	36,65	36,68
1,140	36,70	36,73	36,76	36,78	36,81	36,84	36,86	36,89	36,92	36,94
1,141	36,97	37,00	37,02	37,05	37,08	37,10	37,13	37,16	37,18	37,21
1,142	37,24	37,26	37,29	37,32	37,34	37,37	37,39	37,42	37,45	37,47
1,143	37,50	37,53	37,55	37,58	37,61	37,63	37,66	37,69	37,71	37,74
1,144	37,77	37,79	37,82	37,85	37,87	37,90	37,93	37,95	37,98	38,00
1,145	38,03	38,06	38,08	38,11	38,14	38,16	38,19	38,22	38,24	38,27
1,146	38,30	38,32	38,35	38,38	38,40	38,43	38,46	38,48	38,51	38,54
1,147	38,56	38,59	38,62	38,64	38,67	38,69	38,72	38,75	38,77	38,80
1,148	38,83	38,85	38,88	38,91	38,93	38,96	38,99	39,01	39,04	39,07
1,149	39,09	39,12	39,15	39,17	39,20	39,23	39,25	39,28	39,30	39,33
1,150	39,36	39,38	39,41	39,44	39,46	39,49	39,52	39,54	39,57	39,60
1,151	39,62	39,65	39,68	39,70	39,73	39,76	39,78	39,81	39,84	39,86
1,152	38,89	39,92	39,94	39,97	39,99	40,02				

Tafel 26

Tabelle zur Bestimmung der Gewichtsprozente von Zuckerlösungen aus dem Gewichtsverhältnis $\gamma_L \frac{20^0}{20^0}$ nach Domke[17])

Gew. % Zucker	,0	,1	,2	,3	,4	,5	,6	,7	,8	,9
0	1,0000	1,0004	1,0008	1,0012	1,0016	1,0019	1,0023	1,0027	1,0031	1,0035
1	0039	0043	0047	0051	0055	0058	0062	0066	0070	0074
2	0078	0082	0086	0090	0094	0098	0102	0106	0109	0113
3	0117	0121	0125	0129	0133	0137	0141	0145	0149	0153
4	0157	0161	0165	0169	0173	0177	0181	0185	0189	0193
5	1,0197	1,0201	1,0205	1,0209	1,0213	1,0217	1,0221	1,0225	1,0229	1,0233
6	0237	0241	0245	0249	0253	0257	0261	0265	0269	0273
7	0277	0281	0285	0289	0294	0298	0302	0306	0310	0314
8	0318	0322	0326	0330	0334	0338	0343	0347	0351	0355
9	0359	0363	0367	0371	0375	0385	0384	0388	0392	0396
10	1,0400	1,0404	1,0409	1,0413	1,0417	1,0421	1,0425	1,0429	1,0433	1,0438
11	0442	0446	0450	0454	0459	0463	0467	0471	0475	0480
12	0484	0488	0492	0496	0501	0505	0509	0513	0517	0522
13	0526	0530	0534	0539	0543	0547	0551	0556	0560	0564
14	0568	0573	0577	0581	0585	0589	0594	0598	0603	0607
15	1,0611	1,0615	1,0620	1,0624	1,0628	1,0633	1,0637	1,0641	1,0646	1,0650
16	0654	0659	0663	0667	0672	0676	0680	0685	0689	0693
17	0698	0702	0706	0711	0715	0719	0727	0728	0733	0737
18	0741	0746	0750	0755	0759	0763	0768	0772	0777	0781
19	0785	0790	0794	0799	0803	0807	0812	0816	0821	0825
20	1,0830	1,0834	1,0839	1,0843	1,0848	1,0852	1,0856	1,0861	1,0865	1,0870
21	0874	0879	0883	0888	0892	0897	0901	0905	0910	0915
22	0919	0924	0928	0933	0937	0942	0946	0951	0956	0960
23	0965	0969	0974	0978	0983	0987	0992	0997	1001	1006
24	1010	1015	1020	1024	1029	1033	1038	1043	1047	1052
25	1,1056	1,1061	1,1066	1,1070	1,1075	1,1079	1,1084	1,1089	1,1093	1,1098
26	1103	1107	1112	1117	1121	1126	1131	1135	1140	1145
27	1149	1154	1159	1163	1168	1173	1178	1182	1187	1192
28	1196	1201	1206	1210	1215	1220	1225	1229	1234	1239
29	1244	1248	1253	1258	1263	1267	1272	1277	1282	1287
30	1,1291	1,1296	1,1301	1,1306	1,1311	1,1315	1,1320	1,1325	1,1330	1,1334
31	1339	1344	1349	1354	1359	1363	1368	1373	1378	1383
32	1388	1393	1397	1402	1407	1412	1417	1422	1427	1432
33	1436	1441	1446	1451	1456	1461	1466	1471	1476	1481
34	1486	1490	1495	1500	1505	1510	1515	1520	1525	1530
35	1,1535	1,1540	1,1545	1,1550	1,1555	1,1560	1,1565	1,1570	1,1575	1,1580
36	1585	1590	1595	1600	1605	1610	1615	1620	1625	1630
37	1635	1640	1645	1650	1655	1660	1665	1670	1675	1680
38	1685	1690	1696	1701	1706	1711	1716	1721	1726	1731
39	1736	1741	1746	1752	1757	1762	1767	1772	1777	1782
40	1,1787	1,1793	1,1798	1,1803	1,1808	1,1813	1,1818	1,1824	1,1829	1,1834
41	1839	1844	1849	1855	1860	1865	1870	1875	1881	1886
42	1891	1896	1901	1907	1912	1917	1922	1928	1933	1938
43	1943	1949	1954	1959	1964	1970	1975	1980	1985	1991
44	1996	2001	2007	2012	2017	2023	2028	2033	2039	2044

Tafel 26

Tabelle zur Bestimmung der Gewichtsprozente von Zuckerlösungen aus dem Gewichtsverhältnis $\gamma_L \frac{20^0}{20^0}$ nach Domke[17]) (Fortsetzung)

Gew. % Zucker	,0	,1	,2	,3	,4	,5	,6	,7	,8	,9
45	1,2049	1,2054	1,2060	1,2065	1,2070	1,2076	1,2081	1,2087	1,2092	1,2097
46	2102	2108	2113	2118	2124	2129	2135	2140	2146	2151
47	2156	2162	2167	2173	2178	2184	2189	2194	2200	2205
48	2211	2216	2222	2227	2232	2238	2243	2249	2254	2260
49	2265	2271	2276	2282	2287	2293	2298	2304	2309	2315
50	1,2320	1,2326	1,2331	1,2337	1,2342	1,2348	1,2353	1,2359	1,2364	1,2370
51	2376	2381	2387	2392	2398	2403	2409	2415	2420	2426
52	2431	2437	2442	2448	2454	2459	2465	2471	2476	2482
53	2487	2493	2499	2504	2510	2516	2521	2527	2533	2538
54	2544	2550	2555	2561	2567	2572	2578	2584	2589	2595
55	1,2601	1,2606	1,2612	1,2618	1,2624	1,2629	1,2635	1,2641	1,2647	1,2652
56	2658	2664	2670	2675	2681	2687	2693	2698	2704	2710
57	2716	2721	2727	2733	2739	2745	2750	2756	2762	2768
58	2774	2779	2785	2791	2797	2803	2809	2815	2821	2826
59	2832	2838	2844	2850	2856	2861	2867	2873	2879	2885
60	1,2891	1,2897	1,2903	1,2909	1,2914	1,2920	1,2926	1,2932	1,2938	1,2944
61	2950	2956	2962	2968	2974	2980	2986	2992	2998	3004
62	3010	3015	3021	3027	3033	3039	3045	3051	3057	3063
63	3069	3075	3081	3987	3093	3100	3106	3112	3118	3124
64	3130	3136	3142	3148	3154	3160	3166	3172	3178	3184
65	1,3190	1,3197	1,3203	1,3209	1,3215	1,3221	1,3227	1,3233	1,3239	1,3245
66	3252	3258	3264	3270	3276	3282	3288	3295	3301	3307
67	3313	3319	3325	3332	3338	3344	3350	3356	3363	3369
68	3375	3381	3387	3394	3400	3406	3412	3418	3425	3431
69	3447	3443	3450	3456	3462	3468	3475	3481	3487	3494
70	1,3500	1,3506	1,3512	1,3519	1,3525	1,3531	1,3538	1,3544	1,3550	1,3557
71	3563	3569	3575	3582	3588	3594	3601	3607	3614	3620
72	3626	3633	3639	3645	3652	3658	3664	3671	3677	3684
73	3690	3696	3703	3709	3716	3722	3729	3735	3741	3748
74	3754	3761	3767	3774	3780	3786	3793	3799	3806	3812
75	1,3819	1,3825	1,3832	1,3838	1,3845	1,3851	1,3858	1,3864	1,3871	1,3877
76	3884	3890	3897	3903	3910	3916	3923	3929	3936	3942
77	3949	3955	3962	3969	3975	3982	3988	3995	4001	4008
78	4015	4021	4028	4034	4041	4048	4054	4061	4067	4074
79	4081	4087	4094	4101	4107	4114	4121	4127	4134	4140
80	1,4147	1,4154	1,4160	1,4167	1,4174	1,4180	1,4187	1,4194	1,4201	1,4207
81	4214	4221	4227	4234	4241	4247	4254	4261	4268	4274
82	4281	4288	4295	4301	4308	4315	4322	4328	4335	4342
83	4349	4355	4362	4369	4376	4383	4389	4396	4403	4410
84	4417	4423	4430	4437	4444	4451	4458	4464	4471	4478
85	1,4485	1,4492	1,4499	1,4505	1,4512	1,4519	1,4526	1,4533	1,4540	1,4547
86	4554	4560	4567	4574	4581	4588	4595	4602	4609	4616
87	4623	4629	4636	4643	4650	4657	4664	4671	4678	4685
88	4602	4609	4706	4713	4720	4727	4734	4741	4748	4755
89	4762	4769	4776	4783	4790	4797	4804	4811	4818	4825

Tafel 27

Internationale Skala der Brechungsindices 1936

Tabelle zur Emittelung von Zucker-(Extrakt-)Gehalten mittels Refraktometers[18])

Prozente Zucker	n_D 20° C	Prozente Zucker	n_D 20° C	Prozente Zucker	n_D 20° C
0	**1,33299**	29	**1,3793**	58	**1,4373**
1	**1,33443**	30	**1,3811**	59	**1,4396**
2	**1,33588**	31	**1,3829**	60	**1,4418**
3	**1,33733**	32	**1,3847**	61	**1,4441**
4	**1,33880**	33	**1,3865**	62	**1,4464**
5	**1,34027**	34	**1,3883**	63	**1,4486**
6	**1,34176**	35	**1,3902**	64	**1,4509**
7	**1,34326**	36	**1,3920**	65	**1,4532**
8	**1,34477**	37	**1,3939**	66	**1,4555**
9	**1,34629**	38	**1,3958**	67	**1,4577**
10	**1,34783**	39	**1,3978**	68	**1,4603**
11	**1,34937**	40	**1,3997**	69	**1,4627**
12	**1,35093**	41	**1,4016**	70	**1,4651**
13	**1,35250**	42	**1,4036**	71	**1,4676**
14	**1,35408**	43	**1,4056**	72	**1,4700**
15	**1,35567**	44	**1,4076**	73	**1,4725**
16	**1,35728**	45	**1,4096**	74	**1,4749**
17	**1,35890**	46	**1,4117**	75	**1,4774**
18	**1,36053**	47	**1,4137**	76	**1,4799**
19	**1,36218**	48	**1,4158**	77	**1,4825**
20	**1,36384**	49	**1,4179**	78	**1,4850**
21	**1,36551**	50	**1,4200**	79	**1,4876**
22	**1,36719**	51	**1,4221**	80	**1,4901**
23	**1,36888**	52	**1,4242**	81	**1,4927**
24	**1,37059**	53	**1,4264**	82	**1,4954**
25	**1,3723**	54	**1,4285**	83	**1,4980**
26	**1,3740**	55	**1,4307**	84	**1,5007**
27	**1,3758**	56	**1,4329**	85	**1,5033**
28	**1,3775**	57	**1,4351**		

Tafel 28

Internationale Temperaturkorrektionstabelle 1936 für das Normalmodell, bezogen auf 20° C für die mittels Refraktometer gefundenen Zuckermengen [19])

Temp. °C	Prozente Zucker														
	0	5	10	15	20	25	30	35	40	45	50	55	60	65	70
	Von dem Zuckergehalt ist abzuziehen														
10	0,50	0,54	0,58	0,61	0,64	0,66	0,68	0,70	0,72	0,73	0,74	0,75	0,76	0,78	0,79
11	0,46	0,49	0,53	0,55	0,58	0,60	0,62	0,64	0,65	0,66	0,67	0,68	0,69	0,70	0,71
12	0,42	0,45	0,48	0,50	0,52	0,54	0,56	0,57	0,58	0,59	0,60	0,61	0,61	0,63	0,63
13	0,37	0,40	0,42	0,44	0,46	0,48	0,49	0,50	0,51	0,52	0,53	0,54	0,54	0,55	0,55
14	0,33	0,35	0,37	0,39	0,40	0,41	0,42	0,43	0,44	0,45	0,45	0,46	0,46	0,47	0,48
15	0,27	0,29	0,31	0,33	0,34	0,34	0,35	0,36	0,37	0,37	0,38	0,39	0,39	0,40	0,40
16	0,22	0,24	0,25	0,26	0,27	0,28	0,28	0,29	0,30	0,30	0,30	0,31	0,31	0,32	0,32
17	0,17	0,18	0,19	0,20	0,21	0,21	0,21	0,22	0,22	0,23	0,23	0,23	0,23	0,24	0,24
18	0,12	0,13	0,13	0,14	0,14	0,14	0,14	0,15	0,15	0,15	0,15	0,16	0,16	0,16	0,16
19	0,06	0,06	0,06	0,07	0,07	0,07	0,07	0,08	0,08	0,08	0,08	0,08	0,08	0,08	0,08
	Zu dem Zuckergehalt ist hinzuzuzählen														
21	0,06	0,07	0,07	0,07	0,07	0,08	0,08	0,08	0,08	0,08	0,08	0,08	0,08	0,08	0,08
22	0,13	0,13	0,14	0,14	0,15	0,15	0,15	0,15	0,15	0,16	0,16	0,16	0,16	0,16	0,16
23	0,19	0,20	0,21	0,22	0,22	0,23	0,23	0,23	0,23	0,24	0,24	0,24	0,24	0,24	0,24
24	0,26	0,27	0,28	0,29	0,30	0,30	0,31	0,31	0,31	0,31	0,31	0,32	0,32	0,32	0,32
25	0,83	0,35	0,36	0,37	0,38	0,38	0,39	0,40	0,40	0,40	0,40	0,40	0,40	0,40	0,40
26	0,40	0,42	0,43	0,44	0,45	0,46	0,47	0,48	0,48	0,48	0,48	0,48	0,48	0,48	0,48
27	0,48	0,50	0,52	0,53	0,54	0,55	0,55	0,56	0,56	0,56	0,56	0,56	0,56	0,56	0,56
28	0,56	0,57	0,60	0,61	0,62	0,63	0,63	0,64	0,64	0,64	0,64	0,64	0,64	0,64	0,64
29	0,64	0,66	0,68	0,69	0,71	0,72	0,72	0,73	0,73	0,73	0,73	0,73	0,73	0,73	0,73
30	0,72	0,74	0,77	0,78	0,79	0,80	0,80	0,81	0,81	0,81	0,81	0,81	0,81	0,81	0,81

Tafel 29

Tabelle zur Ermittelung der Glukose, des Invertzuckers, Milchzuckers und Malzzuckers (in mg) aus der gewogenen Oxydulmenge nach v. Fellenberg bzw. Großfeld[20])

Cu_2O mg	Glukose	Invertzukker	Milchzukker	Malzzukker
10	5,6	4,6	5,1	7,5
11	6,0	5,1	5,8	8,2
12	6,4	5,6	6,4	9,0
13	6,8	6,0	7,1	9,7
14	7,2	6,4	7,7	10,5
15	7,7	6,9	8,4	11,2
16	8,1	7,3	9,0	12,0
17	8,6	7,8	9,7	12,7
18	9,0	8,3	10,3	13,5
19	9,5	8,7	11,0	14,2
20	9,9	9,2	11,6	15,0
21	10,4	9,6	12,3	15,7
22	10,8	10,0	12,9	16,4
23	11,2	10,5	13,6	17,2
24	11,7	11,0	14,2	17,9
25	12,1	11,4	14,8	18,7
26	12,5	11,9	15,5	19,5
27	13,0	12,4	16,2	20,2
28	13,4	12,8	16,8	21,0
29	13,9	13,3	17,5	21,7
30	14,3	13,7	18,1	22,4
31	14,8	14,2	18,7	23,2
32	15,2	14,7	19,4	23,9
33	15,6	15,1	20,0	24,7
34	16,1	15,6	20,7	25,4
35	16,5	16,1	21,3	26,2
36	16,9	16,5	22,0	27,0
37	17,4	17,0	22,6	27,7
38	17,8	17,4	23,3	28,5
39	18,3	17,9	23,9	29,2
40	18,7	18,4	24,6	30,0
41	19,2	18,8	25,2	30,8
42	19,6	19,3	25,9	31,5
43	20,0	19,8	26,5	32,3
44	20,4	20,2	27,2	33,0
45	20,9	20,7	27,8	33,8
46	21,3	21,1	28,5	34,6
47	21,7	21,6	29,1	35,3
48	22,2	22,1	29,8	36,1
49	22,6	22,5	30,4	36,9
50	23,1	23,0	31,1	37,7
51	23,5	23,5	31,7	38,4
52	24,0	23,9	32,4	39,2
53	24,4	24,4	33,0	40,0
54	24,8	24,9	33,7	40,8
55	25,3	25,3	34,3	41,6
56	25,7	25,8	34,9	42,4
57	26,2	26,2	35,6	43,1
58	26,6	26,7	36,2	43,8
59	27,1	27,2	36,9	44,6
60	27,5	27,6	37,5	45,4
61	27,9	28,1	38,2	46,2
62	28,4	28,6	38,8	47,0
63	28,8	29,0	39,4	47,7
64	29,2	29,5	40,1	48,5
65	29,7	30,0	40,8	49,3
66	30,1	30,4	41,4	50,1
67	30,6	30,9	42,0	50,8
68	31,0	31,4	42,7	51,4
69	31,4	31,8	43,3	52,3
70	31,9	32,3	44,0	53,0
71	32,3	32,7	44,6	53,9
72	32,8	33,1	45,3	54,7
73	33,2	33,6	45,9	55,5
74	33,7	34,1	46,6	56,3
75	34,1	34,5	47,2	57,0
76	34,5	35,0	47,9	57,8
77	35,0	35,5	48,5	58,6
78	35,4	35,9	49,2	59,4
79	35,9	36,4	49,8	60,2
80	36,3	36,8	50,4	61,0
81	36,8	37,3	51,1	61,8
82	37,2	37,8	51,8	62,6
83	37,6	38,2	52,4	63,3
84	38,1	38,7	53,1	64,1
85	38,5	39,2	53,7	64,9
86	39,0	39,7	54,4	65,7
87	39,4	40,2	55,0	66,5
88	39,8	40,6	55,7	67,2
89	40,3	41,1	56,3	68,0
90	40,7	41,6	57,0	68,8
91	41,2	42,0	57,6	69,7

Tafel 29

Tabelle zur Ermittelung der Glukose, des Invertzuckers, Milchzuckers und Malzzuckers (in mg) aus der gewogenen Oxydulmenge nach v. Fellenberg bzw. Großfeld (Fortsetzung)[20]

Cu_2O mg	Glukose	Invertzucker	Milchzucker	Malzzucker	Cu_2O mg	Glukose	Invertzucker	Milchzucker	Malzzucker
92	41,6	42,5	58,2	70,4	133	60,1	61,8	85,0	102,7
93	42,1	43,0	58,9	71,2	134	60,5	62,3	85,6	103,5
94	42,6	43,5	59,5	72,0	135	61,0	62,7	86,3	104,3
95	43,0	43,9	60,2	72,8	136	61,5	63,2	87,0	105,1
96	43,4	44,4	60,8	73,5	137	61,9	63,7	87,7	105,9
97	43,9	44,8	61,4	74,3	138	62,4	64,1	88,3	106,7
98	44,3	45,3	62,1	75,1	139	62,8	64,6	89,0	107,5
99	44,8	45,8	62,8	75,8	140	63,3	65,1	89,6	108,2
100	45,2	46,3	63,4	76,6	141	63,7	65,6	90,3	109,1
101	45,7	46,7	64,0	77,4	142	64,2	66,0	91,0	109,9
102	46,1	47,2	64,6	78,3	143	64,6	66,5	91,6	110,7
103	46,6	47,6	65,3	79,0	144	65,0	67,0	92,2	111,5
104	47,0	48,0	66,0	79,8	145	65,5	67,5	92,9	112,3
105	47,5	48,5	66,6	80,6	146	66,0	67,9	93,6	113,0
106	47,9	49,0	67,2	81,4	147	66,4	68,4	94,3	113,8
107	48,4	49,5	67,9	82,2	148	66,9	68,9	94,9	114,6
108	48,0	49,9	68,6	83,0	149	67,4	69,3	95,6	115,4
109	49,3	50,4	69,2	83,8	150	67,8	69,8	96,2	116,2
110	49,7	50,9	69,9	84,6	151	68,2	70,3	96,9	117,0
111	50,2	51,4	70,5	85,3	152	68,7	70,8	97,6	117,8
112	50,6	51,8	71,2	86,1	153	69,2	71,2	98,2	118,6
113	51,1	51,3	71,9	86,9	154	69,6	71,7	98,8	119,4
114	51,5	52,8	72,5	87,7	155	70,0	72,2	99,5	120,2
115	52,0	53,2	73,2	88,5	156	70,5	72,7	100,2	121,0
116	52,4	53,7	73,8	89,3	157	71,0	73,2	100,8	121,8
117	52,9	54,2	74,5	90,1	158	71,4	73,6	101,5	122,6
118	53,3	54,7	75,1	90,8	159	71,9	74,1	102,2	123,4
119	53,8	55,2	75,8	91,7	160	72,3	74,6	102,8	124,2
120	54,2	55,7	76,5	92,5	161	72,8	75,1	103,5	125,0
121	54,7	56,1	77,1	93,2	162	73,2	75,5	104,2	125,8
122	55,1	56,5	77,7	94,0	163	73,7	76,0	104,9	126,6
123	55,6	57,0	78,4	94,8	164	74,2	76,5	105,6	127,4
124	56,0	57,5	79,1	95,6	165	74,6	76,9	106,2	128,2
125	56,5	58,0	79,8	96,4	166	75,1	77,4	106,9	129,0
126	56,9	58,5	80,4	97,2	167	75,6	77,9	107,6	129,8
127	57,4	59,0	81,0	97,9	168	76,0	78,4	108,2	130,6
128	57,8	59,4	81,7	98,7	169	76,5	78,9	108,9	131,4
129	58,3	59,9	82,3	99,5	170	77,0	79,4	109,6	132,2
130	58,7	60,3	83,0	100,3	171	77,4	79,9	110,2	133,0
131	59,2	60,8	83,7	101,1	172	77,9	80,4	110,9	133,8
132	59,6	61,3	84,4	101,9	173	78,3	80,9	111,6	134,6

Tafel 29

Tabelle zur Ermittelung der Glukose, des Invertzuckers, Milchzuckers und Malzzuckers (in mg) aus der gewogenen Oxydulmenge nach v. Fellenberg bzw. Großfeld (Fortsetzung)[20])

Cu_2O mg	Glukose	Invertzucker	Milchzucker	Malzzucker	Cu_2O mg	Glukose	Invertzucker	Milchzucker	Malzzucker
174	78,8	81,4	112,3	135,4	**215**	97,8	101,1	140,0	168,0
175	79,3	81,9	113,0	136,2	**216**	98,3	101,6	140,6	168,8
176	79,7	82,4	113,6	137,0	**217**	98,7	102,1	141,3	169,6
177	80,2	82,8	114,3	137,8	**218**	99,2	102,6	142,0	170,4
178	80,7	83,3	115,0	138,6	**219**	99,7	103,1	142,6	171,2
179	81,1	83,8	115,6	139,4	**220**	100,1	103,6	143,3	172,0
180	81,6	84,3	116,3	140,2	**221**	100,6	104,1	144,0	172,8
181	82,1	84,7	117,0	141,0	**222**	101,1	104,6	144,7	173,6
182	82,5	85,2	117,6	141,8	**223**	101,5	105,1	145,4	174,3
183	82,9	85,7	118,3	142,6	**224**	102,0	105,6	146,1	175,1
184	83,4	86,2	119,0	143,4	**225**	102,5	106,1	146,8	175,9
185	83,9	86,6	119,7	144,2	**226**	103,0	106,6	147,5	176,7
186	84,4	87,1	120,3	145,0	**227**	103,5	107,1	148,1	177,5
187	84,8	87,6	121,0	145,8	**228**	103,9	107,6	148,8	178,3
188	85,3	88,1	121,7	146,6	**229**	104,4	108,1	149,4	179,0
189	85,7	88,5	122,4	147,4	**230**	104,8	108,6	150,1	179,8
190	86,2	89,0	123,0	148,2	**231**	105,3	109,1	150,8	180,6
191	86,6	89,5	123,7	149,0	**232**	105,8	109,6	151,4	181,4
192	87,1	90,0	124,3	149,8	**233**	106,3	110,1	152,1	182,2
193	87,6	90,4	125,0	150,6	**234**	106,8	110,6	152,8	183,0
194	88,0	90,9	125,6	151,4	**235**	107,2	111,1	153,4	183,8
195	88,5	91,4	126,3	152,2	**236**	107,7	111,6	154,1	184,6
196	88,9	91,9	127,0	153,0	**237**	108,2	112,1	154,8	185,4
197	89,4	92,3	127,7	153,8	**238**	108,6	112,6	155,4	186,2
198	89,9	92,8	128,4	154,6	**239**	109,1	113,1	156,1	187,0
199	90,3	93,3	129,1	155,4	**240**	109,6	113,6	156,8	187,8
200	90,8	93,8	129,7	156,2	**241**	110,0	114,2	157,4	188,6
201	91,3	94,2	130,4	157,0	**242**	110,5	114,7	158,1	189,4
202	91,7	94,7	131,1	157,8	**243**	111,0	115,2	158,7	190,2
203	92,2	95,2	131,8	158,6	**244**	111,4	115,7	159,4	191,0
204	92,7	95,7	132,4	159,4	**245**	111,9	116,2	160,1	191,8
205	93,2	96,2	133,1	160,2	**246**	112,4	116,7	160,7	192,6
206	93,6	96,6	133,8	161,0	**247**	112,8	117,2	161,4	193,4
207	94,1	97,1	134,5	161,7	**248**	113,3	117,7	162,0	194,2
208	94,5	97,6	135,2	162,5	**249**	113,8	118,2	162,7	195,0
209	95,0	98,1	135,8	163,3	**250**	114,2	118,7	163,4	195,7
210	95,5	98,6	136,5	164,1	**251**	114,7	119,2	164,0	196,5
211	95,9	99,1	137,2	164,9	**252**	115,2	119,7	164,7	197,3
212	96,4	99,6	137,9	165,7	**253**	115,6	120,2	165,1	198,1
213	96,9	100,1	138,6	166,5	**254**	116,1	120,7	166,0	198,9
214	96,4	100,6	139,3	167,3	**255**	116,6	121,2	166,7	199,7

Tafel 29

Tabelle zur Ermittelung der Glukose, des Invertzuckers, Milchzuckers und Malzzuckers (in mg) aus der gewogenen Oxydulmenge nach v. Fellenberg bzw. Großfeld (Fortsetzung)[20]

Cu_2O mg	Glukose	Invertzucker	Milchzucker	Malzzucker
256	117,0	121,7	167,3	200,5
257	117,5	122,2	168,0	201,3
258	118,0	122,7	168,7	202,1
259	118,5	123,2	169,4	202,9
260	119,0	123,7	170,0	203,7
261	119,4	124,2	170,7	204,5
262	119,9	124,7	171,3	205,3
263	120,4	125,2	172,0	206,1
264	120,9	125,7	172,6	206,9
265	121,4	126,2	173,3	207,7
266	121,8	126,7	174,0	208,4
267	122,3	127,2	174,7	209,2
268	122,8	127,8	175,4	210,0
269	123,3	128,3	176,1	210,8
270	123,7	128,8	176,8	211,6
271	124,2	129,3	177,5	212,4
272	124,7	129,8	187,2	213,2
273	125,2	130,3	178,8	214,0
274	125,6	130,8	179,5	214,8
275	126,1	131,3	180,2	215,6
276	126,6	131,8	180,9	216,4
277	127,1	132,3	181,6	217,2
278	127,6	132,8	182,3	218,0
279	128,0	133,3	183,0	218,8
280	128,5	133,8	183,6	219,6
281	129,0	134,4	184,3	220,4
282	129,4	134,9	185,0	221,2
283	129,9	135,4	185,7	222,0
284	130,4	135,9	186,4	222,8
285	130,8	136,4	187,1	223,6
286	131,3	136,9	187,8	224,4
287	131,8	137,4	188,5	225,1
288	132,3	137,9	189,1	225,9
289	132,8	138,4	189,8	226,7
290	133,2	138,9	190,5	227,5
291	133,7	139,4	191,2	228,3
292	134,2	140,0	191,9	229,1
293	134,7	140,5	192,6	229,9
294	135,2	141,0	193,3	230,8
295	135,6	141,5	194,0	231,6
296	136,6	142,0	194,7	232,4
297	136,0	142,5	195,4	233,2
298	137,1	143,0	196,0	234,0
299	137,6	143,5	196,7	234,8
300	138,1	144,0	197,4	235,6
301	138,5	144,5	198,1	236,4
302	139,0	145,0	198,8	237,2
303	139,5	145,5	199,5	238,0
304	140,0	146,1	200,2	238,8
305	140,5	146,6	200,9	239,6
306	141,0	147,1	201,6	240,4
307	141,5	147,6	202,3	241,2
308	142,0	148,1	203,0	242,0
309	142,5	148,6	203,7	242,8
310	143,0	149,1	204,4	243,6
311	143,4	149,6	205,2	244,4
312	143,9	150,1	205,9	245,2
313	144,4	150,6	206,6	246,0
314	144,9	151,2	207,3	246,8
315	145,4	151,7	208,0	247,6
316	145,8	152,3	208,7	248,4
317	146,3	152,8	209,5	249,2
318	146,8	153,3	210,2	249,9
319	147,3	153,9	210,9	250,7
320	147,8	154,4	211,6	251,5
321	148,2	154,9	212,3	252,3
322	148,7	155,4	213,0	253,1
323	149,2	155,9	213,7	253,8
324	149,7	156,5	214,4	254,6
325	150,2	157,0	215,2	255,4
326	150,7	157,5	215,9	256,2
327	151,2	158,0	216,6	257,0
328	151,7	158,6	217,3	257,8
329	152,2	159,1	218,0	258,5
330	152,7	159,6	218,8	259,3
331	153,2	160,1	219,5	260,1
332	153,6	160,7	220,2	260,9
333	154,1	161,2	220,9	261,6
334	154,6	161,8	221,6	262,4
335	155,1	162,3	222,4	263,2
336	155,6	162,8	223,1	264,0
337	156,1	163,4	223,8	264,8

Tafel 29

Tabelle zur Ermittelung der Glukose, des Invertzuckers, Milchzuckers und Malzzuckers (in mg) aus der gewogenen Oxydulmenge nach v. Fellenberg bzw. Großfeld (Fortsetzung)[20]

Cu_2O mg	Glukose	Invertzucker	Milchzucker	Malzzucker	Cu_2O mg	Glukose	Invertzucker	Milchzucker	Malzzucker
338	156,6	163,9	224,5	265,4	**379**	176,8	185,6	253,0	—
339	157,1	164,4	225,2	266,3	**380**	177,3	186,1	253,7	—
340	157,6	165,0	225,9	267,1	**381**	177,8	186,7	254,4	—
341	158,0	165,5	226,6	—	**382**	178,3	187,2	255,1	—
342	158,5	166,0	227,2	—	**383**	178,8	187,9	255,8	—
343	159,0	166,5	227,9	—	**384**	179,3	188,4	256,6	—
344	159,5	167,0	228,6	—	**385**	179,8	188,9	257,3	—
345	160,0	167,5	229,3	—	**386**	180,3	189,4	258,0	—
346	160,5	168,0	230,0	—	**387**	180,8	190,0	258,7	—
347	161,0	168,6	230,7	—	**388**	181,3	190,5	259,5	—
348	161,5	169,1	231,4	—	**389**	181,8	191,0	260,2	—
349	162,0	169,6	232,1	—	**390**	182,3	191,6	260,9	—
350	162,4	170,1	232,8	—	**391**	182,8	192,1	261,6	—
351	162,9	170,6	233,5	—	**392**	183,3	192,6	262,3	—
352	163,4	171,2	234,2	—	**393**	183,8	193,2	263,1	—
353	163,9	171,7	234,9	—	**394**	184,3	193,7	263,8	—
354	164,4	172,3	235,6	—	**395**	184,8	194,2	264,5	—
355	164,9	172,8	236,3	—	**396**	185,2	194,8	265,2	—
356	165,4	173,3	237,0	—	**397**	185,7	195,3	265,9	—
357	165,9	173,9	237,7	—	**398**	186,2	195,8	266,7	—
358	166,4	174,4	238,4	—	**399**	186,7	196,4	267,4	—
359	166,9	174,9	239,1	—	**400**	187,2	196,9	268,1	—
360	167,4	175,4	239,8	—	**401**	187,7	197,4	268,8	—
361	167,9	176,0	240,5	—	**402**	188,3	198,0	269,6	—
362	168,4	176,5	241,2	—	**403**	188,8	198,5	270,3	—
363	168,9	177,0	241,8	—	**404**	189,3	199,0	271,0	—
364	169,4	177,5	242,5	—	**405**	189,8	199,6	271,8	—
365	169,9	178,0	243,2	—	**406**	190,3	200,1	272,5	—
366	170,4	178,5	244,6	—	**407**	190,8	200,7	273,2	—
367	170,9	179,1	244,6	—	**408**	191,3	201,2	274,0	—
368	171,4	179,6	245,2	—	**409**	191,9	201,8	274,7	—
369	171,9	180,2	245,9	—	**410**	192,4	202,4	275,5	—
370	172,4	180,7	246,6	—	**411**	192,9	203,0	276,2	—
371	172,9	181,2	247,3	—	**412**	193,4	203,5	276,9	—
372	173,4	181,8	248,0	—	**413**	193,9	204,1	277,7	—
373	173,9	182,3	248,7	—	**414**	194,4	204,6	278,4	—
374	174,4	182,9	249,4	—	**415**	194,9	205,2	279,1	—
375	174,9	183,5	250,1	—	**416**	195,4	205,7	279,9	—
376	175,3	184,0	250,8	—	**417**	195,9	206,2	280,6	—
377	175,8	184,5	251,6	—	**418**	196,4	206,8	281,4	—
378	176,3	185,1	252,3	—	**419**	196,9	207,4	282,2	—

Tafel 29

Tabelle zur Ermittelung der Glukose, des Invertzuckers, Milchzuckers und Malzzuckers (in mg) aus der gewogenen Oxydulmenge nach v. Fellenberg bzw. Großfeld (Fortsetzung)[20])

Cu_2O mg	Glukose	Invertzukker	Milchzukker	Malzzukker	Cu_2O mg	Glukose	Invertzukker	Milchzukker	Malzzukker
420	197,4	208,0	283,0	—	**461**	218,4	231,7	—	—
421	197,9	208,5	283,7	—	**462**	218,9	232,3	—	—
422	198,4	209,1	284,5	—	**463**	219,4	232,9	—	—
423	198,9	209,6	285,2	—	**464**	219,9	233,5	—	—
424	199,4	210,2	286,0	—	**465**	220,4	234,2	—	—
425	199,9	210,7	286,8	—	**466**	220,9	234,8	—	—
426	200,5	211,3	287,6	—	**467**	221,5	235,5	—	—
427	201,0	211,9	288,3	—	**468**	222,0	236,1	—	—
428	201,5	212,5	289,1	—	**469**	222,5	236,7	—	—
429	202,2	213,0	289,9	—	**470**	223,0	237,4	—	—
430	202,5	213,6	290,7	—	**471**	223,5	238,0	—	—
431	203,0	214,1	291,4	—	**472**	224,1	238,6	—	—
432	203,5	214,7	292,2	—	**473**	224,6	239,2	—	—
433	204,0	215,2	293,0	—	**474**	225,1	239,9	—	—
434	204,5	215,8	293,8	—	**475**	225,6	240,5	—	—
435	205,0	216,3	294,5	—	**476**	226,1	241,1	—	—
436	205,5	216,9	295,3	—	**477**	226,6	241,7	—	—
437	206,1	217,4	296,0	—	**478**	227,2	242,3	—	—
438	206,6	218,0	296,8	—	**479**	227,7	242,9	—	—
439	207,1	218,5	297,6	—	**480**	228,2	243,5	—	—
440	207,6	219,1	298,4	—	**481**	228,7	244,2	—	—
441	208,1	219,6	299,2	—	**482**	229,2	244,9	—	—
442	208,6	220,2	299,9	—	**483**	229,7	245,5	—	—
443	209,1	220,8	300,7	—	**484**	230,2	246,2	—	—
444	209,6	221,3	301,4	—	**485**	230,8	246,9	—	—
445	210,2	221,9	302,2	—	**486**	231,3	—	—	—
446	210,7	222,4	303,0	—	**487**	231,8	—	—	—
447	211,2	223,0	303,7	—	**488**	232,3	—	—	—
448	211,7	223,6	304,5	—	**489**	232,9	—	—	—
449	212,2	224,1	305,2	—	**490**	233,4	—	—	—
450	212,7	224,7	306,0	—	**491**	234,0	—	—	—
451	213,2	225,3	—	—	**492**	234,5	—	—	—
452	213,7	226,0	—	—	**493**	235,0	—	—	—
453	214,3	226,6	—	—	**494**	235,5	—	—	—
454	214,8	227,2	—	—	**495**	236,0	—	—	—
455	215,3	227,8	—	—	**496**	236,6	—	—	—
456	215,8	228,4	—	—	**497**	237,1	—	—	—
457	216,3	229,1	—	—	**498**	237,6	—	—	—
458	216,8	229,8	—	—	**499**	238,1	—	—	—
459	217,4	230,4	—	—	**500**	238,7	—	—	—
460	217,9	231,0	—	—					

Tafel 30

Tabelle zur Ermittelung der Maltose; für Kupferoxyd berechnet nach der Tabelle von v. Fellenberg[24])

CuO mg	Maltose mg	CuO mg	Maltose mg	CuO mg	Maltose mg	CuO mg	Maltose mg	CuO mg	Maltose mg
11,1	7,5	47,9	32,3	84,5	57,8	121,2	83,8	157,9	109,9
12,3	8,2	49,0	33,0	85,6	58,6	122,3	84,6	159,0	110,7
13,4	9,0	50,1	33,8	86,9	59,4	123,5	85,3	160,1	111,5
14,4	9,7	51,1	34,6	87,7	60,2	124,5	86,1	161,2	112,3
15,5	10,5	52,3	35,3	88,9	61,0	125,6	86,9	162,3	113,0
16,6	11,2	53,4	36,1	90,0	61 8	126,8	87,7	163,4	113,8
17,7	12,0	54,5	36,9	91,1	62,6	127,9	88,5	164,5	114,6
18,9	12,7	55,6	37,7	92,2	63,3	129,0	89,3	165,6	115,4
20 0	13,5	56,7	38,4	93,3	64,1	130,1	90,1	166,7	116,2
21,1	14,2	57,9	39,2	94,5	64,9	131,2	90,8	167,9	117,0
22,3	15,0	59,0	40,0	95,6	65,7	132,3	91,7	169,1	117,8
23,3	15,7	60,1	40,8	96,7	66,5	133,5	92,5	170,2	118,6
24,4	16,4	61,1	41,6	97,8	67,2	134,5	93,2	171,3	119,4
25,5	17,2	62,3	42,4	98,9	68,0	135,6	94,0	172,4	120,2
26,6	17,9	63,4	43,1	100,1	68,8	136,8	94,8	173,5	121 0
27,7	18,7	64,5	43,8	101,2	69,7	137,9	95,6	174,6	121,8
28,9	19,5	65,6	44,6	102,3	70,4	139,0	96,4	175,7	122,6
30,0	20,2	66,7	45,4	103,5	71,2	140,1	97,2	176,9	123,4
31,1	21,0	67,9	46,2	104,6	72,0	141,2	97,9	178,0	124,2
32 2	21,7	69,0	47,0	105,7	72,8	142,3	98,7	179,1	125,0
33,3	22,4	70,0	47,7	106,8	73,5	143,3	99,5	180,2	125,8
34,4	23,2	71,1	48,5	107,9	74,3	144,5	100,3	181,3	126,6
35,6	23,9	72,2	49,3	109,0	75,1	145,6	101,1	182,3	127,4
36,8	24,7	73,3	50,1	110,1	75,8	146,7	101,9	183,4	128,2
37,9	25,4	74,5	50,8	111,2	76,6	147,9	102,7	184,5	129,0
39,0	26,2	75,6	51,4	112,3	77,4	149,0	103,5	185,6	129,8
40,1	27,0	76,7	52,3	113,5	78,3	150,1	104,3	186,7	130,6
41,2	27,7	77,9	53,2	114,6	79,0	151,2	105,1	188,0	131,4
42,3	28,5	78,9	53,9	115,6	79,8	152,3	105,9	189,1	132,2
43,3	29,2	80,0	54,7	116,7	80,6	153,3	106,7	190,1	133,0
44,5	30,0	81,1	55,5	117,9	81,4	154,5	107,5	191,2	133,8
45,6	30,8	82,2	56,3	119,0	82,2	155,6	108,2	192,3	134,6
46,7	31,5	83,3	57,0	120,1	83,0	156,7	109,1	193,5	135,4

Tafel 30

Tabelle zur Ermittelung der Maltose; für Kupferoxyd berechnet nach der Tabelle von v. Fellenberg (Fortsetzung)[21])

CuO mg	Maltose mg	CuO mg	Maltose mg	CuO mg	Maltose mg	CuO mg	Maltose mg	CuO mg	Maltose mg
194,6	136,2	**232,3**	163,3	**270,2**	190,2	**308,0**	217,2	**345,7**	244,4
195,7	137,0	**233,5**	164,1	**271,3**	191,0	**309,1**	218,0	**346,8**	245,2
196,9	137,8	**234,6**	164,9	**272,5**	191,8	**310,2**	218,8	**347,9**	246,0
198,0	138,6	**235,7**	165,7	**273,6**	192,6	**311,2**	219,6	**349,1**	246,8
199,1	139,4	**236,8**	166,5	**274,7**	193,4	**312,3**	220,4	**350,2**	247,6
200,1	140,2	**238,0**	167,3	**275,8**	194,2	**313,5**	221,2	**351,3**	248,4
201,2	141,0	**239,1**	168,0	**276,9**	195,0	**314,6**	222,0	**352,5**	249,2
202,3	141,8	**240,2**	168,8	**278,0**	195,7	**315,7**	222,8	**353,6**	249,9
203,5	142,6	**241,3**	169,6	**279,1**	196,5	**316,8**	223,6	**354,7**	250,7
204,6	143,4	**242,5**	170,4	**280,2**	197,3	**318,0**	224,4	**355,8**	251,5
205,7	144,2	**343,6**	171,2	**281,3**	198,1	**319,1**	225,1	**356,9**	252,3
206,9	145,0	**244,6**	172,0	**282,5**	198,9	**320,2**	225,9	**358,0**	253,1
208,0	145,8	**245,8**	172,8	**283,6**	199,7	**321,3**	226,7	**359,1**	253,8
209,0	146,6	**246,9**	173,6	**284,7**	200,5	**322,4**	227,5	**360,2**	254,6
210,1	147,4	**248,0**	174,3	**285,8**	201,3	**323,5**	228,3	**361,3**	255,4
211,2	148,2	**249,1**	175,1	**286,9**	202,1	**324,6**	229,1	**362,5**	256,2
212,3	149,0	**250,2**	175,9	**288,0**	202,9	**325,7**	229,9	**363,6**	257,0
213,5	149,8	**251,3**	176,7	**289,1**	203,7	**326,9**	230,8	**364,7**	257,8
214,6	150,6	**252,5**	177,5	**290,2**	204,5	**328,0**	231,6	**365,9**	258,5
215,7	151,4	**253,6**	178,3	**291,3**	205,3	**329,0**	232,4	**366,9**	259,3
216,8	152,2	**254,7**	179,0	**292,5**	206,1	**330,1**	233,2	**368,0**	260,1
217,9	153,0	**255,8**	179,8	**293,6**	206,9	**331,2**	234,0	**369,1**	260,9
219,0	153,8	**256,9**	180,6	**294,7**	207,7	**332,3**	234,8	**370,2**	261,6
220,1	154,6	**258,0**	181,4	**295,8**	208,4	**333,5**	235,6	**371,3**	262,4
221,2	155,4	**259,1**	182,2	**296,9**	209,2	**334,6**	236,4	**372,5**	263,2
222,3	156,2	**260,2**	183,0	**298,0**	210,0	**335,8**	237,2	**373,6**	264,0
223,5	157,0	**261,3**	183,8	**299,1**	210,8	**336,9**	238,0	**374,7**	264,8
224,6	157,8	**262,5**	184,6	**300,2**	211,6	**338,0**	238,8	**375,8**	265,4
225,7	158,6	**263,6**	185,4	**301,3**	112,4	**339,0**	239,6	**376,9**	266,3
226,9	159,4	**264,7**	186,2	**302,4**	213,2	**340,1**	240,4	**378,0**	267,1
227,9	160,2	**265,8**	187,0	**303,5**	214,0	**341,2**	241,2		
229,0	161,0	**266,9**	187,8	**304,6**	214,8	**342,3**	242,0		
230,1	161,7	**268,0**	188,6	**305,7**	215,6	**343,5**	242,8		
231,2	102,5	**269,1**	189.4	**306,8**	216,4	**444,6**	243,6		

Tafel 31

Tabelle für die polarimetrische Bestimmung des Zuckergehaltes in Schokoladen nach H. Fincke[22])

Abgelesene Drehung Grad	Berichtigungszahl	Berichtigte Drehung Grad	Saccharose %	Abgelesene Drehung Grad	Berichtigungszahl	Berichtigte Drehung Grad	Saccharose %
+10,3	0,978	+10,07	75,7	**+6,9**	0,955	+6,59	49,8
10,2	0,978	9,96	74,9	**6,8**	0,954	6,49	49,1
10,1	0,977	9,86	74,1	**6,7**	0,953	6,39	48,3
10,0	0,976	9,76	73,3	**6,6**	0,953	6,29	47,6
9,9	0,975	9,65	72,6	**6,5**	0,952	6,19	46,8
9,8	0,975	9,55	71,8	**6,4**	0,951	6,09	46,1
9,7	0,974	9,45	71,0	**6,3**	0,951	5,99	45,3
9,6	0,973	9,34	70,2	**6,2**	0,950	5,89	44.6
9,5	0,973	9,24	69,5	**6,1**	0,949	5,79	43,8
9,4	0,972	9,14	68,7	**6,0**	0,949	5,69	43,1
9,3	0,971	9,03	67,9	**5,9**	0,948	5,59	42,4
9,2	0,970	8,93	67,1	**5,8**	0,947	5,49	41,6
9,1	0,970	8,83	66,4	**5,7**	0,947	5,40	40,9
9,0	0,969	8,72	65,6	**5,6**	0,946	5,30	40,2
8,9	0,968	8,62	64,9	**5,5**	0,945	5,20	39,5
8,8	0,968	8,52	64,1	**5,4**	0,945	5,10	38,8
8,7	0,967	8,41	63,3	**5,3**	0,944	5,00	38,0
8,6	0,966	8,31	62,5	**5,2**	0,943	4,90	37,3
8,5	0,965	8,21	61,8	**5,1**	0,943	4,81	36,6
8,4	0,965	8,11	61,0	**5,0**	0,942	4,71	35,8
8,3	0,964	8,00	60,3	**4,9**	0,941	4,61	35,1
8,2	0,963	7,90	59,5	**4,8**	0,941	4,52	34,4
8,1	0,963	7,80	58,7	**4,7**	0,940	4,42	33,6
8,0	0,962	7,70	58,0	**4,6**	0,939	4,32	32,9
7,9	0,961	7,60	57,2	**4,5**	0,938	4,22	32,2
7,8	0,961	7,50	56,4	**4,4**	0,938	4,13	31,5
7,7	0,960	7,39	55,7	**4,3**	0,937	4,03	30,7
7,6	0,959	7,29	54,9	**4,2**	0,936	3,93	30,0
7,5	0,959	7,19	54,2	**4,1**	0,936	3,84	29,3
7,4	0,958	7,09	53,5	**4,0**	0,935	3,74	28,6
7,3	0,957	6,99	52,7	**3,9**	0,934	3,64	27,8
7,2	0,957	6,89	52,0	**3,8**	0,934	3,55	27,1
7,1	0,956	6,79	51,2	**3,7**	0,933	3,45	26,4
7,0	0,955	6,69	50,5	**3,6**	0,932	3,35	25,7
				3,5	0,932	3,26	24,9

Erläuterungen zu Tafel 31 und 32

Zu Tafel 31:

Die Untersuchung wird in folgender Weise durchgeführt: 10 g Substanz werden in einem 100-ccm-Kolben mit etwa 70 ccm warmem Wasser gelöst, die Lösung wir abgekühlt, mit 4 ccm Bleiessig versetzt, aufgefüllt, filtriert und bei 20° im 200-mm-Rohr polarisiert. Bei der Untersuchung von Kakaopulver-Zucker-Mischungen bzw. bei fettarmen Schokoladenpulvern sind die Werte der Zahlentafel durch Zuzählen von 0,5% zu korrigieren.

Zu Tafel 32:

Zur polarimetrischen Milchzuckerbestimmung in Milchschokoladen polarisiert man zunächst in derselben Weise, wie oben für gewöhnliche Schokoladen angegeben ist. Die gefundene Drehung wandelt man nach Tafel 31 in die berichtigte Drehung um. Alsdann gibt man 40 ccm Filtrat in ein 50-ccm-Kölbchen und versetzt mit 0,60 g fein zerriebenem gebranntem Kalk. Eine Stunde erhitzt man dann die Mischung in einem Wasserbade auf 75°—80°, kühlt hierauf stark ab, setzt 2 Tropfen Phenolphthaleinlösung hinzu und säuert durch Zugabe von Schwefelsäure (1 + 3) ganz schwach an. Nunmehr setzt man 2 ccm Bleiessig und nach dem Umschütteln einige ccm Natriumphosphatlösung zu und füllt bei 20° auf. Nach der Filtration wird im 200-mm-Rohr polarisiert. Durch Zuzählen von ¼ der Drehung rechnet man auf die ursprüngliche Gehaltsstärke um. Aus Tafel 32 liest man jetzt die berichtigte Drehung und den Saccharosegehalt ab.

Der Milchzuckergehalt ergibt sich aus der Differenz der Polarisationswerte (berichtigte Drehung) vor und nach Kalkbehandlung. 1° Drehung entspricht unter den von Fincke angegebenen Bedingungen 9,52% kristallwasserhaltiger Laktose, 18,0% fettfreier Milchtrockenmasse bzw. 25,0% Vollmilchpulver.

Tafel 32

Tabelle für die polarimetrische Milchzuckerbestimmung in Schokoladen nach dem Kalkverfahren [22])

Abgelesene Drehung erhöht um den Betrag der Verdünnung	Behandelt in Verdünnung 40:50 ccm		Abgelesene Drehung erhöht um den Betrag der Verdünnung	Behandelt in Verdünnung 40:50 ccm	
	Berichtigte Drehung	Saccharose		Berichtigte Drehung	Saccharose
Grad	Grad	%	Grad	Grad	%
+8,5	+8,06	60,5	+5,9	5,50	41,3
8,4	7,96	59,7	5,8	5,41	40,5
8,3	7,86	58,9	5,7	5,31	39,8
8,2	7,76	58,2	5,6	5,21	39,1
8,1	7,66	57,5	5,5	5,12	38,4
8,0	7,56	56,7	5,4	5,02	37,7
7,9	7,46	56,0	5,3	4,93	37,0
7,8	7,36	55,2	5,2	4,83	36,3
7,7	7,26	54,5	5,1	4,73	35,5
7,6	7,17	53,8	5,0	4,64	34,8
7,5	7,07	53,1	4,9	4,54	34,0
7,4	6,97	52,3	4,8	4,44	33,3
7,3	6,87	51,6	4,7	4,35	32,6
7,2	6,77	50,8	4,6	4,25	31,9
7,1	6,68	50,1	4,5	4,16	31,2
7,0	6,58	49,4	4,4	4,06	30,5
6,9	6,48	48,6	4,3	3,97	29,7
6,8	6,38	47,9	4,2	3,87	29,0
6,7	6,28	47,1	4,1	3,78	28,3
6,6	6,19	46,4	4,0	3,68	27,6
6,5	6,09	45,7	3,9	3,58	26,9
6,4	5,99	44,9	3,8	3,49	26,2
6,3	5,89	44,2	3,7	3,40	25,5
6,2	5,80	43,5	3,6	3,30	24,8
6,1	5,70	42,7			
6,0	5,60	42,0			

Tafel 33

Tabelle I zur Berechnung des Stärkesirupgehaltes nach Juckenack für 0—100 % Extrakt. Zusammengestellt von J. Großfeld.[23])

Stärkesirup (mit 18% Wasser) in Prozent.

Polarisation 1:10 200 mm-Rohr nach Inversion Kreisgrade P	Extraktgehalt der Substanz in Prozent = E									
	10	20	30	40	50	60	70	80	90	100
— 3							0,0	1,8	3,5	5,1
— 2				.	0,6	2,3	4,0	5,7	7,4	9,1
— 1			1,2	2,8	4,5	6,2	7,9	9,6	11,3	13,0
0	1,7	3,4	5,1	6,8	8,5	10,1	11,8	13,5	15,2	16,9
+ 1	5,6	7,3	9,0	10,7	12,4	14,1	15,8	17,4	19,1	20,8
+ 2	9,5	11,2	12,9	14,6	16,3	18,0	19,7	21,4	23,1	24,7
+ 3	13,4	15,1	16,8	18,5	20,2	21,9	23,6	25,3	27,0	28,7
+ 4	17,3	19,1	20,7	22,4	24,1	25,8	27,5	29,2	30,9	32,6
+ 5		23,0	24,7	26,4	28,0	29,7	31,4	33,1	34,8	36,5
+ 6		26,9	28,6	30,3	32,0	33,8	35,4	37,0	38,7	40,4
+ 7	.		32,5	34,2	35,9	37,6	39,3	41,0	42,7	44,3
+ 8	.		36,4	38,1	39,8	41,5	43,2	44,9	46,6	48,3
+ 9	.	.	40,4	42,0	43,7	45,4	47,1	48,9	50,5	52,2
+ 10	.	.	44,3	46,0	47,7	49,3	51,0	52,7	54,4	56,1
+ 11	.	.		49,9	51,6	53,3	55,0	56,6	58,3	60,0
+ 12	.	.	.	53,8	55,5	57,2	58,9	60,6	62,3	63,9
+ 13	.	.	.		59,4	61,1	62,8	64,5	66,2	67,9
+ 14	.	.	.	.	63,3	65,0	66,7	68,4	70,1	71,8
+ 15	.	.	.		67,3	68,9	70,6	72,3	74,0	75,7
+ 16	.	.	.	.		72,9	74,6	76,2	77,9	79,6
+ 17	.	.	.	.		76,8	78,5	80,2	81,8	83,5
+ 18	.	.	.	.	.	.	82,4	84,1	85,8	87,5
+ 19	.	.	.	.	.		86,3	88,0	89,7	91,4
+ 20	.	.	.	.	.	.	90,2	91,9	95,6	95,3
+ 21		.	.	.	.	.	.	95,8	97,5	99,2
+ 22	.	.	.	.	.	.	.	99,7	101,4	103,1
+ 23	.	.	.	.	.		.		105,3	107,0
+ 24		.	.	.	.	.	.		109,2	110,9
+ 25		.	.	.	.	.	.	.	113,0	114,8
+ 26		.	.	.	.	.	.	.		118,7
+ 27	.		.	.	.	.	.	.		122,6

Zu Tafel 33

Interpolationstafel für Extrakt

Extraktgehalt der Substanz in Prozent	1	2	3	4	5	6	7	8	9
Stärkesirup in Prozent (zu addieren) .	0,2	0,3	0,5	0,7	0,8	1,0	1,2	1,4	1,5

Interpolationstafel für Polarisation

Kreisgrade	0,1	0,2	0,3	0,4	0,5	0,6	0,7	0,8	0,9
Stärkesirup in Prozent (zu addieren) .	0,4	0,8	1,2	1,6	2,0	2,4	2,7	3,1	3,5

Ausrechnungsbeispiel 1

Gefunden seien Polarisation nach Inversion + 7,6°.
Extraktgehalt 76%.
Dann ist nach der Tab. 1 für + 7° und 70% . Stärkesirup = 39,3%
Durch Interpolation für 6% . „ = 1,0%
Durch Interpolation für 0,6° . . . . . „ = 2,4%

Zusammen = 42,7%
Abgerundet = 43%

Ausrechnungsbeispiel 2

Gefunden seien Polarisation — 1,8°. Extraktgehalt 83%.
Dann ist nach der Tab. 1 für — 2° und 80% . Stärkesirup = 5,7%
Durch Interpolation für 3% . „ = 0,5%
Durch Interpolation für — 1,8 — (— 2,0) = 0,2° „ = 0,8%

Zusammen = 7,0%
Abgerundet = 7%

Erläuterung zu Tafel 33

Die Untersuchung auf Stärkesirup wird nach A. Rink (Zeitschrift für Untersuchung der Lebensmittel, 42, 372 (1921) bzw. J. Großfeld[23]) in folgender Weise durchgeführt: 10 g Marmelade oder dergleichen werden in 100 ccm Wasser gelöst. Im Filtrat bestimmt man das Gewichtsverhältnis $\gamma_L \frac{20^\circ}{20^\circ}$ und ermittelt den Extrakt (E) nach Tafel 25. In der mit Bleiessig geklärten Lösung ermittelt man nach Inversion (Zollinversion) die Polarisation = P und rechnet auf 10 g in 100 ccm und auf das 200-mm-Rohr (P) um. Mit Hilfe der Werte E und P ergibt sich aus Tafel 33 der Gehalt an wasserhaltigem Stärkesirup.

Tafel 34

Tabelle zur Ermittelung des Wassergehaltes von Zucker- (Honig-) Lösungen mit dem Abbeschen Refraktometer nach Hugh Main[24])

Brechungsindex bei 20°	% Wasser	Brechungsindex bei 20°	% Wasser	Brechungsindex bei 20°	% Wasser	Brechungsindex bei 20°	% Wasser
1,3330	100,0	1,3373	96,9	1,3417	93,9	1,3463	90,8
1,3331	99,9	1,3375	96,8	1,3418	93,8	1,3465	90,7
1,3333	99,8	1,3376	96,7	1,3420	93,7	1,3466	90,6
1,3334	99,7	1,3378	96,6	1,3421	93,6	1,3468	90,5
1,3336	99,6	1,3379	96,5	1,3423	93,5	1,3469	90,4
1,3337	99,5	1,3380	96,4	1,3424	93,4	1,3471	90,3
1,3338	99,4	1,3382	96,3	1,3426	93,3	1,3472	90,2
1,3340	99,3	1,3383	96,2	1,3427	93,2	1,3474	90,1
1,3341	99,2	1,3385	96,1	1,3429	93,1	1,3475	90,0
1,3343	99,1	1,3386	96,0	1,3430	93,0	1,3477	89,9
1,3344	99,0	1,3387	95,9	1,3432	92,9	1,3478	89,8
1,3345	98,9	1,3389	95,8	1,3433	92,8	1,3480	89,7
1,3347	98,8	1,3390	95,7	1,3435	92,7	1,3481	89,6
1,3348	98,7	1,3392	95,6	1,3436	92,6	1,3483	89,5
1,3350	98,6	1,3393	95,5	1,3438	92,5	1,3484	89,4
1,3351	98,5	1,3394	95,4	1,3439	92,4	1,3486	89,3
1,3352	98,4	1,3396	95,3	1,3441	92,3	1,3488	89,2
1,3354	98,3	1,3397	95,2	1,3442	92,2	1,3489	89,1
1,3355	98,2	1,3399	95,1	1,3444	92,1	1,3491	89,0
1,3357	98,1	1,3400	95,0	1,3445	92,0	1,3492	88,9
1,3358	98,0			1,3447	91,9	1,3494	88,8
1,3359	97,9	1,3402	94,9	1,3448	91,8	1,3496	88,7
1,3361	97,8	1,3403	94,8	1,3450	91,7	1,3497	88,6
1,3362	97,7	1,3405	94,7	1,3451	91,6	1,3499	88,5
1,3364	97,6	1,3406	94,6	1,3453	91,5	1,3500	88,4
1,3365	97,5	1,3408	94,5	1,3454	91,4	1,3502	88,3
1,3366	97,4	1,3409	94,4	1,3456	91,3	1,3503	88,2
1,3368	97,3	1,3411	94,3	1,3457	91,2	1,3505	88,1
1,3369	97,2	1,3412	94,2	1,3459	91,1	1,3507	88,0
1,3371	97,1	1,3414	94,1	1,3460	91,0	1,3508	87,9
1,3372	97,0	1,3415	94,0	1,3462	90,9	1,3510	87,8

Tafel 34

Tabelle zur Ermittelung des Wassergehaltes von Zucker- (Honig-) Lösungen mit dem Abbeschen Refraktometer nach Hugh Main[24])

(Fortsetzung)

Brechungsindex bei 20°	% Wasser	Brechungsindex bei 20°	% Wasser	Brechungsindex bei 20°	% Wasser	Brechungsindex bei 20°	% Wasser
1,3511	87,7	**1,3564**	84,4	**1,3617**	81,2	**1,3672**	77,9
1,3513	87,6	**1,3566**	84,3	**1,3619**	81,1	**1,3674**	77,8
1,3515	87,5	**1,3567**	84,2	**1,3620**	81,0	**1,3676**	77,7
1,3516	87,4	**1,3569**	84,1	**1,3622**	80,9	**1,3677**	77,6
1,3518	87,3	**1,3571**	84,0	**1,3624**	80,8	**1,3679**	77,5
1,3519	87,2	**1,3572**	83,9	**1,3625**	80,7	**1,3681**	77,4
1,3521	87,1	**1,3574**	83,8	**1,3627**	80,6	**1,3682**	77,3
1,3522	87,0	**1,3576**	83,7	**1,3629**	80,5	**1,3684**	77,2
1,3524	86,9	**1,3577**	83,6	**1,3630**	80,4	**1,3686**	77,1
1,3526	86,8	**1,3579**	83,5	**1,3632**	80,3	**1,3687**	77,0
1,3527	86,7	**1,3581**	83,4	**1,3634**	80,2	**1,3689**	76,9
1,3529	86,6	**1,3582**	83,3	**1,3635**	80,1	**1,3691**	76,8
1,3530	86,5	**1,3584**	83,2	**1,3637**	80,0	**1,3692**	76,7
1,3532	86,4	**1,3586**	83,1	**1,3639**	79,9	**1,3694**	76,6
1,3533	86,3	**1,3587**	83,0	**1,3640**	79,8	**1,3696**	76,5
1,3535	86,2	**1,3589**	82,9	**1,3642**	79,7	**1,3697**	76,4
1,3537	86,1	**1,3591**	82,8	**1,3644**	79,6	**1,3699**	76,3
1,3538	86,0	**1,3592**	82,7	**1,3645**	79,5	**1,3701**	76,2
1,3540	85,9	**1,3594**	82,6	**1,3647**	79,4		
1,3541	85,8	**1,3596**	82,5	**1,3649**	79,3	**1,3703**	76,1
1,3543	85,7	**1,3597**	82,4	**1,3650**	79,2	**1,3704**	76,0
1,3545	85,6	**1,3599**	82,3	**1,3652**	79,1	**1,3706**	75,9
1,3546	85,5	**1,3600**	82,2	**1,3654**	79,0	**1,3708**	75,8
1,3548	85,4			**1,3655**	78,9	**1,3709**	75,7
1,3549	85,3	**1,3602**	82,1	**1,3657**	78,8	**1,3711**	75,6
1,3551	85,2	**1,3604**	82,0	**1,3659**	78,7	**1,3713**	75,5
1,3552	85,1	**1,3605**	81,9	**1,3661**	78,6	**1,3714**	75,4
1,3554	85,0	**1,3607**	81,8	**1,3662**	78,5	**1,3716**	75,3
1,3556	84,9	**1,3609**	81,7	**1,3664**	78,4	**1,3718**	75,2
1,3557	84,8	**1,3610**	81,6	**1,3666**	78,3	**1,3719**	75,1
1,3559	84,7	**1,3612**	81,5	**1,3667**	78,2	**1,3721**	75,0
1,3561	84,6	**1,3614**	81,4	**1,3669**	78,1	**1,3723**	74,9
1,3562	84,5	**1,3615**	81,3	**1,3671**	78,0	**1,3725**	74,8

Tafel 34

Tabelle zur Ermittelung des Wassergehaltes von Zucker- (Honig-) Lösungen mit dem Abbeschen Refraktometer nach Hugh Main[24])

(Fortsetzung)

Brechungsindex bei 20°	% Wasser	Brechungsindex bei 20°	% Wasser	Brechungsindex bei 20°	% Wasser	Brechungsindex bei 20°	% Wasser
1,3726	74,7	1,3785	71,4	1,3843	68,2	1,3904	64,9
1,3728	74,6	1,3787	71,3	1,3845	68,1	1,3906	64,8
1,3730	74,5	1,3789	71,2	1,3847	68,0	1,3908	64,7
1,3732	74,4	1,3790	71,1	1,3849	67,9	1,3910	64,6
1,3733	74,3	1,3792	71,0	1,3850	67,8	1,3912	64,5
1,3735	74,2	1,3794	70,9	1,3852	67,7	1,3913	64,4
1,3737	74,1	1,3796	70,8	1,3854	67,6	1,3915	64,3
1,3739	74,0	1,3798	70,7	1,3856	67,5	1,3917	64,2
1,3741	73,9	1 3799	70,6	1,3858	67,4	1,3919	64,1
1,3742	73,8	1,3801	70,5	1,3860	67,3	1,3921	64,0
1,3744	73,7	— —		1,3862	67,2	1,3923	63,9
1,3746	73,6	1,3803	70,4	1,3863	67,1	1,3925	63,8
1,3748	73,5	1,3805	70,3	1,3865	67,0	1,3927	63,7
1,3749	73,4	1,3806	70,2	1,3867	66,9	1,3929	63,6
1,3751	73,3	1,3808	70,1	1,3869	66,8	1,3931	63,5
1,3753	73,2	1,3810	70,0	1,3871	66,7	1,3932	63,4
1,3755	73,1	1,3812	69,9	1,3873	66,6	1,3934	63,3
1,3757	73,0	1,3814	69,8	1,3874	66,5	1,3936	63,2
1,3758	72,9	1,3816	69,7	1,3876	66,4	1,3938	63,1
1,3760	72,8	1,3817	69,6	1,3878	66,3	1,3940	63,0
1,3762	72,7	1,3819	69,5	1,3880	66,2	1,3942	62,9
1,3764	72,6	1 3821	69,4	1,3882	66,1	1,3944	62,8
1,3766	72,5	1,3823	69,3	1,3884	66,0	1,3946	62,7
1,3767	72,4	1,3825	69,2	1,3885	65,9	1,3948	62,6
1,3769	72,3	1,3827	69,1	1,3887	65,8	1,3950	62,5
1,3771	72,2	1,3828	69,0	1,3889	65,7	1,3951	62,4
1,3773	72,1	1,3830	68,9	1,3891	65,6	1,3953	62,3
1,3774	72,0	1,3832	68,8	1,3893	65,5	1,3955	62,2
1,3776	71,9	1,3834	68,7	1,3895	65,4	1,3957	62,1
1,3778	71,8	1,3836	68,6	1,3896	65,3	1,3959	62,0
1,3780	71,7	1,3838	68,5	1,3898	65,2	1,3961	61,9
1,3782	71,6	1,3839	68,4	1,3900	65,1	1,3963	61,8
1,3783	71,5	1,3841	68,3	1,3902	65,0	1,3065	01,7

Tafel 34

Tabelle zur Ermittelung des Wassergehaltes von Zucker- (Honig-) Lösungen mit dem Abbeschen Refraktometer nach Hugh Main[24])

(Fortsetzung)

Brechungsindex bei 20°	% Wasser	Brechungsindex bei 20°	% Wasser	Brechungsindex bei 20°	% Wasser	Brechungsindex bei 20°	% Wasser
1,3967	61,6	**1,4028**	58,4	**1,4093**	55,1	**1,4161**	51,9
1,3969	61,5	**1,4030**	58,3	**1,4095**	55,0	**1,4163**	51,8
1,3970	61,4	**1,4032**	58,2	**1,4097**	54,9	**1,4165**	51,7
1,3972	61,3	**1,4034**	58,1	**1,4099**	54,8	**1,4167**	51,6
1,3974	61,2	**1,4036**	58,0	**1,4101**	54,7	**1,4169**	51,5
1,3976	61,1	**1,4038**	57,9			**1,4171**	51,4
1,3978	61,0	**1,4040**	57,8	**1,4103**	54,6	**1,4173**	51,3
1,3980	60,9	**1,4042**	57,7	**1,4106**	54,5	**1,4176**	51,2
1,3982	60,8	**1,4044**	57,6	**1,4108**	54,4	**1,4178**	51,1
1,3984	60,7	**1,4046**	57,5	**1,4110**	54,3	**1,4180**	51,0
1,3986	60,6	**1,4048**	57,4	**1,4112**	54,2	**1,4182**	50,9
1,3988	60,5	**1,4050**	57,3	**1,4114**	54,1	**1,4184**	50,8
1,3989	60,4	**1,4052**	57,2	**1,4116**	54,0	**1,4186**	50,7
1,3991	60,3	**1,4054**	57,1	**1,4118**	53,9	**1,4188**	50,6
1,3993	60,2	**1,4056**	57,0	**1,4120**	53,8	**1,4190**	50,5
1,3995	60,1	**1,4058**	56,9	**1,4123**	53,7	**1,4193**	50,4
1,3997	60,0	**1,4060**	56,8	**1,4125**	53,6	**1,4195**	50,3
1,3999	59,9	**1,4062**	56,7	**1,4127**	53,5	**1,4197**	50,2
1,4001	59,8	**1,4064**	56,6	**1,4129**	53,4	**1,4199**	50,1
		1,4066	56,5	**1,4131**	53,3	**1,4201**	50,0
1,4003	59,7	**1,4068**	56,4	**1,4133**	53,2		
1,4005	59,6	**1,4070**	56,3	**1,4135**	53,1	**1,4203**	49,9
1,4007	59,5	**1,4071**	56,2	**1,4137**	53,0	**1,4205**	49,8
1,4009	59,4	**1,4073**	56,1	**1,4140**	52,9	**1,4207**	49,7
1,4011	59,3	**1,4075**	56,0	**1,4142**	52,8	**1,4209**	49,6
1,4013	59,2	**1,4077**	55,9	**1,4144**	52,7	**1,4211**	49,5
1,4015	59,1	**1,4079**	55,8	**1,4146**	52,6	**1,4213**	49,4
1,4017	59,0	**1,4081**	55,7	**1,4148**	52,5	**1,4215**	49,3
1,4019	58,9	**1,4083**	55,6	**1,4150**	52,4	**1,4217**	49,2
1,4021	58,8	**1,4085**	55,5	**1,4152**	52,3	**1,4220**	49,1
1,4022	58,7	**1,4087**	55,4	**1,4154**	52,2	**1,4222**	49,0
1,4024	58,6	**1,4089**	55,3	**1,4156**	52,1	**1,4224**	48,9
1,4026	58,5	**1,4091**	55,2	**1,4159**	52,0	**1,4226**	48,8

Tafel 34

Tabelle zur Ermittelung des Wassergehaltes von Zucker- (Honig-) Lösungen mit dem Abbeschen Refraktometer nach Hugh Main[24])

(Fortsetzung)

Brechungsindex bei 20°	% Wasser	Brechungsindex bei 20°	% Wasser	Brechungsindex bei 20°	% Wasser	Brechungsindex bei 20°	% Wasser
1,4228	48,7	1,4296	45,4	1,4368	42,2	1,4442	39,0
1,4230	48,6	1,4298	45,3	1,4371	42,1	1,4445	38,9
1,4232	48,5	1,4300	45,2	1,4373	42,0	1,4447	38,8
1,4234	48,4			1,4375	41,9	1,4449	38,7
1,4236	48,3	1,4302	45,1	1,4378	41,8	1,4451	38,6
1,4238	48,2	1,4304	45,0	1,4380	41,7	1,4454	38,5
1,4240	48,1	1,4306	44,9	1,4382	41,6	1,4456	38,4
1,4242	48,0	1,4309	44,8	1,4385	41,5	1,4458	38,3
1,4244	47,9	1,4311	44,7	1,4387	41,4	1,4461	38,2
1,4246	47,8	1,4313	44,6	1,4389	41,3	1,4463	38,1
1,4248	47,7	1,4316	44,5	1,4391	41,2	1,4465	38,0
1,4250	47,6	1,4318	44,4	1,4394	41,1	1,4468	37,9
1,4253	47,5	1,4320	44,3	1,4396	41,0	1,4470	37,8
1,4255	47,4	1,4322	44,2	1,4398	40,9	1,4472	37,7
1,4257	47,3	1,4325	44,1	1,4401	40,8	1,4475	37,6
1,4259	47,2	1,4327	44,0			1,4477	37,5
1,4261	47,1	1,4329	43,9	1,4403	40,7	1,4479	37,4
1,4263	47,0	1,4332	43,8	1,4405	40,6	1,4482	37,3
1,4265	46,9	1,4334	43,7	1,4408	40,5	1,4484	37,2
1,4267	46,8	1,4336	43,6	1,4410	40,4	1,4486	37,1
1,4269	46,7	1,4339	43,5	1,4412	40,3	1,4489	37,0
1,4271	46,6	1,4341	43,4	1,4414	40,2	1,4491	36,9
1,4273	46,5	1,4343	43,3	1,4417	40,1	1,4493	36,8
1,4275	46,4	1,4345	43,2	1,4419	40,0	1,4496	36,7
1,4277	46,3	1,4348	43,1	1,4421	39,9	1,4498	36,6
1,4279	46,2	1,4350	43,0	1,4424	39,8	1,4500	36,5
1,4281	46,1	1,4352	42,9	1,4426	39,7		
1,4283	46,0	1,4355	42,8	1,4428	39,6	1,4503	36,4
1,4285	45,9	1,4357	42,7	1,4431	39,5	1,4505	36,3
1,4288	45,8	1,4359	42,6	1,4433	39,4	1,4507	36,2
1,4290	45,7	1,4362	42,5	1,4435	39,3	1,4509	36,1
1,4292	45,6	1,4364	42,4	1,4438	39,2	1,4512	36,0
1,4294	45,5	1,4366	42,3	1,4440	30,1	1,4514	35,9

Tafel 34

Tabelle zur Ermittelung des Wassergehaltes von Zucker- (Honig-) Lösungen mit dem Abbeschen Refraktometer nach Hugh Main[24])

(Fortsetzung)

Brechungsindex bei 20°	% Wasser	Brechungsindex bei 20°	% Wasser	Brechungsindex bei 20°	% Wasser	Brechungsindex bei 20°	% Wasser
1,4516	35,8	1,4581	33,0	1,4644	30,3	1,4710	27,6
1,4519	35,7	1,4584	32,9	1,4646	30,2	1,4713	27,5
1,4521	35,6	1,4586	32,8	1,4649	30,1	1,4715	27,4
1,4523	35,5	1,4588	32,7	1,4651	30,0	1,4717	27,3
1,4526	35,4	1,4591	32,6	1,4653	29,9	1,4720	27,2
1,4528	35,3	1,4593	32,5	1,4656	29,8	1,4722	27,1
1,4530	35,2	1,4595	32,4	1,4658	29,7	1,4725	27,0
1,4533	35,1	1,4598	32,3	1,4661	29,6	1,4727	26,9
1,4535	35,0	1,4600	32,2	1,4663	29,5	1,4730	26,8
1,4537	34,9			1,4666	29,4	1,4732	26,7
1,4540	34,8	1,4602	32,1	1,4668	29,3	1,4735	26,6
1,4542	34,7	1,4605	32,0	1,4671	29,2	1,4737	26,5
1,4544	34,6	1,4607	31,9	1,4673	29,1	1,4740	26,4
1,4547	34,5	1,4609	31,8	1,4676	29,0	1,4742	26,3
1,4549	34,4	1,4612	31,7	1,4678	28,9	1,4744	26,2
1,4551	34,3	1,4614	31,6	1,4681	28,8	1,4747	26,1
1,4554	34,2	1,4616	31,5	1,4683	28,7	1,4749	26,0
1,4556	34.1	1,4619	31,4	1,4685	28.6	1,4752	25,9
1,4558	34,0	1,4621	31,3	1,4688	28,5	1,4754	25,8
1,4561	33,9	1,4623	31,2	1,4690	28,4	1,4757	25,7
1,4563	33,8	1,4625	31,1	1,4693	28,3	1,4759	25,6
1,4565	33,7	1,4628	31,0	1,4695	28,2	1,4762	25,5
1,4567	33,6	1,4630	30,9	1,4698	28,1	1,4764	25,4
1,4570	33,5	1,4632	30,8	1,4700	28,0	1,4767	25,3
1,4572	33,4	1,4635	30,7			1,4769	25,2
1,4574	33,3	1,4637	30,6	1,4703	27,9	1,4772	25,1
1,4577	33,2	1,4639	30,5	1,4605	27,8	1,4774	25,0
1,4579	33,1	1,4642	30,4	1,4708	27,7	1,4777	24,9

Tafel 34

Tabelle zur Ermittelung des Wassergehaltes von Zucker- (Honig-) Lösungen mit dem Abbeschen Refraktometer nach Hugh Main[24])

(Fortsetzung)

Brechungsindex bei 20°	% Wasser	Brechungsindex bei 20°	% Wasser	Brechungsindex bei 20°	% Wasser	Brechungsindex bei 20°	% Wasser
1,4779	24,8	**1,4843**	22,3	**1,4906**	19,8	**1,4975**	17,2
1,4782	24,7	**1,4845**	22,2	**1,4909**	19,7	**1,4978**	17,1
1,4784	24,6	**1,4848**	22,1	**1,4912**	19,6	**1,4980**	17,0
1,4787	24,5	**1,4850**	22,0	**1,4914**	19,5	**1,4983**	16,9
1,4789	24,4	**1,4853**	21,9	**1,4917**	19,4	**1,4985**	16,8
1,4792	24,3	**1,4855**	21,8	**1,4919**	19,3	**1,4988**	16,7
1,4794	24,2	**1,4858**	21,7	**1,4922**	19,2	**1,4991**	16,6
1,4797	24,1	**1,4860**	21,6	**1,4925**	19,1	**1,4993**	16,5
1,4799	24,0	**1,4863**	21,5	**1,4927**	19,0	**1,4996**	16,4
1,4802	23,9	**1,4865**	21,4	**1,4930**	18,9	**1,4999**	16,3
		1,4868	21,3	**1,4933**	18,8	**1,5001**	16,2
1,4804	23,8	**1,4871**	21,2	**1,4935**	18,7		
1,4807	23,7	**1,4873**	21,1	**1,4938**	18,6	**1,5004**	16,1
1,4810	23,6	**1,4876**	21,0	**1,4941**	18,5	**1,5007**	16,0
1,4812	23,5	**1,4878**	20,9	**1,4943**	18,4	**1,5009**	15,9
1,4815	23,4	**1,4881**	20,8	**1,4946**	18,3	**1,5012**	15,8
1,4817	23,3	**1,4883**	20,7	**1,4949**	18,2	**1,5015**	15,7
1,4820	23,2	**1,4886**	20,6	**1,4951**	18,1	**1,5017**	15,6
1,4822	23,1	**1,4888**	20,5	**1,4954**	18,0	**1,5020**	15,5
1,4825	23,0	**1,4891**	20,4	**1,4956**	17,9	**1,5022**	15,4
1,4827	22,9	**1,4893**	20,3	**1,4959**	17,8	**1,5025**	15,3
1,4830	22,8	**1,4896**	20,2	**1,4962**	17,7	**1,5028**	15,2
1,4832	22,7	**1,4898**	20,1	**1,4964**	17,6	**1,5030**	15,1
1,4835	22,6	**1,4901**	20,0	**1,4967**	17,5	**1,5033**	15,0
1,4838	22,5			**1,4970**	17,4		
1,4840	22,4	**1,4904**	19,9	**1,4972**	17,3		

Tafel 35

Korrektions-Tabelle für die mit dem Abbeschen Refraktometer unter und über 20° gefundenen prozentischen Mengen Wasser, nach V. Stanek[25])

Wassergehalt % →	95	90	85	80	70	60	50	40	30	25	← Wassergehalt %
Temperatur °C ↓	Zu dem Wassergehalt ist hinzuzuzählen:										Temperatur °C ↓
15	0,25	0,27	0,31	0,31	0,34	0,35	0,36	0,37	0,36	0,36	15
16	0,21	0,23	0,26	0,27	0,29	0,31	0,31	0,32	0,31	0,29	16
17	0,16	0,18	0,20	0,20	0,22	0,23	0,23	0,23	0,20	0,17	17
18	0,11	0,12	0,14	0,14	0,15	0,16	0,16	0,15	0,12	0,09	18
19	0,06	0,07	0,08	0,08	0,08	0,09	0,09	0,08	0,07	0,05	19
Temperatur °C ↓	Von dem Wassergehalt ist abzuziehen:										Temperatur °C ↓
21	0,06	0,07	0,07	0,07	0,07	0,07	0,07	0,07	0,07	0,07	21
22	0,12	0,14	0,14	0,14	0,14	0,14	0,15	0,14	0,14	0,14	22
23	0,18	0,20	0,20	0,21	0,21	0,21	0,23	0,21	0,22	0,22	23
24	0,24	0,26	0,26	0,27	0,28	0,28	0,30	0,28	0,29	0,29	24
25	0,30	0,32	0,32	0,34	0,36	0,36	0,38	0,36	0,36	0,37	25
26	0,36	0,39	0,39	0,41	0,43	0,43	0,46	0,44	0,43	0,44	26
27	0,43	0,46	0,46	0,48	0,50	0,51	0,55	0,62	0,50	0,51	27
28	0,50	0,53	0,53	0,55	0,58	0,59	0,63	0,70	0,57	0,59	28
29	0,57	0,60	0,61	0,62	0,66	0,67	0,71	0,78	0,65	0,67	29
30	0,64	0,67	0,70	0,71	0,74	0,75	0,80	0,86	0,73	0,75	30
Wassergehalt % →	95	90	85	80	70	60	50	40	30	25	← Wassergehalt %

Beispiele:

1. Bei 15° gefundener Wassergehalt = 90,00%
   abgelesene Temperaturkorrektion = + 0,27%
   korrigierter Wassergehalt = 90,27%
2. Bei 17,5° gefundener Wassergehalt = 80,00%
   abgelesene Temperaturkorrektion = + 0,17%
   korrigierter Wassergehalt = 80,17%

Tafel 36

Tabelle zur Ermittelung des Alkoholgehaltes (g/l) aus dem Gewichtsverhältnis $\gamma_L \frac{15^0}{4^0}$ des Destillates [27]) *)

(Anweisung zur chemischen Untersuchung des Weines v. 9. 12. 1920.)

Gewichtsverhältnis $\gamma_L \frac{15^0}{4^0}$ des Destillates bis zur 3. Dezimale	4. Dezimale des Gewichtsverhältnisses des Destillates									
	9	8	7	6	5	4	3	2	1	0
	g Alkohol in 1 l									
0,999	—	—	—	—	—	—	—	—	0,2	0,7
8	1,2	1,8	2,3	2,8	3,4	3,9	4,4	5,0	5,5	6,1
7	6,6	7,1	7,7	8,2	8,7	9,3	9,8	10,3	10,8	11,4
6	11,9	12,5	13,0	13,5	14,0	14,6	15,2	15,7	16,3	16,8
5	17,3	17,9	18,4	19,0	19,5	20,1	20,6	21,2	21,8	22,3
4	22,9	23,5	24,0	24,6	25,2	25,7	26,3	26,9	37,4	20,0
3	28,5	29,1	29,7	30,3	30,8	31,4	32,0	32,6	33,2	33,7
2	34,3	34,9	35,5	36,1	36,7	37,2	37,8	38,4	39,0	39,6
1	40,2	40,8	41,4	42,0	42,5	43,1	43,7	44,3	44,9	45,5
0	46,1	46,7	47,3	47,9	48,5	49,1	49,7	50,3	51,0	51,6
0,989	52,2	52,8	53,5	54,1	54,7	55,3	56,0	56,6	57,2	57,8
8	58,5	59,1	59,7	60,4	61,0	61,7	62,3	63,0	63,6	64,3
7	64,9	65,6	66,2	66,9	67,5	68,2	68,8	69,5	70,1	70,8
6	71,5	72,2	72,9	73,6	74,3	75,0	75,6	76,3	77,0	77,7
5	78,4	79,1	79,8	80,5	81,2	81,8	82,5	83,2	83,9	84,6
4	85,3	86,0	86,7	87,4	88,1	88,8	89,5	90,2	90,9	91,6
3	92,4	93,1	93,8	94,5	95,3	96,0	96,7	97,4	98,2	98,9
2	99,7	100,4	101,1	101,8	102,6	103,4	104,1	104,9	105,6	106,4
1	107,1	107,8	108,6	109,4	110,1	110,9	111,6	112,4	113,1	113,9
0	114,6	115,4	116,1	116,9	117,7	118,4	119,2	120,0	120,7	121,5
0,979	122,3	123,0	123,8	124,6	125,3	126,1	126,9	127,6	128,4	129,2
8	130,0	130,8	131,6	132,4	133,2	134,0	134,8	135,6	136,4	137,2
7	138,0	138,8	139,6	140,4	141,2	142,0	142,8	143,6	144,4	145,2
6	146,0	146,8	147,6	148,3	149,1	149,9	150,7	151,5	152,3	153,1
5	153,9	154,7	155,5	156,3	157,1	157,8	158,6	159,4	160,2	161,0
4	161,8	162,6	163,4	164,2	165,1	165,9	166,7	167,5	168,3	169,0
3	169,8	170,6	171,4	172,2	173,0	173,8	174,6	175,3	176,1	176,9
2	177,7	178,5	179,3	180,1	180,9	181,7	182,5	183,3	184,1	184,9
1	185,7	186,5	187,2	188,0	188,8	189,5	190,3	191,1	191,8	192,6
0	193,4	194,2	194,9	195,7	196,4	197,2	197,9	198,7	199,4	200,2
0,969	201,0	201,7	202,5	203,2	204,0	204,7	205,5	206,2	206,9	207,7
8	208,4	209,2	209,9	210,6	211,4	212,1	212,9	213,6	214,4	215,1
7	215,9	216,6	217,3	218,1	218,8	219,6	220,3	221,1	221,8	222,6
6	223,2	223,9	224,6	225,3	226,0	226,6	227,3	228,0	228,7	229,4
5	230,1	230,7	231,4	232,1	232,8	233,5	234,2	234,9	235,6	236,2

*) In der amtlichen Anweisung „Aus dem bei 15⁰ bestimmten spezifischen Gewicht des Destillats bezogen auf Wasser von 4⁰." Zur Berechnung siehe Tafel 60. Siehe auch Seite 4.

Tafel 37

Tabelle zur Umrechnung der Gramm Alkohol im Liter (bestimmt aus dem Gewichtsverhältnis $\gamma_L \left(\frac{15^0}{4^0}\right)$ auf Maßprozente [27])

(Anweisung zur chemischen Untersuchung des Weines v. 9. 12. 1920.)

g Alkohol im Liter		g Alkohol im Liter, Einer									
		0	1	2	3	4	5	6	7	8	9
Hundert.	Zehner	Maßprozente Alkohol									
—	0	0	0,13	0,26	0,38	0,50	0,63	0,76	0,88	1,01	1,13
—	1	1,26	1,39	1,51	1,64	1,76	1,89	2,02	2,14	2,27	2,39
—	2	2,52	2,65	2,77	2,90	3,02	3,15	3,28	3,40	3,53	3,65
—	3	3,78	3,91	4,03	4,16	4,28	4,41	4,54	4,66	4,79	4,91
—	4	5,04	5,17	5,29	5,42	5,55	5,67	5,80	5,92	6,05	6,18
—	5	6,30	6,43	6,55	6,68	6,81	6,93	7,06	7,18	7,31	7,44
—	6	7,56	7,69	7,81	7,94	8,07	8,19	8,32	8,44	8,57	8,70
—	7	8,82	8,95	9,07	9,20	9,33	9,45	9,58	9,70	9,83	9,96
—	8	10,08	10,21	10,33	10,46	10,59	10,71	10,84	10,96	11,09	11,22
—	9	11,34	11,47	11,59	11,72	11,85	11,97	12,10	12,22	12,35	12,48
1	0	12,60	12,73	12,85	12,98	13,11	13,23	13,36	13,48	13,61	13,74
1	1	13,86	13,99	14,11	14,24	14,37	14,49	14,62	14,74	14,87	15,00
1	2	15,12	15,25	15,37	15,50	15,63	15,75	15,88	16,00	16,13	16,26
1	3	16,38	16,51	16,63	16,76	16,89	17,01	17,14	17,26	17,39	17,52
1	4	17,64	17,77	17,89	18,02	18,15	18,27	18,40	18,52	18,65	18,78
1	5	18,90	19,03	19,15	19,28	19,41	19,53	19,66	19,78	19,91	20,04
1	6	20,16	20,29	20,41	20,54	20,67	20,79	20,92	21,04	21,17	21,30
1	7	21,42	21,55	21,68	21,80	21,93	22,05	22,18	22,31	22,43	22,56
1	8	22,68	22,81	22,94	23,06	23,19	23,31	23,44	23,57	23,69	23,82
1	9	23,94	24,07	24,20	24,32	24,45	24,57	24,70	24,83	24,95	25,08
2	0	25,20	25,33	25,46	25,58	25,71	25,83	25,96	26,09	26,21	26,34
2	1	26,46	26,59	26,72	26,84	26,97	27,09	27,22	27,35	27,47	27,60
2	2	27,72	27,85	27,98	28,10	28,23	28,35	28,48	28,61	28,73	28,86
2	3	28,98	29,11	20,24	29,36	29,49	29,61	29,74	29,87	29,99	30,12
2	4	30,24	30,37	30,50	30,62	30,75	30,87	31,00	31,13	31,25	31,38
2	5	31 50	31,63	31,76	31,88	32,01	32,13	32,26	32,39	32,51	32,64

Einschalttafel zu Tafel 37

g Alkohol im Liter Dezimale	Maßprozente	g Alkohol im Liter Dezimale	Maßprozente	g Alkohol im Liter Dezimale	Maßprozente
0,1	0,01	**0,4**	0,05	**0,7**	0,09
0,2	0,03	**0,5**	0,06	**0,8**	0,10
0,3	0,04	**0,6**	0,08	**0,9**	0,11

Tafel 38

Tabelle zur Ermittelung des Alkoholgehaltes (g/l) aus dem Gewichtsverhältnis $\gamma_{L\,20^{\circ}}^{20^{\circ}}$ des Destillates[26]) *)

Gewichtsverhältnis des Destillats bis zur 3. Dezimalstelle	4. Dezimalstelle des Gewichtsverhältnisses des Destillates									
	9	8	7	6	5	4	3	2	1	0
	g Alkohol in 1 l									
0,999	0,5	1,1	1,6	2,1	2,7	3,2	3,7	4,3	4,8	5,3
8	5,8	6,4	6,9	7,4	8,0	8,5	9,0	9,6	10,1	10,6
7	11,2	11,7	12,3	12,8	13,4	13,9	14,5	15,0	15,5	16,1
6	16,6	17,2	17,7	18,3	18,8	19,4	19,9	20,5	21,0	21,6
5	22,1	22,7	23,3	23,8	24,4	24,9	25,5	26,1	26,6	27,2
4	27,8	28,3	28,9	29,4	30,0	30,6	31,2	31,8	32,4	32,9
3	33,5	34,1	34,7	35,3	35,9	36,5	37,1	37,6	38,2	38,8
2	39,4	39,9	40,5	41,1	41,7	42,3	42,9	43,5	44,1	44,7
1	45,3	45,9	46,5	47,1	47,7	48,3	48,9	49,5	50,1	50,7
0	51,3	52,0	52,6	53,2	53,8	54,4	55,0	55,6	56,2	56,9
0,989	57,5	58,1	58,7	59,3	59,9	60,6	61,2	61,8	62,5	63,1
8	63,7	64,4	65,0	65,6	66,3	66,9	67,5	68,2	68,8	69,4
7	70,1	70,7	71,4	72,0	72,7	73,3	74,0	74,6	75,3	75,9
6	76,6	77,2	77,9	78,5	79,1	79,8	80,4	81,1	81,8	82,5
5	83,1	83,8	84,5	85,1	85,8	86,5	87,2	87,8	88,5	89,2
4	89,9	90,6	91,2	91,9	92,6	93,3	94,0	94,7	95,4	96,0
3	96,7	97,4	98,1	98,8	99,5	100,2	100,9	101,6	102,3	103,0
2	103,6	104,3	105,0	105,7	106,4	107,1	107,8	108,5	109,2	109,9
1	110,7	111,4	112,1	112,8	113,5	114,2	114,9	115,7	116,4	117,1
0	117,8	118,5	119,3	120,0	120,7	121,5	122,2	122,9	123,6	124,4
0,979	125,1	125,8	126,6	127,3	128,0	128,8	129,5	130,2	130,9	131,6
8	132,4	133,1	133,8	134,5	135,3	136,0	136,7	137,4	138,2	138,9
7	139,7	140,4	141,2	141,9	142,7	143,4	144,2	144,9	145,7	146,4
6	147,1	147,9	148,6	149,3	150,1	150,8	151,5	152,2	153,0	153,7
5	154,4	155,2	155,9	156,6	157,4	158,1	158,8	159,6	160,3	161,0
4	161,7	162,5	163,2	163,9	164,7	165,4	166,1	166,9	167,6	168,3
3	169,1	169,8	170,5	171,2	172,0	172,7	173,4	174,2	174,9	175,6
2	176,3	177,0	177,8	178,5	179,2	179,9	180,6	181,3	182,1	182,8
1	183,5	184,2	184,9	185,6	186,3	187,0	187,7	188,4	189,1	189,8
0	190,5	191,2	191,9	192,6	193,3	194,0	194,7	195,4	196,1	196,8
0,969	197,5	198,2	198,8	199,5	200,2	200,9	201,6	202,3	203,0	203,7
8	204,3	205,0	205.7	206,4	207,0	207,7	208,4	209,0	209,7	210,4
7	211,1	211,7	212,4	213,1	213,7	214,4	215,1	215,7	216,4	217,1
6	217,7	218,4	219,0	219,7	220,4	221,0	221,7	222,3	223,0	223,6
5	224,3	224,9	225,6	226,2	226,9	227,5	228,2	228,8	229,5	230,1

*) Siehe auch Tafel 21.

Tafel 39

Tabelle zur Umrechnung der Gramm Alkohol in 1 Liter auf Maßhundertteile [26]) *)

g Alkohol im Liter		Gramm Alkohol im Liter, Einer									
		0	1	2	3	4	5	6	7	8	9
Hundert.	Zehner	Maßprozente Alkohol									
—	0	0	0,13	0,25	0,38	0,51	0,63	0,76	0,89	1,01	1,14
—	1	1,27	1,39	1,52	1,65	1,77	1,90	2,03	2,15	2,28	2,41
—	2	2,53	2,66	2,79	2,91	3,04	3,17	3,29	3,42	3,55	3,67
—	3	3,80	3,93	4,05	4,18	4,31	4,43	4,56	4,69	4,81	4,94
—	4	5,07	5,19	5,32	5,45	5,57	5,70	5,83	5,95	6,08	6,21
—	5	6,33	6,46	6,59	6,71	6,84	6,97	7,09	7,22	7,35	7,49
—	6	7,60	7,73	7,85	7,98	8,11	8,23	8,36	8,49	8,61	8,74
—	7	8,87	8,99	9,12	9,25	9,37	9,50	9,63	9,75	9,88	10,01
—	8	10,13	10,26	10,39	10,51	10,64	10,77	10,89	11,02	11,15	11,27
—	9	11,40	11,53	11,65	11,78	11,91	12,03	12,16	12,29	12,41	12,54
1	0	12,67	12,79	12,92	13,05	13,17	13,30	13,43	13,55	13,68	13,81
1	1	13,93	14,06	14,19	14,31	14,44	14,57	14,69	14,82	14,95	15,07
1	2	15,20	15,33	15,45	15,58	15,71	15,83	15,96	16,09	16,21	16,34
1	3	16,47	16,59	16,72	16,85	16,97	17,10	17,23	17,35	17,48	17,61
1	4	17,73	17,86	17,99	18,11	18,24	18,37	18,49	18,62	18,75	18,87
1	5	19,00	19,13	19,25	19,38	19,51	19,63	19,76	19,89	20,01	20,14
1	6	20,27	20,39	20,52	20,65	20,77	20,90	21,03	21,15	21,28	21,41
1	7	21,53	21,66	21,79	21,91	22,04	22,17	22,29	22,42	22,55	22,68
1	8	22,80	22,93	23,06	23,18	23,31	23,44	23,56	23,69	23,82	23,94
1	9	24,07	24,20	24,32	24,45	24,58	24,70	24,83	24,96	25,08	25,21
2	0	25,34	25,46	25,59	25,72	25,84	25,97	26,10	26,22	26,35	26,48
2	1	26,60	26,73	26,86	26,98	27,11	27,24	27,36	27,49	27,62	27,74
2	2	27,87	28,00	28,12	28,25	28,38	28,50	28,63	28,76	28,88	29,01
2	3	29,14	—	—	—	—	—	—	—	—	—

Einschalttafel zu Tafel 39

g Alkohol im Liter Dezimale	Maßprozente	g Alkohol im Liter Dezimale	Maßprozente	g Alkohol im Liter Dezimale	Maßprozente
0,1	0,01	**0,4**	0,05	**0,7**	0,09
0,2	0,03	**0,5**	0,06	**0,8**	0,10
0,3	0,04	**0,6**	0,08	**0,9**	0,11

*) Siehe auch Tafel 21.

Tafel 40

Tabelle zur Ermittelung des Extraktgehaltes (g/l) aus dem Gewichtsverhältnis $\gamma_L \frac{15^0}{4^0}$ des aufgefüllten Destillationsrückstandes [27]) *)

Gewichtsverhältnis $\gamma_L \frac{15^0}{4^0}$ bis zur 2. Dezimale	3. Dezimale des Gewichtsverhältnisses									
	0	1	2	3	4	5	6	7	8	9
	g Extrakt im Liter									
0,99	—	—	—	—	—	—	—	—	—	0,0
1,00	2,3	4,8	7,4	10,0	12,6	15,2	17,7	20,3	22,9	25,5
01	28,1	30,7	33,2	35,8	38,3	40,9	43,5	46,0	48,6	51,2
02	53,8	56,4	59,1	61,7	64,3	66,9	69,5	72,1	74,7	77,3
03	79,9	82,5	85,1	87,7	90,3	92,9	95,5	98,1	100,7	103,3
04	105,9	108,5	111,1	113,7	116,3	118,9	121,5	124,1	126,7	129,3
1,05	131,9	134,5	137,1	139,7	142,3	144,9	147,6	150,2	152,8	155,4
06	158,0	160,6	163,2	165,8	168,5	171,1	173,7	176,3	178,9	181,5
07	184,1	186,8	189,4	192,0	194,6	197,2	199,9	202,5	205,1	207,7
08	210,4	213,0	215,6	218,2	220,9	223,5	226,1	228,7	231,3	234,0
09	236,6	239,2	241,8	244,5	247,1	249,7	252,4	255,0	257,6	260,3
1,10	262,9	265,5	268,2	270,8	273,5	276,1	278,7	281,4	284,0	286,6
11	289,3	291,9	294,6	297,2	299,8	302,5	305,1	307,8	310,4	313,1
12	315,7	318,4	321,0	323,6	326,3	329,0	331,6	334,3	336,9	339,6
13	342,2	344,9	347,5	350,2	352,8	355,5	358,1	360,8	363,4	366,1
14	368,8	371,4	374,1	376,7	379,4	382,1	384,7	387,4	390,1	392,7
1,15	395,4	398,1	400,7	403,4	406,1	408,7	411,4	414,1	416,7	419,4

Einschalttafel zu Tafel 40

4. Dezimale des Gewichtsverhältnisses	Für die Gewichtsverhältnisse von		4. Dezimale des Gewichtsverhältnisses	Für die Gewichtsverhältnisse von	
	0,9990 bis 0,9999	1,0000 bis 1,1599		0,9990 bis 0,9999	1,0000 bis 1,1599
	g Extrakt im Liter			g Extrakt im Liter	
0	—	0,0	5	1,0	1,3
1	0,0	0,3	6	1,3	1,6
2	0,2	0,5	7	1,5	1,8
3	0,5	0,8	8	1,8	2,1
4	0,7	1,0	9	2,0	2,3

*) Nach der amtlichen Anweisung zur chemischen Untersuchung des Weines vom 9. 12. 1920. Hier ist statt Gewichtsverhältnis $\gamma_L \frac{15^0}{4^0}$ die Bezeichnung „Spezifisches Gewicht bei 15⁰, bezogen auf Wasser von 4⁰" angegeben. Wegen der Berechnung siehe Tafel 54.

Tafel 41

Tabelle zur Ermittelung des Extraktgehaltes (g/l) aus dem Gewichtsverhältnis $\gamma_L \frac{20^0}{20^0}$ des aufgefüllten Destillationsrückstandes [26]) *)

Gewichtsverhältnis bis zur 2. Dezimalstelle	3. Dezimalstelle des Gewichtsverhältnisses									
	0	1	2	3	4	5	6	7	8	9
	Gramm Extrakt im Liter									
1,00	0	2,6	5,1	7,7	10,3	12,9	15,5	18,0	20,6	23,2
01	25,8	28,4	31,0	33,6	36,2	38,8	41,3	43,9	46,5	49,1
02	51,7	54,3	56,9	59,5	62,1	64,7	67,3	69,9	72,5	75,1
03	77,7	80,3	82,9	85,5	88,1	90,7	93,3	95,9	98,5	101,1
04	103,7	106,3	109,0	111,6	114,2	116,8	119,4	122,0	124,6	127,2
05	129,8	132,4	135,1	137,7	140,3	142,9	145,5	148,1	150,7	153,3
1,06	156,0	158,6	161,2	163,8	166,4	169,1	171,7	174,3	176,9	179,5
07	182,2	184,8	187,4	190,0	192,6	195,3	197,9	200,5	203,1	205,8
08	208,4	211,0	213,6	216,3	218,9	221,5	224,2	226,8	229,4	232,0
09	234,7	237,3	239,0	242,6	245,2	247,8	250,5	253,1	255,7	258,4
10	261,0	263,7	266,3	268,9	271,6	274,2	276,9	279,5	282,1	284,8
1,11	287,4	290,1	292,7	295,3	298,0	300,6	303,3	305,9	308,6	311,2
12	313,9	316,5	319,2	321,8	324,5	327,1	329,8	332,4	335,1	337,7
13	340,4	343,0	345,7	348,4	351,0	353,7	356,3	359,0	361,7	364,3
14	367,0	369,6	372,3	375,0	377,6	380,3	383,0	385,6	388,3	391,0
15	393,6	396,3	399,0	401,6	404,3	407,0	409,6	412,3	415,0	417,6
1,16	420,3	—	—	—	—	—	—	—	—	—

Einschalttafel zu Tafel 41

4. Dezimalstelle des Gewichtsverhältnisses	g Extrakt im Liter	4. Dezimalstelle des Gewichtsverhältnisses	g Extrakt im Liter	4. Dezimalstelle des Gewichtsverhältnisses	g Extrakt im Liter
1	0,3	4	1,0	7	1,8
2	0,5	5	1,3	8	2,1
3	0,8	6	1,6	9	2,3

*) Siehe auch Tafel 25.

Tafel 42

Tabelle zur Ermittelung des Invertzuckergehaltes (g/l) aus den Ergebnissen der maßanalytischen Bestimmung *) [27])

Anzahl der ganzen ccm 0,1 n-Jodlösung	Anzahl der Zehntel-ccm 0,1 n-Jodlösung									
	0	1	2	3	4	5	6	7	8	9
	g Invertzucker im Liter									
0,	0	0,04	0,1	0,1	0,2	0,2	0,3	0,3	0,3	0,4
1,	0,4	0,5	0,5	0,5	0,5	0,6	0,6	0,6	0,7	0,7
2,	0,7	0,8	0,8	0,8	0,9	0,9	0,9	1,0	1,0	1,0
3,	1,1	1,1	1,1	1,2	1,2	1,2	1,2	1,3	1,3	1,3
4,	1,4	1,4	1,4	1,5	1,5	1,5	1,6	1,6	1,6	1,7
5,	1,7	1,7	1,8	1,8	1,8	1,9	1,9	1,9	2,0	2,0
6,	2,0	2,1	2,1	2,1	2,2	2,2	2,2	2,3	2,3	2,3
7,	2,4	2,4	2,4	2,4	2,5	2,5	2,5	2,6	2,6	2,6
8,	2,7	2,7	2,7	2,8	2,8	2,8	2,9	2,9	2,9	3,0
9,	3,0	3,0	3,1	3,1	3,1	3,2	3,2	3,2	3,3	3,3
10,	3,3	3,4	3,4	3,4	3,5	3,5	3,5	3,6	3,6	3,6
11,	3,7	3,7	3,7	3,8	3,8	3,8	3,9	3,9	3,9	4,0
12,	4,0	4,0	4,1	4,1	4,1	4,2	4,2	4,2	4,3	4,3
13,	4,3	4,4	4,4	4,4	4,5	4,5	4,5	4,6	4,6	4,6
14,	4,7	4,7	4,7	4,7	4,8	4,8	4,8	4,9	4,9	4,9
15,	5,0	5,0	5,0	5,1	5,1	5,1	5,2	5,2	5,2	5,3

*) Nach der amtlichen Anweisung zur chemischen Untersuchung des Weines vom 9. 12. 20.

Tafel 43 *)

Tabelle zur Ermittelung des Invertzuckergehaltes aus der gewogenen Kupferoxydmenge †) 27)

CuO-Menge in g 1. und 2. Dezimale	g Invertzucker 1. und 2. Dezimale	g CuO, 3. Dezimale 0	1	2	3	4	5	6	7	8	9
		g Invertzucker, 3. und 4. Dezimale									
0,00	0,00	—	—	—	—	—	29	33	37	42	45
01		49	53	57	61	65	70	74	78	82	86
02		90	94	98	*02	*06	*10	*14	*18	*22	*26
03	0,01	30	34	38	42	46	51	55	59	63	67
04		71	75	79	83	87	91	95	99	*03	*07
05	0,02	11	15	19	23	27	32	36	40	44	48
06		52	56	60	64	68	73	77	81	85	89
07		93	97	*01	*06	*10	*14	*18	*22	*27	*31
08	0,03	35	39	43	47	51	56	60	64	68	72
09		76	80	84	89	93	97	*01	*05	*10	*14
10	0,04	18	22	26	30	34	39	43	47	51	55
0,11		59	63	67	71	75	80	84	88	92	96
12	0,05	00	04	08	13	17	21	25	29	34	38
13		42	46	50	55	59	63	67	71	76	80
14		84	88	93	97	*01	*06	*10	*14	*18	*23
15	0,06	27	31	36	40	44	49	53	57	61	66
16		70	74	78	83	87	91	95	99	*04	*08
17	0,07	12	16	21	25	29	34	38	42	46	51
18		55	59	64	68	73	77	81	86	90	95
19		99	*03	*08	*12	16	*21	*25	*29	*33	*38
20	0,08	42	46	51	55	59	64	68	72	76	81
0,21		85	89	94	98	*03	*07	*11	*16	*20	*25
22	0,09	29	33	38	42	46	51	55	59	63	68
23		72	76	81	85	90	94	98	*03	*07	*12
24	0,10	16	21	25	30	34	39	43	48	52	57
25		61	66	70	75	79	84	88	93	97	*02

Einschalttafel für die 4. Dezimale

	4
1	0,4
2	0,8
3	1,2
4	1,6
5	2,0
6	2,4
7	2,8
8	3,2
9	3,6

	5
1	0,5
2	1,0
3	1,5
4	2,0
5	2,5
6	3,0
7	3,5
8	4,0
9	4,5

Fortsetzung nächste Seite

†) Nach der amtlichen Anweisung zur chemischen Untersuchung des Weines vom 9. 12. 20.

*) Siehe auch unter Abschnitt Zucker.

Tafel 43 *)

Tabelle zur Ermittelung des Invertzuckergehaltes aus der gewogenen Kupferoxydmenge (Fortsetzung)

CuO-Menge in g 1. und 2. Dezimale	g Invertzucker 1. und 2. Dezimale	g CuO, 3. Dezimale 0	1	2	3	4	5	6	7	8	9
		g Invertzucker, 3. und 4. Dezimale									
26	0,11	06	11	15	20	24	29	33	38	42	47
27		51	56	60	65	19	74	78	83	87	92
28		96	*01	*05	*10	*14	*19	*24	*28	*33	*37
29	0,12	42	47	51	56	60	65	69	74	78	83
0,30		87	92	96	*01	*05	*10	*15	*19	*24	*28
31	0,13	33	38	42	47	51	56	61	65	70	74
32		79	84	88	93	97	*02	*07	*16	*16	*20
33	0,14	25	30	34	39	43	48	52	57	61	66
34		70	75	79	84	89	94	98	*03	*08	*12
35	0,15	17	22	27	31	36	41	46	51	55	60
36		64	69	74	78	83	88	93	98	*02	*07
37	0,16	12	17	22	26	31	36	41	46	50	55
38		60	65	69	74	79	84	88	93	98	*02
39	0,17	07	12	16	21	26	31	35	40	45	49
0,40		54	59	64	68	73	78	83	88	92	97
41	0,18	02	07	12	17	22	27	31	36	41	46
42		51	56	61	65	70	75	80	85	89	94
43		99	*04	*09	*13	*18	*23	*28	*33	*37	*42
44	0,19	47	52	57	61	66	71	76	81	85	90
45		95	*00	*05	*10	*15	*20	*25	*30	*35	*40
46	0,20	45	50	55	60	65	71	76	81	86	91
47		96	*01	*06	*11	*16	*21	*26	*31	*36	*41
48	0,21	46	51	56	61	66	71	76	81	86	91
49		96	*01	*06	*11	*16	*21	*26	*31	*36	*41
0,50	0,22	46	52	57	63	69	75	80	86	92	97
51	0,23	03	09	14	20	26	32	37	43	49	54
52		60	66	71	77	82	88	94	99	*05	*10
53	0,24	16	22	27	33	38	44	49	55	60	66

Einschalttafel für die 4. Dezimale

	5
1	0,5
2	1,0
3	1,5
4	2,0
5	2,5
6	3,0
7	3,5
8	4,0
9	4,5

	6
1	0,6
2	1,2
3	1,8
4	2,4
5	3,0
6	3,6
7	4,2
8	4,8
9	5,4

*) Siehe auch unter Abschnitt Zucker.

Tafel 44 *)

Tabelle zur Ermittelung des Glucosegehaltes aus der gewogenen Kupferoxydmenge †)

CuO-Menge in g 1. und 2. Dezimale	g Glucose 1. und 2. Dezimale	CuO in g, 3. Dezimale									
		0	1	2	3	4	5	6	7	8	9
		g Glucose, 3. und 4. Dezimale									
0,00	0,00	—	—	—	—	—	30	34	38	42	46
01		50	54	58	62	66	70	74	78	82	86
02		90	94	98	*02	*06	*10	*14	*18	*22	*26
03	0,01	30	34	38	42	46	50	54	58	62	66
04		70	74	78	82	86	90	93	97	*01	*05
05	0,02	09	13	17	21	25	29	33	37	41	45
0,06		49	53	57	61	65	69	72	76	80	84
07		88	92	96	*00	*04	*08	*12	*16	*20	*24
08	0,03	28	32	36	40	44	48	52	56	60	64
09		68	72	76	80	84	88	92	96	*00	*04
10	0,04	08	12	16	20	24	29	33	37	41	45
0,11		49	53	57	61	65	69	73	77	81	85
12		89	93	97	*01	*05	*09	*13	*17	*21	*25
13	0,05	29	33	37	41	45	49	53	57	61	65
14		69	73	77	81	85	90	94	98	*02	*06
15	0,06	10	14	18	22	26	31	35	39	43	47
0,16		51	55	59	63	67	72	76	80	84	88
17		92	96	*00	*04	*08	*13	*17	*21	*25	*29
18	0,07	33	37	41	45	49	54	58	62	66	70
19		74	78	82	87	91	95	99	*03	*08	*12
20	0,08	16	20	24	28	32	37	41	45	49	53
0,21		57	61	65	70	74	78	82	86	91	95
22		99	*03	*07	*12	*16	*20	*24	*28	*33	*37
23	0,09	41	45	49	53	57	62	66	70	74	78
24		82	86	90	95	99	*03	*07	*11	*16	*20
25	0,10	24	28	33	37	41	46	50	54	58	63
0,26		67	71	76	80	84	89	93	97	*01	*06
27	0,11	10	14	18	23	27	31	35	39	44	48
28		52	56	60	65	69	73	77	81	86	90
29		94	98	*03	*07	*11	*16	*20	*24	*28	*33
30	0,12	37	41	46	50	54	59	63	67	71	76

Einschalttafel für die 4. Dezimale

	3		4		5
1	0,3	**1**	0,4	**1**	0,5
2	0,6	**2**	0,8	**2**	1,0
3	0,9	**3**	1,2	**3**	1,5
4	1,2	**4**	1,6	**4**	2,0
5	1,5	**5**	2,0	**5**	2,5
6	1,8	**6**	2,4	**6**	3,0
7	2,1	**7**	2,8	**7**	3,5
8	2,4	**8**	3,2	**8**	4,0
9	2,7	**9**	3,6	**9**	4,5

Fortsetzung nächste Seite

*) Siehe auch unter Abschnitt Zucker. †) Siehe Seite 130.

Tafel 44 *)

Tabelle zur Ermittelung des Glucosegehaltes aus der gewogenen Kupferoxydmenge (Fortsetzung)

CuO-Menge in g 1. und 2. Dezimale	g Glucose 1. und 2. Dezimale	CuO in g, 3. Dezimale: 0	1	2	3	4	5	6	7	8	9	Einschalttafel für die 4. Dezimale		
		g Glucose, 3. und 4. Dezimale												
0,31		80	84	89	93	97	*02	*06	*10	*14	*19			
32	0,13	23	27	32	36	40	45	49	53	57	62			
33		66	70	75	79	83	88	92	96	*00	*05			
34	0,14	09	13	18	22	27	31	35	40	44	49			
35		53	57	62	66	71	75	79	84	88	93			
0,36		97	*01	*06	*10	*15	*19	*23	*28	*32	*37	4		
37	0,15	41	45	50	54	59	63	67	72	76	81		**1**	0,4
38		85	89	94	98	*03	*07	*11	*16	*20	*25		**2**	0,8
39	0,16	29	33	38	42	47	51	55	60	64	69		**3**	1,2
40		73	78	82	87	91	96	*00	*05	*09	*14		**4**	1,6
0,41	0,17	18	22	27	31	36	40	44	49	53	58		**5**	2,0
42		62	67	71	76	80	85	89	94	98	*03		**6**	2,4
43	0,18	07	12	16	21	25	30	34	39	43	48		**7**	2,8
44		52	57	61	66	70	75	79	84	88	93		**8**	3,2
45		97	*02	*06	*11	*15	*20	*25	*29	*34	*39		**9**	3,6
0,46	0,19	43	48	52	57	61	66	71	75	80	84	5		
47		89	94	98	*03	*07	*12	*16	*21	*25	*30		**1**	0,5
48	0,20	34	39	43	48	52	57	62	66	71	75		**2**	1,0
49		80	85	89	94	98	*03	*08	*12	*17	*21		**3**	1,5
50	0,21	26	31	35	40	44	49	54	58	63	67		**4**	2,0
0,51		72	77	81	86	90	95	*00	*04	*09	*13		**5**	2,5
52	0,22	18	23	27	32	37	42	46	51	56	60		**6**	3,0
53		65	70	74	79	84	89	93	98	*03	*07		**7**	3,5
54	0,23	12	17	21	26	31	36	40	45	50	54		**8**	4,0
55		59	64	68	73	78	83	87	92	97	*01		**9**	4,5
0,56	0,24	06	11	16	20	25	30	35	40	44	49			
		54	59	63	68	73	78	82	87	92	96			

*) Siehe auch unter Abschnitt Zucker.

Tafel 45

Tabelle zur Berechnung des Fruktosegehaltes von Wein †) [27]

0,37211 *a*

Hunderter u. Zehner			*****	**Einer und Dezimale**									
0	**1**	**2**		**0**	**1**	**2**	**3**	**4**	**5**	**6**	**7**	**8**	**9**
0	37,21	74,42	**0**	0	0,04	0,07	0,11	0,15	0,19	0,22	0,26	0,30	0,33
3,72	40,93	78,14	**1**	0,37	0,41	0,45	0,48	0,52	0,56	0,60	0,63	0,67	0,71
7,44	44,65	81,86	**2**	0,74	0,78	0,82	0,86	0,89	0,93	0,97	1,00	1,04	1,08
11,16	48,37	85,59	**3**	1,12	1,15	1,19	1,23	1,27	1,30	1,34	1,38	1,41	1,45
14,88	52,10	89,31	**4**	1,49	1,53	1,56	1,60	1,64	1,67	1,71	1,75	1,79	1,82
18,61	55,82	93,03	**5**	1,86	1,90	1,93	1,97	2,01	2,05	2,08	2,12	2,16	2,20
22,33	59,54	96,75	**6**	2,23	2,27	2,31	2,34	2,38	2,42	2,46	2,49	2,53	2,57
26,05	63,26	100,47	**7**	2,60	2,64	2,68	2,72	2,75	2,79	2,83	2,87	2,90	2,94
29,76	66,98	104,19	**8**	2,98	3,01	3,05	3,09	3,13	3,16	3,20	3,24	3,27	3,31
33,49	70,70	107,91	**9**	3,35	3,39	3,42	3,46	3,50	3,53	3,57	3,61	3,65	3,68

3,5440 · *P*

Ganze			*****	**Dezimale**
0	**1**	**2**		
0	35,44	70,88	**0**	0
3,54	38,98	74,42	**1**	0,35
7,09	42,53	77,97	**2**	0,71
10,63	46,07	81,51	**3**	1,06
14,18	49,62	85,06	**4**	1,42
17,72	53,16	88,60	**5**	1,77
21,26	56,70	92,14	**6**	2,13
24,81	60,25	95,69	**7**	2,48
28,35	63,79	99,23	**8**	2,84
31,90	67,34	102,78	**9**	3,19

Die Tafeln 37 und 38 erleichtern die Berechnung der Fruktose und Glucose aus dem auf 1 l Wein bezogenen Glucosewert (*a*) und der direkten Polarisation (*P*) nach folgenden Gleichungen:

$$\text{Fruktose} = 0{,}37211 \cdot a - 3{,}5440 \cdot P \text{ (g im Liter)}$$

$$\text{Glucose} = 0{,}65915 \cdot a + 3{,}2463 \cdot P \text{ (g im Liter)}$$

Siehe auch Erläuterungen zu Tafel 45 und 46 (Seite 136).

†) Nach der amtlichen Anweisung zur chemischen Untersuchung des Weines vom 9. 12. 20.

Tafel 46

Tabelle zur Berechnung des Glucosegehaltes von Wein †) [27])

0,65915 · a

Hunderter und Zehner			*	Einer und Dezimale									
0	**1**	**2**		**0**	**1**	**2**	**3**	**4**	**5**	**6**	**7**	**8**	**9**
0	65,92	131,83	**0**	0	0,07	0,13	0,20	0,26	0,33	0,40	0,46	0,53	0,59
6,59	72,51	138,42	**1**	0,66	0,73	0,79	0,86	0,92	0,99	1,05	1,12	1,19	1,25
13,18	79,10	145,01	**2**	1,32	1,38	1,45	1,52	1.58	1,65	1,71	1,78	1,85	1,91
19,77	85,69	151,61	**3**	1,98	2,04	2,11	2,18	2,24	2,31	2,37	2,44	2,50	2,57
26.37	92,28	158,20	**4**	2,64	2,70	2,77	2,83	2,90	2,97	3,03	3,10	3,16	3,23
32,96	98,87	164,79	**5**	3,30	3,36	3,43	3,49	3,56	3,63	3,69	3,76	3,82	3,89
39,55	105,47	171,38	**6**	3,95	4,02	4,09	4,15	4,22	4,28	4,35	4,42	4,48	4,55
46,14	112,06	177,97	**7**	4,61	4,68	4,75	4,81	4,88	4,94	5,01	5,08	5,14	5,21
52,73	118,65	184,57	**8**	5,27	5,34	5,41	5,47	5,54	5,60	5,67	5,73	5,80	5,87
59,32	125,24	191,16	**9**	5,93	6,00	6,06	6,13	6,20	6,26	6,33	6,39	6,46	6,53

3,2463 · P

Ganze			*	Dezi-male
0	**1**	**2**		
0	32,46	64,93	**0**	0
3,25	35,71	68,17	**1**	0,32
6,49	38,96	71,42	**2**	0,65
9,74	42,20	74,67	**3**	0,97
12,99	45,45	77,91	**4**	1,30
16,23	48,69	81,16	**5**	1,62
19,48	51,94	84,40	**6**	1,95
22,72	55,19	87,65	**7**	2,27
25,97	58,43	90,90	**8**	2,60
29,22	61,68	94,14	**9**	2,92

†) Nach der amtlichen Anweisung zur chemischen Untersuchung des Weines vom 9. 12. 20.

Erläuterungen zu Tafel 45 und 46

Die links von Spalte * stehenden Werte der oberen Teile der Tafel 45 und 46 betreffen die Hunderter und Zehner der Werte a (= Gesamtreduktionswert berechnet als g Glucose im Liter Wein). Die links von Spalte * stehenden Werte der unteren Teile der beiden Tabellen betreffen die vor dem Komma stehenden Stellen der Polarisationsgrade P (direkte Polarisation nach der amtlichen Anweisung). Man sucht zunächst die Hunderter in der Überschrift der Vertikalspalte, dann die Zehner in den mit * bezeichneten Spalten auf und findet in der Kreuzung der hierdurch angezeigten Horizontalspalte das zugehörige Produkt (0,37211 · a bzw. 0,65915 · a und 3,5440 · P bzw. 3,2463 · P). In ähnlicher Weise findet man in der rechten Hälfte jeder Tabelle das den Einern und der Dezimalen entsprechende Produkt; man hat hier die Einer in der Spalte *, die Dezimale als Überschrift einer Vertikalspalte aufzusuchen. Die Werte sind zu addieren.

B e i s p i e l : Gefunden seien a = 195,7 g im Liter, P = — 11,5°.

In der Tafel 45 findet man zunächst für die Hunderter und Zehner von a (1 und 9) auf der Kreuzung von 1 (vertikal, links) und 9 (horizontal) 70,70, für die Einer und die Dezimale (5 und 7) auf der Kreuzung von 5 (horizontal) und 7 (vertikal, rechts) 2,12; also für 195,7: 70,70 + 2,12 = 72,82. — In ähnlicher Weise ergibt sich für die Polarisation (11,5°): 38,98 + 1,77 = 40,75. Der Fruktosegehalt ist folglich

= 72,82 — (— 40,75) = 114 g im Liter Wein.

In derselben Weise findet man für den Glucosegehalt (Tafel 46):

125,24 + 3,76 — 35,71 — 1,62 = 92 g im Liter Wein.

Tafel 47

Tabelle zur Berechnung der freien Säuren (Gesamtsäure) in Wein[28])

Bei Anwendung von 25 ccm Wein entspricht 1 ccm n/4 Alkali 0,75 g freien Säuren (als Weinsäure berechnet) im Liter Wein.

Verbrauchte Anzahl ccm n/4 Alkali für 25 ccm Wein	Gramm freie Säuren im Liter	Verbrauchte Anzahl ccm n/4 Alkali für 25 ccm Wein	Gramm freie Säuren im Liter	Verbrauchte Anzahl ccm n/4 Alkali für 25 ccm Wein	Gramm freie Säuren im Liter	Verbrauchte Anzahl ccm n/4 Alkali für 25 ccm Wein	Gramm freie Säuren im Liter
4,0	3,000	**8,0**	6,000	**12,0**	9,000	**16,0**	12,000
1	3,075	1	6,075	1	9,075	1	12,075
2	3,150	2	6,150	2	9,150	2	12,150
3	3,225	3	6,225	3	9,225	3	12,225
4	3,300	4	6,300	4	9,300	4	12,300
5	3,375	5	6,375	5	9,375	5	12,375
6	3,450	6	6,450	6	9,450	6	12,450
7	3,525	7	6,525	7	9,525	7	12,525
8	3,600	8	6,600	8	9,600	8	12,600
9	3,675	9	6,675	9	9,675	9	12,675
5,0	3,750	**9,0**	6,750	**13,0**	9,750	**17,0**	12,750
1	3,825	1	6,825	1	9,825	1	12,825
2	3,900	2	6,900	2	9,900	2	12,900
3	3,975	3	6,975	3	9,975	3	12,975
4	4,050	4	7,050	4	10,050	4	13,050
5	4,125	5	7,125	5	10,125	5	13,125
6	4,200	6	7,200	6	10,200	6	13,200
7	4,275	7	7,275	7	10,275	7	13,275
8	4,350	8	7,350	8	10,350	8	13,350
9	4,425	9	7,425	9	10,425	9	13,425
6,0	4,500	**10,0**	7,500	**14,0**	10,500	**18,0**	13.500
1	4,575	1	7,575	1	10,575	1	13,575
2	4,650	2	7,650	2	10,650	2	13,650
3	4,725	3	7,725	3	10,725	3	13,725
4	4,800	4	7,800	4	10,800	4	13,800
5	4,875	5	7,875	5	10,875	5	13,875
6	4,950	6	7,950	6	10,950	6	13,950
7	5,025	7	8,025	7	11,025	7	14,025
8	5,100	8	8,100	8	11,100	8	14,100
9	5,175	9	8,175	9	11,175	9	14,175
7,0	5,250	**11,0**	8,250	**15,0**	11,250	**19,0**	14,250
1	5,325	1	8,325	1	11,325	1	14,325
2	5,400	2	8,400	2	11,400	2	14,400
3	5,475	3	8,475	3	11,475	3	14,475
4	5,550	4	8,550	4	11,550	4	14,550
5	5,625	5	8,625	5	11,625	5	14,625
6	5,700	6	8,700	6	11,700	6	14,700
7	5,775	7	8,775	7	11,775	7	14,775
8	5,850	8	8,850	8	11,850	8	14,850
9	5,925	9	8,925	9	11,925	9	14,925

Tafel 48

Tabelle zur Berechnung der flüchtigen Säuren in Wein [28])

Bei Anwendung von 50 ccm Wein entspricht 1 ccm n/10 Alkali 0,12 g flüchtigen Säuren (als Essigsäure berechnet) im Liter-Wein.

Verbrauchte Anzahl ccm n/10 Alkali für 50 ccm Wein	Gramm flüchtige Säuren im Liter	Verbrauchte Anzahl ccm n/10 Alkali für 50 ccm Wein	Gramm flüchtige Säuren im Liter	Verbrauchte Anzahl ccm n/10 Alkali für 50 ccm Wein	Gramm flüchtige Säuren im Liter	Verbrauchte Anzahl ccm n/10 Alkali für 50 ccm Wein	Gramm flüchtige Säuren im Liter
2,0	0,240	**6,0**	0,720	**10,0**	1,200	**14,0**	1,680
1	0,252	1	0,732	1	1,212	1	1,692
2	0,264	2	0,744	2	1,224	2	1,704
3	0,276	3	0,756	3	1,236	3	1,716
4	0,288	4	0,768	4	1,248	4	1,728
5	0,300	5	0,780	5	1,260	5	1,740
6	0,312	6	0,792	6	1,272	6	1,752
7	0,324	7	0,804	7	1,284	7	1,764
8	0,336	8	0,816	8	1,296	8	1,776
9	0,348	9	0,828	9	1,308	9	1,788
3,0	0,360	**7,0**	0,840	**11,0**	1,320	**15,0**	1,800
1	0,372	1	0,852	1	1,332	1	1,812
2	0,383	2	0,864	2	1,344	2	1,824
3	0,396	3	0,876	3	1,356	3	1,836
4	0,408	4	0,888	4	1,368	4	1,848
5	0,420	5	0,900	5	1,380	5	1,860
6	0,432	6	0,912	6	1,392	6	1,872
7	0,444	7	0,924	7	1,404	7	1,884
8	0,456	8	0,936	8	1,416	8	1,896
9	0,468	9	0,948	9	1,428	9	1,908
4,0	0,480	**8,0**	0,960	**12,0**	1,440	**16,0**	1,920
1	0,492	1	0,972	1	1,452	1	1,932
2	0,504	2	0,984	2	1,464	3	1,944
3	0,516	3	0,996	3	1,476	3	1,956
4	0,528	4	1,008	4	1,488	4	1,968
5	0,540	5	1,020	5	1,500	5	1,980
6	0,552	6	1,032	6	1,512	6	1,992
7	0,564	7	1,044	7	1,524	7	2,004
8	0,576	8	1,056	8	1,536	8	2,016
9	0,588	9	1,068	9	1,548	9	2,028
5,0	0,600	**9,0**	1,080	**13,0**	1,560	**17,0**	2,040
1	0,612	1	1,092	1	1,572	1	2,052
2	0,624	2	1,104	2	1,584	2	2,064
3	0,636	3	1,116	3	1,596	3	2,076
4	0,648	4	1,128	4	1,608	4	2,088
5	0,660	5	1,140	5	1,620	5	2,100
6	0,672	8	1,152	6	1,632	6	2,112
7	0,684	7	1,164	7	1,644	7	2,124
8	0,696	8	1,176	8	1,656	8	2,136
9	0,708	9	1,188	9	1,668	9	2,148

Tafel 49

Tabelle zur Fettbestimmung nach dem Benzinverfahren mittels Eintauchrefraktometer nach W. Leithe[29])

Einwaage; 3 g, Lösungsmittel 5 ccm = 3,52 g bei I, = 3,58 g bei II.
Spezialbenzin I = Kahlbaumspezialbenzin, n_D (17,5°) = 1,3967
„ II = 4,4 Gewichtsteile Spezialbenzin I + 1 Gewichtsteil Cyclohexan, n_D (17,5°) = 1,4018.

ΔR	% Fett		ΔR	% Fett	
	Spez.-B. I	Spez.-B. II		Spez.-B I	Spez.-B. II
0	0,0 $_{6}$	0,0 $_{6}$	**40**	26,4 $_{7}$	28,2 $_{8}$
1	0,6 $_{5}$	0,6 $_{6}$	**41**	27,1 $_{8}$	29,0 $_{9}$
2	1,1 $_{6}$	1,2 $_{6}$	**42**	27,9 $_{8}$	29,9 $_{8}$
3	1,7 $_{6}$	1,8 $_{7}$	**43**	28,7 $_{8}$	30,7 $_{9}$
4	2,3 $_{6}$	2,5 $_{6}$	**44**	29,5 $_{7}$	31,6 $_{8}$
5	2,9 $_{6}$	3,1 $_{6}$	**45**	30,2 $_{8}$	32,4 $_{8}$
6	3,5 $_{6}$	3,7 $_{6}$	**46**	31,0 $_{8}$	33,2 $_{9}$
7	4,1 $_{6}$	4,3 $_{6}$	**47**	31,8 $_{8}$	34,1 $_{9}$
8	4,7 $_{6}$	4,9 $_{7}$	**48**	32,6 $_{8}$	35,0 $_{9}$
9	5,3 $_{6}$	5,6 $_{7}$	**49**	33,4 $_{8}$	35,9 $_{9}$
10	5,9 $_{7}$	6,3 $_{6}$	**50**	34,2 $_{9}$	36,8 $_{9}$
11	6,6 $_{6}$	6,9 $_{7}$	**51**	35,1 $_{8}$	37,7 $_{9}$
12	7,2 $_{6}$	7,6 $_{6}$	**52**	35,9 $_{8}$	38,6 $_{9}$
13	7,8 $_{6}$	8,2 $_{7}$	**53**	36,7 $_{8}$	39,5 $_{9}$
14	8,4 $_{6}$	8,9 $_{7}$	**54**	37,5 $_{9}$	40,4 $_{9}$
15	9,0 $_{7}$	9,6 $_{6}$	**55**	38,4 $_{8}$	41,3 $_{9}$
16	9,7 $_{7}$	10,2 $_{7}$	**56**	39,2 $_{9}$	42,2 $_{9}$
17	10,4 $_{6}$	10,9 $_{7}$	**57**	40,1 $_{9}$	43,1 $_{10}$
18	11,0 $_{6}$	11,6 $_{7}$	**58**	41,0 $_{8}$	44,1 $_{10}$
19	11,6 $_{7}$	12,3 $_{7}$	**59**	41,8 $_{9}$	45,1 $_{10}$
20	12,3 $_{7}$	13,0 $_{7}$	**60**	42,7 $_{9}$	46,1 $_{10}$
21	13,0 $_{6}$	13,7 $_{8}$	**61**	43,6 $_{9}$	47,1 $_{10}$
22	13,6 $_{7}$	14,5 $_{7}$	**62**	44,5 $_{9}$	48,1 $_{10}$
23	14,3 $_{7}$	15,2 $_{7}$	**63**	45,4 $_{9}$	49,1 $_{10}$
24	15,0 $_{6}$	15,9 $_{7}$	**64**	46,3 $_{9}$	50,1 $_{10}$
25	15,6 $_{7}$	16,6 $_{8}$	**65**	47,2 $_{9}$	51,1 $_{10}$
26	16,3 $_{7}$	17,4 $_{7}$	**66**	48,1 $_{9}$	52,1 $_{10}$
27	17,0 $_{7}$	18,1 $_{8}$	**67**	49,0 $_{9}$	53,1 $_{10}$
28	17,7 $_{7}$	18,9 $_{8}$	**68**	49,9 $_{9}$	54,1 $_{11}$
29	18,4 $_{7}$	19,7 $_{7}$	**69**	50,8 $_{10}$	55,2 $_{11}$
30	19,1 $_{7}$	20,4 $_{8}$	**70**	51,8 $_{9}$	56,3 $_{10}$
31	19,8 $_{7}$	21,2 $_{7}$	**71**	52,7 $_{10}$	57,3 $_{11}$
32	20,5 $_{7}$	21,9 $_{8}$	**72**	53,7 $_{9}$	58,4 $_{11}$
33	21,2 $_{7}$	22,7 $_{7}$	**73**	54,6 $_{10}$	59,5 $_{11}$
34	21,9 $_{7}$	23,4 $_{8}$	**74**	55,6 $_{10}$	60,6 $_{11}$
35	22,6 $_{8}$	24,2 $_{8}$	**75**	56,6 $_{10}$	61,7 $_{11}$
36	23,4 $_{7}$	25,0 $_{8}$	**76**	57,6 $_{10}$	62,8 $_{11}$
37	24,1 $_{8}$	25,8 $_{8}$	**77**	58,6 $_{10}$	63,9 $_{12}$
38	24,9 $_{7}$	26,6 $_{8}$	**78**	59,6 $_{10}$	65,1 $_{12}$
39	25,6 $_{8}$	27,4 $_{8}$	**79**	60,6	66,3

Tafel 50

Tabelle zur Fettbestimmung nach dem Bromnaphtalinverfahren mittels Abbe-Refraktometers[30])

Einwaage: 2 g, Lösungsmittel: 3 ccm,
α-Bromnaphtalin $n_D^0 = 1{,}6575 \pm 0{,}0005$.
(Die gewöhnlichen Zahlen geben den Fettgehalt in % an.)

Δn: $(n_{Lm} - n_{Lsg}) \cdot 10^4$
I: Lein
II: Soja, Sonnenblumen (Lupinen, Mohn)
III: Sesam (Baumwollsaat, Kürbiskerne, Bucheln)
IV: Raps, Rübsen
V: Erdnüsse
VI: Kopra, Palmkerne
VII: Kakaobutter

Δn	I		II		III		IV		V		VI		VII	
10	0,8	8	0,8	8	0,8	7	0,8	7	0,7	8	0,7	7	0,7	7
20	1,6	8	1,6	7	1,5	8	1,5	8	1,5	7	1,4	7	1,4	7
30	2,4	9	2,3	8	2,3	8	2,3	7	2,2	8	2,1	7	2,1	8
40	3,3	8	3,1	8	3,1	8	3,0	8	3,0	8	2,8	8	2,9	7
50	4,1	8	3,9	8	3,9	8	3,8	8	3,8	8	3,6	7	3,6	8
60	4,9	9	4,7	9	4,7	8	4,6	8	4,6	8	4,3	7	4,4	7
70	5,8	9	5,6	8	5,5	8	5,4	8	5,4	8	5,0	8	5,1	8
80	6,7	9	6,4	8	6,3	8	6,2	8	6,2	8	5,8	7	5,9	8
90	7,6	9	7,2	9	7,1	8	7,0	8	7,0	8	6,5	8	6,7	7
100	8,5	9	8,1	8	7,9	9	7,8	9	7,8	8	7,3	8	7,4	8
110	9,4	9	8,9	9	8,8	8	8,7	8	8,6	9	8,1	8	8,2	8
120	10,3	9	9,8	9	9,6	9	9,5	9	9,5	8	8,9	7	9,0	8
130	11,2	9	10,7	9	10,5	9	10,4	8	10,3	9	9,6	8	9,8	8
140	12,1	10	11,6	9	11,4	9	11,2	9	11,2	8	10,4	8	10,6	9
150	13,1	9	12,5	9	12,3	9	12,1	9	12,0	9	11,2	9	11,5	8
160	14,0	10	13,4	9	13,2	9	13,0	9	12,9	9	12,1	8	12,3	9
170	15,0	10	14,3	10	14,1	9	13,9	9	13,8	9	12,9	8	13,2	8
180	16,0	10	15,3	9	15,0	9	14,8	9	14,7	9	13,7	9	14,0	9
190	17,0	10	16,2	10	15,9	10	15,7	9	15,6	9	14,6	8	14,9	8
200	18,0	10	17,2	10	16,9	9	16,6	10	16,5	9	15,4	9	15,7	9
210	19,0	10	18,2	10	17,8	10	17,6	9	17,4	10	16,3	8	16,6	9
220	20,0	11	19,2	10	18,8	10	18,5	10	18,4	9	17,1	9	17,5	9
230	21,1	10	20,2	10	19,8	10	19,5	10	19,3	10	18,0	9	18,4	9
240	22,1	11	21,2	10	20,8	10	20,5	10	20,3	10	18,9	9	19,3	10
250	23,2	11	22 2	10	21,8	10	21,5	10	21,3	10	19,8	9	20,3	9
260	24,3	11	23,2	10	22,8	10	22,5	10	22,3	10	20,7	9	21,2	9
270	25,4	11	24,2	11	23,8	10	23,5	10	23,3	10	21,6	10	22,1	10
280	26,5	12	25,3	11	24,8	11	24,5	10	24,3	10	22,6	9	23,1	10
290	27,7	11	26,4	11	25,9	10	25,5	11	25,3	11	23,5	10	24,1	10
300	28,8	12	27,5	11	26,9	11	26,6	11	26,4	10	24,5	9	25,1	10

Tafel 50 (Fortsetzung)

Δn	I	II	III	IV	V	VI	VII
310	30,0 $^{12}_{12}$	28,6 $^{11}_{11}$	28,0 $^{11}_{11}$	27,7 $^{11}_{10}$	27,4 $^{10}_{11}$	25,4 $^{9}_{10}$	26,1 $^{10}_{10}$
320	31,2 $_{12}$	29,7 $_{11}$	29,1 $_{11}$	28,7 $_{11}$	28,5 $_{11}$	26,4 $_{10}$	27,1 $_{10}$
330	32,4 $_{12}$	30,8 $_{12}$	30,2 $_{12}$	29,8 $_{11}$	29,6 $_{11}$	27,4 $_{10}$	28,1 $_{10}$
340	33,6 $_{12}$	32,0 $_{12}$	31,4 $_{11}$	30,9 $_{12}$	30,7 $_{11}$	28,4 $_{10}$	29,1 $_{11}$
350	34,8 $_{13}$	33,2 $_{12}$	32,5 $_{11}$	32,1 $_{11}$	31,8 $_{11}$	29,4 $_{10}$	30,2 $_{10}$
360	36,1 $_{13}$	34,4 $_{12}$	33,6 $_{12}$	33,2 $_{12}$	32,9 $_{11}$	30,4 $_{11}$	31,2 $_{11}$
370	37,4 $_{13}$	35,6 $_{12}$	34,8 $_{12}$	34,4 $_{11}$	34,0 $_{12}$	31,5 $_{10}$	32,3 $_{11}$
380	38,7 $_{13}$	36,8 $_{12}$	36,0 $_{12}$	35,5 $_{12}$	35,2 $_{12}$	32,5 $_{11}$	33,4 $_{11}$
390	40,0 $_{13}$	38,0 $_{12}$	37,2 $_{12}$	36,7 $_{12}$	36,4 $_{12}$	33,6 $_{11}$	34,5 $_{11}$
400	41,3 $_{13}$	39,2 $_{13}$	38,4 $_{13}$	37,9 $_{12}$	37,6 $_{12}$	34,7 $_{11}$	35,6 $_{11}$
410	42,6 $_{14}$	40,5 $_{13}$	39,7 $_{12}$	39,1 $_{13}$	38,8 $_{12}$	35,8 $_{11}$	36,7 $_{11}$
420	44,0 $_{14}$	41,8 $_{13}$	40,9 $_{13}$	40,4 $_{12}$	40,0 $_{12}$	36,9 $_{11}$	37,8 $_{12}$
430	45,4 $_{14}$	43,1 $_{13}$	42,2 $_{13}$	41,6 $_{13}$	41,2 $_{13}$	38,0 $_{11}$	39,0 $_{12}$
440	46,8 $_{14}$	44,4 $_{14}$	43,5 $_{13}$	42,9 $_{13}$	42,5 $_{13}$	39,1 $_{11}$	40,2 $_{12}$
450	48,2 $_{15}$	45,8 $_{13}$	44,8 $_{14}$	44,2 $_{13}$	43,8 $_{13}$	40,2 $_{12}$	41,4 $_{12}$
460	49,7 $_{15}$	47,1 $_{14}$	46,2 $_{13}$	45,5 $_{13}$	45,1 $_{13}$	41,4 $_{12}$	42,6 $_{12}$
470	51,2 $_{15}$	48,5 $_{14}$	47,5 $_{13}$	46,8 $_{14}$	46,4 $_{13}$	42,6 $_{12}$	43,8 $_{12}$
480	52,7 $_{15}$	49,9 $_{14}$	48,8 $_{14}$	48,2 $_{14}$	47,7 $_{13}$	43,8 $_{12}$	45,0 $_{13}$
490	54,2 $_{15}$	51,3 $_{15}$	50,2 $_{14}$	49,6 $_{13}$	49,0 $_{14}$	45,0 $_{12}$	46,3 $_{12}$
500	55,7	52,8	51,6 $_{15}$	50,9	50,4 $_{14}$	46,2 $_{12}$	47,5 $_{13}$
510			53,1 $_{14}$		51,8 $_{14}$	47,4 $_{13}$	48,8 $_{13}$
520			54,5 $_{15}$		53,2 $_{14}$	48,7 $_{13}$	50,1 $_{14}$
530			56,0 $_{15}$		54,6 $_{15}$	50,0 $_{13}$	51,5 $_{13}$
540			57,5 $_{15}$		56,1 $_{15}$	51,3 $_{13}$	52,8 $_{14}$
550			59,0 $_{15}$		57,6 $_{15}$	52,6 $_{13}$	54,2 $_{14}$
560			60,5 $_{16}$		59,1 $_{15}$	53,9 $_{13}$	55,6 $_{14}$
570			62,1 $_{16}$		60,6 $_{15}$	55,2 $_{14}$	57,0 $_{14}$
580			63,7 $_{16}$		62,1 $_{16}$	56,6 $_{14}$	58,4 $_{14}$
590			65,3 $_{17}$		63,7 $_{16}$	58,0 $_{14}$	59,8 $_{15}$
600			67,0		65,3	59,4 $_{14}$	61,3 $_{15}$
610						60,8 $_{14}$	62,8 $_{15}$
620						62,2 $_{15}$	64,3 $_{15}$
630						63,7 $_{15}$	65,8 $_{16}$
640						65,2 $_{15}$	67,4 $_{16}$
650						66,7 $_{15}$	69,0 $_{16}$
660						68,2 $_{16}$	70,6 $_{16}$
670						69,8 $_{16}$	72,2 $_{17}$
680						71,4 $_{16}$	73,9 $_{17}$
690						73,0 $_{16}$	75,6 $_{17}$
700						74,6	77,3

Tafel 51

Tabelle zur Umrechnung von Skalenteilen eines Butterrefraktometers in Brechungsquotienten nach J. Großfeld[22])

Skalenteile	,0	,1	,2	,3	,4	,5	,6	,7	,8	,9
— 4	1,4187$_5$	87	86	85	84	83	82$_5$	82	81	80
— 3	96	95	94	93	92$_5$	92	91	90	89	88
— 2	1,4204	03	02	01	00$_5$	00	1,4199	98	97	96$_5$
— 1	12	11	10	09$_5$	09	08	07	06	05$_5$	05
— 0	20	19	18	17$_5$	17	16	15	14$_5$	14	13
+ 0	1,4220	21	22	22$_5$	23	24	25	26	26$_5$	27
1	28	29	30	30$_5$	31	32	33	34	34$_5$	35
2	36	37	38	38$_5$	39	40	41	42	43	43$_5$
3	44	45	46	47	47$_5$	48	49	50	51	51$_5$
4	52	53	54	55	55$_5$	56	57	58	59	59$_5$
5	60	61	62	62$_5$	63	64	65	66	66$_5$	67
6	68	69	70	70$_5$	71	72	73	73$_5$	74	75
7	76	77	78	78$_5$	79	80	81	82	82$_5$	83
8	84	85	86	86$_5$	87	88	89	90	90$_5$	91
9	92	93	94	94$_5$	95	96	97	97$_5$	98	99
10	1,4300	01	01$_5$	02	03	04	05	06	06$_5$	07
11	08	09	09$_5$	10	11	12	13	13$_5$	14	15
12	15$_5$	16	17	18	19	20	20$_5$	21	22	23
13	23	24	25	26	26	27	28	29	30	30$_5$
14	31	32	33	33$_5$	34	35	36	37	37$_5$	38
15	39	40	40$_5$	41	42	43	44	44$_5$	45	46
16	46$_5$	47	48	49	50	50$_5$	51	52	53	53$_5$
17	54	55	56	56$_5$	57	58	59	59$_5$	60	61
18	62	62$_5$	63	64	65	66	66$_5$	67	68	69
19	69$_5$	70	71	72	72$_5$	73	74	75	76	76$_5$
20	77	78	78$_5$	79	80	81	82	82$_5$	83	84
21	84$_5$	85	86	87	88	88$_5$	89	90	91	91$_5$
22	92	93	94	94$_5$	95	96	97	98	98$_5$	99
23	1,4400	00$_5$	01	02	03	04	04$_5$	05	06	07
24	07$_5$	08	09	10	10$_5$	11	12	13	14	14$_5$
25	15	16	17	17$_5$	18	19	20	20$_5$	21	22
26	22$_5$	23	24	25	25$_5$	26	27	28	28$_5$	29
27	30	31	31$_5$	32	33	34	34$_5$	35	36	37
28	37$_5$	38	39	40	40$_5$	41	42	43	43$_5$	44
29	45	45$_5$	46	47	48	48$_5$	49	50	50$_5$	51
30	52	53	53$_5$	54	55	55$_5$	56	57	58	59
31	59$_5$	60	61	61$_5$	62	63	64	64$_5$	65	66
32	66$_5$	67	68	69	69$_5$	70	71	71$_5$	72	73
33	74	74$_5$	75	76	76$_5$	77	78	79	79$_5$	80
34	81	81$_5$	82	83	84	84$_5$	85	86	86$_5$	87
35	88	89	89$_5$	90	91	91$_5$	92	93	94	94$_5$

Tafel 51

Tabelle zur Umrechnung von Skalenteilen eines Butterrefraktometers in Brechungsquotienten nach J. Großfeld[22] (Fortsetzung)

Skalenteile	,0	,1	,2	,3	,4	,5	,6	,7	,8	,9
36	95	96	96_5	97	98	99	99_5	1,4500	01	01_5
37	1,4502	03	04	04_5	05	06	06_5	07	08	09
38	09_5	10	11	12	12_5	13	14	15	15_5	16
39	17	17_5	18	19	19_5	20	21	22	22_5	23
40	24	25	25_5	26	27	27_5	28	29	29_5	30
41	31	32	32_5	33	34	35	35_5	36	37	37_5
42	38	39	39_5	40	41	42	42_5	43	44	44_5
43	45	46	46_5	47	48	48_5	49	50	50_5	51
44	52	52_5	53	54	55	55_5	56	57	57_5	58
45	59	59_5	60	61	61_5	62	63	64	64_5	65
46	66	66_5	67	68	69	69_5	70	71	71_5	72
47	73	73_5	74	75	75_5	76	77	78	78_5	79
48	80	80_5	81	82	82_5	83	84	84_5	85	86
49	86_5	87	88	88_5	89	90	90_5	91	92	92_5
50	1,4593	94	94_5	95	96	97	97_5	98	99	99_5
51	1,4600	01	01_5	02	03	03_5	04	05	05_5	06
52	07	07_5	08	09	09_5	10	10_5	11	12	12_5
53	13	14	14_5	15	16	16_5	17	18	18_5	19
54	20	20_5	21	22	22_5	23	24	24_5	25	25_5
55	26	27	27_5	28	29	29_5	30	31	31_5	32
56	33	33_5	34	35	35_5	36	37	37_5	38	39
57	39	40	40_5	41	42	42_5	43	44	44_5	45
58	46	46_5	47	48	48_5	49	50	50_5	51	52
59	52_5	53	54	54_5	55	56	56_5	57	58	58_5
60	59	59_5	60	61	61_5	62	63	63_5	64	65
61	65_5	66	67	67_5	68	69	69_5	70	71	71_5
62	72	72_5	73	74	74_5	75	76	76_5	77	78
63	78_5	79	80	80_5	81	82	82_5	83	84	84_5
64	85	85_5	86	87	87_5	88	88_5	89	90	90_5
65	91	92	92_5	93	94	94_5	95	96	96_5	97
66	97_5	98	99	99_5	1,4700	01	01_5	02	03	03_5
67	1,4704	04_5	05	06	06_5	07	07_5	08	09	09_5
68	10	11	11_5	12	13	13_5	14	15	15_5	16
69	16_5	17	18	18_5	19	20	20_5	21	21_5	22
70	23	23_5	24	25	25_5	26	26_5	27	28	28_5
71	29	30	30_5	31	32	32_5	33	33_5	34	35
72	35_5	36	37	37_5	38	39	39_5	40	40_5	41
73	42	42_5	43	44	44_5	45	45_5	46	47	47_5
74	48	49	49_5	50	50_5	51	52	52_5	53	53_5
75	54	55	55_5	56	56_5	57	58	58_5	59	59_5
76	60	61	61_5	62	62_5	63	63_5	64	65	65_5

Tafel 51

Tabelle zur Umrechnung von Skalenteilen eines Butterrefraktometers in Brechungsquotienten nach J. Großfeld[22]) (Fortsetzung)

Skalenteile	,0	,1	,2	,3	,4	,5	,6	,7	,8	,9
77	66	66_5	67	68	68_5	69	69_5	70	70_5	71
78	71_5	72	73	73_5	74	74_5	75	76	76_5	77
79	77_5	78	79	79_5	80	80_5	81	81_5	82	82_5
80	83	84	84_5	85	85_5	86	87	87_5	88	88_5
81	89	89_5	90	91	91_5	92	92_5	93	93_5	94
82	95	95_5	96	96_5	97	98	98_5	99	99_5	1,4800
83	$1{,}4800_5$	01	02	02_5	03	03_5	04	04_5	05	06
84	06_5	07	07_5	08	08_5	09	10	10_5	11	11_5
85	12	12_5	13	14	14_5	15	15_5	16	16_5	17
86	18	18_5	19	19_5	20	20_5	21	22	22_5	23
87	23_5	24	24_5	25	25_5	26	27	27_5	28	28_5
88	29	29_5	30	31	31_5	32	32_5	33	33_5	34
89	34_5	35	36	36_5	37	37_5	38	38_5	39	39_5
90	40	40_5	41	42	42_5	43	43_5	44	44_5	45
91	45_5	46	47	47_5	48	48_5	49	49_5	50	50_5
92	51	52	52_5	53	53_5	54	54_5	55	55_5	56
93	57	57_5	58	58_5	59	59_5	60	60_5	61	61_5
94	62	63	63_5	64_5	65	65_5	66	66_5	67	67_5
95	68	68_5	69	69_5	70	70_5	71	71_5	72	72_5
96	73	74	74_5	75	75_5	76	76_5	77	77_5	78
97	79	79_5	80	80_5	81	81_5	82	82_5	83	83_5
98	84	85	85_5	86	86_5	87	87_5	88	88_5	89
99	89_5	90	91	91_5	92	92_5	93	93_5	94	94_5
100	1,4895	95_5	96	97	97_5	98	98_5	99	99_5	1,4900
101	$1{,}4900_5$	01	01_5	02	03	03_5	04	04_5	05	05_5
102	06	06_5	07	07_5	08	08_5	09	10	10_5	11
103	11_5	12	12_5	13	13_5	14	15	15_5	16	16_5
104	17	17_5	18	18_5	19	19_5	20	20_5	21	21_5
105	22									

Tafel 52

Tabelle der Beziehungen zwischen Reichert-Meißl-Zahl und Polenske-Zahl[32])

Reichert-Meißl-Zahl	Entsprechende Polenske Zahl	Höchstzulässige Polenske-Zahl	Äußerste Polenske-Zahl nach Siegfeld
20–21	1,3–1,4	1,9	1,95–2,20
21–22	1,4–1,5	2,0	1,70–2,80
22–23	1,5–1,6	2,1	1,75–2,80
23–24	1,6–1,7	2,2	1,30–2,73
24–25	1,7–1,8	2,3	1,40–2,65
25–26	1,8–1,9	2,4	1,50–3,10
26–27	1,9–2,0	2,5	1,85–2,98
27–28	2,0–2,2	2,7	1,30–2,75
28–29	2,2–2,5	3,0	1,20–4,10
29–30	2,5–3,0	3,5	1,35–4,85
30–31	3,0–3,5	4,0	1,70–4,40
31–32	3,5–4,0	4,5	1,60–5,30
32–33	4,0–4,5	5,0	2,00–5,10

Tafel 53

Tabelle zur Berechnung des Milchfettgehaltes in % des Fettes aus Buttersäurezahl und Verseifungszahl nach J. Großfeld[33])

Verseifungszahl → / Buttersäurezahl ↓	200 und darunter	205	210	215	220	225	230	235	240	245	250	255	260 und darüber
0	0	0	0	0	0	0	0	0	0	0	0	0	0
0,1	0,5	0,1	0	0	0	0	0	0	0	0	0	0	0
0,2	1,0	0,6	0,2	0	0	0	0	0	0	0	0	0	0
0,3	1,5	1,1	0,7	0,3	0	0	0	0	0	0	0	0	0
0,4	2,1	1,7	1,3	0,9	0,4	0	0	0	0	0	0	0	0
0,5	2,6	2,2	1,8	1,4	0,9	0,5	0	0	0	0	0	0	0
0,6	3,1	2,7	2,3	1,9	1,4	1,0	0,5	0,1	0	0	0	0	0
0,7	3,6	3,2	2,8	2,4	1,9	1,5	1,0	0,6	0,2	0	0	0	0
0,8	4,1	3,7	3,3	2,9	2,4	2,0	1,5	1,1	0,7	0,3	0	0	0
0,9	4,6	4,2	3,8	3,4	2,9	2,5	2,0	1,6	1,3	0,9	0,3	0	0
1	5,1	4,7	4,3	3,9	3,4	3,0	2,5	2,1	1,7	1,3	0,8	0,4	0
2	10,2	9,8	9,4	9,0	8,5	8,0	7,6	7,2	6,8	6,4	5,9	5,5	5,1
3	15,3	14,9	14,5	14,1	13,6	13,2	12,7	12,3	11,9	11,5	11,0	10,6	10,2
4	20,5	20,1	19,7	19,3	18,8	18,4	17,9	17,5	17,1	16,7	16,2	15,8	15,4
5	25,6	25,2	24,8	24,2	23,9	23,5	23,0	22,6	22,2	21,8	21,3	20,9	20,5
6	30,7	30,3	29,9	29,5	29,0	28,6	28,1	27,7	27,3	26,9	26,4	26,0	25,6
7	35,8	35,4	35,0	34,6	34,1	33,7	33,2	32,8	32,4	32,0	31,5	31,1	30,7
8	40,9	40,5	40,1	39,7	39,2	38,8	38,3	37,9	37,5	37,1	36,6	36,2	35,8
9	46,0	45,6	45,2	44,8	44,5	43,9	43,4	43,0	42,6	42,2	41,7	41,3	40,9
10	51,1	50,7	50,3	49,9	49,4	49,0	48,5	48,1	47,7	57,3	46,8	46,4	46,0
11	56,2	55,8	55,4	55,0	54,4	54,0	53,6	53,2	52,8	52,4	51,9	51,5	51,1
12	61,3	59,0	59,5	60,1	59,6	59,2	58,7	58,3	57,9	57,5	57,0	56,6	56,2
13	66,4	66,0	65,6	65,2	64,7	64,3	63,8	63,4	63,0	62,6	62,1	61,7	61,3
14	71,6	71,2	70,8	70,4	69,9	69,5	69,0	68,6	68,2	67,8	67,3	66,9	66,5
15	76,7	76,3	75,9	75,5	75,0	74,6	74,1	73,7	73,3	72,9	72,4	72,0	71,6
16	81,8	81,4	81,0	80,0	80,1	79,7	79,2	78,8	78,4	78,0	77,5	77,1	76,7
17	86,9	86,5	86,1	85,7	85,2	84,8	84,3	83,9	83,5	83,1	82,6	82,2	81,8
18	92,0	91,6	91,2	90,8	90,3	89,8	89,4	89,0	88,6	88,2	87,7	87,3	86,9
19	97,1	96,7	96,3	95,9	95,4	95,0	94,5	94,1	93,7	93,3	92,8	92,4	92,0
20	100	100	100	100	100	100	99,7	99,3	98,9	98,5	98,0	97,6	97,2

Zwischenwerte (für die Buttersäurezahlen 1—20):

Buttersäurezahl:	**0,05**	**0,1**	**0,2**	**0,3**	**0,4**	**0,5**	**0,6**	**0,7**	**0,8**	**0,9**
Milchfettmenge:	0,3	0,5	1,0	1,5	2,1	2,6	3,1	3,6	4,1	4,6

Tafel 54

Tabelle zur Berechnung des Milchfettgehaltes aus B-Zahl und A-Zahl nach J. Großfeld[33])

A-Zahlen → / B-Zahlen ↓	0	2	4	6	8	10	12	14	16	18	20	22	24	26
	Milchfettgehalt in % des Fettes:													
1,0	1	1	0	0	0	0	0	0	0	0	0	0	0	0
2,0	4	3	3	3	2	2	1	1	1	0	0	0	0	0
3,0	6	5	5	5	5	5	4	4	4	3	3	2	2	1
4,0	9	8	8	8	8	7	7	7	7	6	6	6	5	5
5,0	11	11	11	11	11	10	10	10	10	9	9	9	9	9
6,0	14	14	13	13	13	13	13	12	12	12	12	12	11	11
7,0	17	16	16	16	16	15	15	15	15	14	14	14	14	13
8,0	19	19	19	18	18	18	18	18	17	17	17	17	16	—
9,0	22	22	21	21	21	21	20	20	20	20	20	19	19	—
10,0	24	24	24	24	24	23	23	23	23	23	23	22	22	—
11,0	26	26	26	26	26	26	25	25	25	25	25	25	25	—
12,0	30	30	29	29	29	29	29	29	28	28	28	28	—	—
13,0	33	32	32	32	32	31	31	31	31	31	30	30	—	—
14,0	36	35	35	35	35	35	34	34	34	34	33	33	—	—
15,0	39	38	38	38	38	38	37	37	37	37	36	36	—	—
16,0	42	41	41	41	41	41	40	40	40	40	39	—	—	—
17,0	44	44	44	44	44	43	43	43	43	43	43	—	—	—
18,0	47	47	47	47	47	47	47	46	46	46	46	—	—	—
19,0	50	50	50	50	50	50	50	50	50	50	—	—	—	—
20,0	54	54	54	54	53	53	53	53	53	53	—	—	—	—
21,0	57	57	57	57	57	56	56	56	56	—	—	—	—	—
22,0	60	60	60	60	60	60	60	60	60	—	—	—	—	—
23,0	64	64	64	64	64	64	64	64	64	—	—	—	—	—
24,0	67	67	67	68	68	68	68	68	—	—	—	—	—	—
25,0	70	71	71	71	71	71	72	72	—	—	—	—	—	—
26,0	74	74	74	74	75	75	75	—	—	—	—	—	—	—
27,0	77	77	78	78	79	79	79	—	—	—	—	—	—	—
28,0	81	81	81	81	82	82	—	—	—	—	—	—	—	—
29,0	84	84	85	85	85	85	—	—	—	—	—	—	—	—
30,0	88	88	88	88	88	—	—	—	—	—	—	—	—	—
31,0	91	91	91	91	91	—	—	—	—	—	—	—	—	—
32,0	96	95	95	95	—	—	—	—	—	—	—	—	—	—
33,0	99	99	99	99	—	—	—	—	—	—	—	—	—	—
33,4	—	—	—	100	—	—	—	—	—	—	—	—	—	—

Tafel 55

Tabelle zur Berechnung des Kokosfettgehaltes aus A- und B-Zahl nach J. Großfeld[33])

A-Zahlen ↓ / B-Zahlen →	0	2	4	6	8	10	12	14	16	18	20	22	24	26	28	30	32
	Kokosfettgehalt in % des Fettes:																
1,0	2	1	1	0	0	0	0	0	0	0	0	0	0	0	0	0	0
2,0	5	4	3	2	1	0	0	0	0	0	0	0	0	0	0	0	0
3,0	9	8	7	6	4	3	2	1	0	0	0	0	0	0	0	0	0
4,0	13	11	10	9	8	6	5	4	3	2	0	0	0	0	0	0	0
5,0	16	15	13	12	11	10	9	7	6	5	4	2	1	0	0	0	0
6,0	20	18	17	16	15	13	12	11	10	8	7	5	4	3	2	0	0
7,0	24	22	21	20	18	17	16	14	13	11	10	9	8	6	5	3	2
8,0	27	26	24	23	21	20	19	17	16	14	13	12	10	9	7	6	—
9,0	31	29	28	26	25	24	22	21	19	18	16	15	13	12	10	9	—
10,0	35	33	32	30	29	27	25	24	22	21	19	18	16	15	13	—	—
11,0	38	37	35	34	32	30	29	27	26	24	23	21	20	18	16	—	—
12,0	42	40	38	37	35	33	32	30	29	27	25	24	22	20	—	—	—
13,0	46	44	42	41	39	37	36	34	32	31	29	27	26	24	—	—	—
14,0	49	47	45	43	42	40	38	37	35	33	31	30	28	—	—	—	—
15,0	53	51	49	47	46	44	42	40	38	37	35	33	31	—	—	—	—
16,0	57	56	54	52	50	48	46	44	42	41	39	37	—	—	—	—	—
17,0	61	59	57	55	53	51	49	47	45	43	41	—	—	—	—	—	—
18,0	64	62	60	58	56	55	53	51	49	47	45	—	—	—	—	—	—
19,0	67	65	63	62	60	58	56	54	53	50	—	—	—	—	—	—	—
20,0	71	69	67	65	63	61	59	58	56	54	—	—	—	—	—	—	—
21,0	75	72	71	69	67	65	63	61	59	—	—	—	—	—	—	—	—
22,0	79	77	75	73	71	69	66	64	—	—	—	—	—	—	—	—	—
23,0	82	80	78	76	73	71	69	—	—	—	—	—	—	—	—	—	—
24,0	86	84	82	80	78	76	—	—	—	—	—	—	—	—	—	—	—
25,0	90	88	85	83	81	—	—	—	—	—	—	—	—	—	—	—	—
26,0	93	91	89	87	—	—	—	—	—	—	—	—	—	—	—	—	—
27,0	97	95	94	—	—	—	—	—	—	—	—	—	—	—	—	—	—
27,7	—	100	—	—	—	—	—	—	—	—	—	—	—	—	—	—	—

Tafel 56

Tabelle zur Berechnung der Fettgehalte bei Verwendung der Stoffmengen 0—10 g für die Fettdichten 0,90—1,00 nach J. Großfeld[33])

(Menge des Lösungsmittels 100 ccm, abgemessene Menge der Fettlösung 25 ccm)

Abdampfrückstand von 25 ccm Fettlösung	Gesamtmenge des Fettes in Gramm bei der Dichte:											Zwischenwerte	
g	0.90	0.91	0,92	0.93	0 94	0,95	0 96	0 97	0 98	0,99	1 00		
0,000	0,000	0,000	0,000	0,000	0,000	0,000	0,000	0,000	0,000	0,000	0,000	**0**	00
0,010	0,040	0,040	0,040	0,040	0,040	0,040	0,040	0,040	0,040	0,040	0,040	**1**	04
0,020	0,080	0,080	0,080	0,080	0,080	0,080	0,080	0,080	0,080	0,080	0,080	**2**	08
0,030	0,121	0,121	0,121	0,121	0,121	0,121	0,120	0,120	0,120	0,120	0,120	**3**	12
0,040	0,161	0,161	0,161	0,161	0,161	0,161	0,161	0,161	0,161	0,161	0,161	**4**	16
0,050	0,201	0,201	0,201	0,201	0,201	0,201	0,201	0,201	0,201	0,201	0.201	**5**	20
0,060	0,241	0.241	0,241	0,341	0,241	0,241	0,241	0,241	0,241	0,241	0,241	**6**	24
0,070	0,281	0,281	0,281	0,281	0,281	0,281	0,281	0,281	0,281	0,281	0,281	**7**	28
0,080	0,321	0,321	0,321	0,321	0,321	0,321	0,321	0,321	0,321	0,321	0,321	**8**	32
0,090	0,362	0,362	0,362	0,362	0,362	0,362	0,361	0,361	0,361	0,361	0,361	**9**	36
0,100	0,402	0,402	0,402	0,402	0,402	0,402	0,402	0,402	0,402	0,402	0,402	**0**	00
0,110	0,442	0,442	0,442	0,442	0,442	0,442	0,442	0,442	0,442	0,442	0,442	**1**	04
0,120	0,483	0,483	0,483	0,483	0,483	0.483	0,483	0,483	0,483	0,483	0,483	**2**	08
0,130	0,523	0,523	0,523	0,523	0,523	0.523	0,523	0,523	0,523	0,523	0,523	**3**	12
0,140	0,564	0,563	0,563	0,563	0,563	0,563	0,563	0,563	0,563	0,563	0,563	**4**	16
0,150	0,604	0,604	0,604	0,604	0,604	0.604	0,604	0,604	0,604	0,604	0,604	**5**	20
0,160	0,645	0,645	0,645	0,645	0,644	0,644	0,644	0.644	0,644	0.644	0,644	**6**	24
0,170	0,685	0,685	0,685	0,685	0,685	0,685	0,685	0,685	0,685	0,685	0,685	**7**	28
0,180	0,726	0,726	0,726	0,726	0,726	0,725	0,725	0.725	0,725	0,725	0,725	**8**	32
0,190	0,767	0,766	0,766	0,766	0,766	0,766	0,766	0,766	0,766	0,766	0,766	**9**	36
0,200	0,807	0,807	0,807	0,807	0,807	0,807	0,807	0,807	0,807	0,807	0,806	**0**	00
0,210	0,848	0,848	0,848	0,848	0,848	0.847	0,847	0,847	0,847	0,847	0,847	**1**	04
0,220	0.889	0,889	0,889	0,888	0,888	0,888	0,888	0.888	0,888	0,888	0,888	**2**	08
0,230	0,930	0,930	0,930	0,929	0,929	0,929	0,929	0,929	0,929	0,929	0,929	**3**	12
0,240	0,971	0,971	0,971	0,970	0,970	0,970	0,970	0,970	0,970	0,969	0,969	**4**	16
0,250	1,012	1,012	1,012	1,011	1,011	1,011	1,011	1,011	1,011	1,010	1,010	**5**	20
0,260	1,052	1,052	1,052	1,052	1,052	1,052	1,052	1,051	1,051	1,051	1,051	**6**	25
0,270	1,093	1,093	1,093	1,093	1,093	1,092	1,092	1,092	1,092	1,092	1,092	**7**	29
0,280	1,134	1,134	1,134	1,134	1,133	1,133	1.133	1,133	1,133	1,133	1,133	**8**	33
0,290	1,175	1,175	1,175	1,175	1,175	1,174	1,174	1,174	1,174	1,174	1,174	**9**	37
0,300	1,216	1,216	1,216	1,216	1,216	1,215	1,215	1,215	1,215	1,215	1,215	**0**	00
0,310	1,257	1,257	1,257	1,257	1,257	1,256	1,256	1,256	1,256	1,256	1,256	**1**	04
0,320	1,298	1,298	1,298	1,298	1,298	1,298	1,297	1,297	1,297	1,297	1,297	**2**	08
0,330	1,340	1,340	1,340	1,339	1,339	1,339	1,339	1,338	1,338	1,338	1,336	**3**	12
0,340	1,381	1,381	1,381	1,380	1,380	1,380	1,380	1,379	1,379	1,379	1,379	**4**	16
0,350	1,423	1,422	1,422	1,422	1,422	1,421	1,421	1,421	1,420	1,420	1,420	**5**	21
0,360	1,464	1,464	1,463	1,463	1,463	1,462	1,462	1,462	1,462	1,461	1,461	**6**	25
0,370	1,505	1,505	1,505	1,504	1,504	1,504	1.503	1,503	1,503	1,503	1,502	**7**	29
0,380	1,546	1,540	1,546	1,546	1,545	1,545	1,545	1,544	1,544	1,544	1,543	**8**	33
0,390	1,588	1,587	1,587	1,587	1,586	1,586	1,586	1,586	1,585	1,585	1,585	**9**	37

Tafel 56

Tabelle zur Berechnung der Fettgehalte bei Verwendung der Stoffmengen 0—10 g für die Fettdichten 0,90—1,00 nach J. Großfeld[33] (Fortsetzung)

(Menge des Lösungsmittels 100 ccm, abgemessene Menge der Fettlösung 25 ccm)

Abdampfrückstand von 25 ccm Fettlösung	Gesamtmenge des Fettes in Gramm bei der Dichte:											Zwischenwerte	
g	0,90	0,91	0,92	0,93	0,94	0,95	0,96	0,97	0,98	0,99	1,00		
0,400	1,629	1,629	1,628	1,628	1,628	1,627	1,627	1,627	1,627	1,626	1,626	**0**	00
0,410	1,670	1,670	1,670	1,669	1,669	1,669	1,669	1,668	1,668	1,668	1,667	**1**	04
0,420	1,712	1,711	1,711	1,711	1,711	1,710	1,710	1,710	1,709	1,709	1,709	**2**	09
0,430	1,753	1,753	1,753	1,752	1,752	1,752	1,751	1,751	1,751	1,750	1,750	**3**	13
0,440	1,795	1,795	1,795	1,794	1,794	1,793	1,793	1,793	1,792	1,792	1,791	**4**	17
0,450	1,837	1,837	1,836	1,836	1,835	1,835	1,835	1,834	1,834	1,833	1,833	**5**	21
0,460	1,878	1,878	1,878	1,877	1,877	1,877	1,876	1,876	1,875	1,875	1,875	**6**	25
0,470	1,920	1,920	1,919	1,919	1,918	1,918	1,918	1,917	1,917	1,916	1,916	**7**	29
0,480	1,962	1,961	1,961	1,960	1,960	1,960	1,959	1,959	1,958	1,958	1,958	**8**	33
0,490	2,004	2,004	2,003	2,003	2,002	2,002	2,001	2,001	2,000	2,000	1,999	**9**	38
0,500	2,046	2,045	2,045	2,044	2,044	2,043	2,043	2,042	2,042	2,041	2,041	**0**	00
0,510	2,087	2,087	2,086	2,086	2,085	2,085	2,084	2,084	2,083	2,083	2,082	**1**	04
0,520	2,129	2,129	2,128	2,128	2,127	2,127	2,126	2,126	2,125	2,125	2,124	**2**	08
0,530	2,171	2,170	2,170	2,169	2,169	2,168	2,168	2,167	2,167	2,166	2,166	**3**	13
0,540	2,213	2,213	2,212	2,211	2,211	2,210	2,210	2,209	2,209	2,208	2,208	**4**	17
0,550	2,255	2,255	2,254	2,254	2,253	2,252	2,252	2,251	2,251	2,250	2,249	**5**	21
0,560	2,297	2,297	2,296	2,295	2,295	2,294	2,294	2,293	2,292	2,292	2,291	**6**	25
0,570	2,339	2,339	2,338	2,337	2,337	2,336	2,336	2,335	2,334	2,334	2,333	**7**	29
0,580	2,381	2,381	2,380	2,379	2,379	2,378	2,378	2,377	2,376	2,376	2,375	**8**	33
0,590	2,424	2,423	2,422	2,422	2,421	2,420	2,420	2,419	2,418	2,418	2,417	**9**	38
0,600	2,466	2,465	2,464	2,464	2,463	2,462	2,461	2,461	2,460	2,460	2,459	**0**	00
0,610	2,508	2,507	2,507	2,506	2,505	2,505	2,504	2,503	2,502	2,502	2,501	**1**	04
0,620	2,550	2,549	2,549	2,548	2,547	2,547	2,546	2,545	2,545	2,544	2,543	**2**	08
0,630	2,593	2,592	2,591	2,590	2,590	2,589	2,588	2,587	2,587	2,586	2,585	**3**	13
0,640	2,635	2,634	2,634	2,633	2,632	2,631	2,630	2,630	2,629	2,628	2,627	**4**	17
0,650	2,677	2,677	2,676	2,675	2,674	2,673	2,673	2,672	2,671	2,670	2,699	**5**	21
0,660	2,720	2,719	2,718	2,717	2,716	2,716	2,715	2,714	2,713	2,712	2,712	**6**	25
0,670	2,762	2,761	2,761	2,760	2,759	2,758	2,757	2,756	2,755	2,755	2,754	**7**	30
0,680	2,805	2,804	2,803	2,802	2,801	2,801	2,800	2,799	2,798	2,797	2,796	**8**	34
0,690	2,847	2,846	2,846	2,845	2,844	2,843	2,842	2,841	2,840	2,839	2,838	**9**	38
0,700	2,890	2,889	2,888	2,887	2,886	2,885	2,884	2,883	2,882	2,881	2,881	**0**	00
0,710	2,933	2,932	2,931	2,930	2,929	2,928	2,927	2,926	2,925	2,924	2,923	**1**	04
0,720	2,975	2,974	2,973	2,972	2,971	2,970	2,969	2,968	2,967	2,966	2,965	**2**	09
0,730	3,018	3,017	3,016	3,015	3,014	3,013	3,012	3,011	3,010	3,009	3,008	**3**	13
0,740	3,061	3,060	3,059	3,058	3,056	3,055	3,054	3,053	3,052	3,051	3,050	**4**	17
0,750	3,103	3,102	3,101	3,100	3,099	3,098	3,097	3,096	3,095	3,094	3,093	**5**	21
0,760	3,146	3,146	3,145	3,144	3,143	3,142	3,141	3,140	3,138	3,136	3,135	**6**	26
0,770	3,189	3,188	3,187	3,186	3,185	3,184	3,182	3,181	3,180	3,179	3,178	**7**	30
0,780	3,232	3,231	3,230	3,229	3,227	3,226	3,225	3,224	3,223	3,222	3,220	**8**	34
0,790	3,275	3,274	3,273	3,271	3,270	3,269	3,268	3,267	3,266	3,264	3,263	**9**	38

Tafel 56

Tabelle zur Berechnung der Fettgehalte bei Verwendung der Stoffmengen 0—10 g für die Fettdichten 0,90—1,00 nach J. Großfeld [33]) (Fortsetzung)

(Menge des Lösungsmittels 100 ccm, abgemessene Menge der Fettlösung 25 ccm)

Abdampf-rückstand von 25 ccm Fettlösung	Gesamtmenge des Fettes in Gramm bei der Dichte:											Zwischen-werte	
g	0,90	0.91	0,92	0,93	0,94	0,95	0,96	0,97	0,98	0,99	1,00		
0,800	3,318	3,317	3,315	3,314	3,313	3,312	3,310	3,309	3,308	3,307	3,306	**0**	00
0,810	3,361	3,360	3,358	3,357	3,350	3,355	3,353	3,352	3,351	3,350	3,348	**1**	04
0,820	3,404	3,403	3,401	3,400	3,360	3,398	3,396	3,395	3,394	3,393	3,391	**2**	09
0,830	3,447	3,446	3,445	3,443	3,442	3,441	3,439	3,438	3,437	3,436	3,434	**3**	13
0,840	3,490	3,489	3,488	3,486	3,485	3,483	3,482	3,481	3,480	3,478	3,477	**4**	17
0,850	3,536	3,532	3,531	3,529	3,528	3,527	3,525	3,524	3,523	3,521	3,520	**5**	22
0,860	3,577	3,575	3,574	3,573	3,571	3,570	3,568	3,567	3,566	3,564	3,563	**6**	26
0,870	3,620	3,619	3,617	3,616	3,614	3,613	3,611	3,610	3,608	3,607	3,605	**7**	30
0,880	3,663	3,662	3,660	3,659	3,657	3,656	3,654	3,653	3,651	3,650	3,648	**8**	34
0,890	3,707	3,705	3,704	3,702	3,700	3,699	3,697	3,696	3,694	3,693	3,691	**9**	39
0,900	3,750	3,748	3,747	3,745	3,743	3,742	3,740	3,739	3,737	3,736	3,734	**0**	00
0,910	3,793	3,792	3,790	3,788	3,787	3,785	3,784	3,782	3,781	3,779	3,777	**1**	04
0,920	3,837	3,835	3,834	3,832	3,830	3,829	3,827	3,825	3,824	3,822	3,821	**2**	09
0,930	3,880	3,879	3,877	3,875	3,874	3,872	3,870	3,869	3,867	3,865	3,864	**3**	13
0,940	3,924	3,922	3,920	3,919	3,917	3,915	3,914	3,912	3,910	3,909	3,907	**4**	17
0,950	3,967	3,966	3,964	3,962	3,960	3,959	3,957	3,955	3,954	3,952	3,950	**5**	22
0,960	4,011	4,010	4,008	4,006	4,004	4,002	4,001	3,999	3,997	3,995	3,993	**6**	26
0,970	4,055	4,053	4,051	4,049	4,047	4,046	4,044	4,042	4,040	4,039	4,037	**7**	30
0,980	4,099	4,097	4,095	4,093	4,091	4,089	4,087	4,085	4,084	4,082	4,080	**8**	35
0,990	4,142	4,140	4,139	4,136	4,134	4,132	4,131	4.129	4,127	4,125	4,123	**9**	39
1,000	4,186	4,184	4,182	4,180	4,178	4,176	4,174	4,172	4,170	4,168	4,167	**0**	00
1,010	4,230	4,228	4,226	4,224	4,222	4,220	4,218	4,216	4,214	4,212	4,210	**1**	04
1,020	4,274	4,272	4,270	4,268	4,265	4,263	4,261	4,259	4,257	4,256	4,253	**2**	09
1,030	4,318	4,316	4,314	4,311	4,309	4,307	4,305	4,303	4,301	4,299	4,297	**3**	13
1,040	4,362	4,360	4,357	4,355	4,353	4,351	4,349	4,347	4,345	4,343	4,340	**4**	18
1,050	4,406	4,404	4,401	4,399	4,397	4,395	4,392	4,391	4,389	4,387	4,384	**5**	22
1,060	4,450	4,448	4,445	4,443	4,441	4,439	4,436	4,434	4,432	4,431	4,428	**6**	26
1,070	4,494	4,492	4,489	4,487	4,484	4,482	4,480	4,478	4,476	4,474	4,471	**7**	31
1,080	4,538	4,536	4,533	4,531	4,528	4,526	4,524	4,522	4,520	4,517	4,515	**8**	35
1,090	4,582	4,580	4,577	4,575	4,572	4,570	4,567	4,565	4,563	4,561	4,559	**9**	39
1,100	4,626	4,623	4,621	4,618	4,616	4,614	4,611	4,609	4,607	4,605	4,602	**0**	00
1,110	4,670	4,668	4,665	4,663	4,660	4,658	4,655	4,653	4,651	4,649	4,646	**1**	04
1,120	4,715	4,712	4,709	4,707	4,704	4,702	4,699	4,697	4,695	4,693	4,690	**2**	09
1,130	4,759	4,757	4,754	4,751	4,749	4,746	4,744	4,741	4,739	4,737	4,734	**3**	13
1,140	4,803	4,801	4,798	4,796	4,793	4,790	4,788	4,785	4,783	4,780	4,778	**4**	18
1,150	4,848	4,845	4,842	4,840	4,837	4,835	4,832	4,829	4,827	4,824	4,822	**5**	22
1,160	4,892	4,890	4,887	4,884	4,881	4,879	4,876	4,874	4,871	4,868	4,866	**6**	27
1,170	4,937	4,934	4,931	4,928	4,925	4,923	4,920	4,918	4,915	4,913	4,910	**7**	31
1,180	4,981	4,979	4,975	4,973	4,970	4,967	4,964	4,962	4,959	4,957	4,954	**8**	35
1,190	5,026	5,023	5,020	5,017	5,014	5,011	5,008	5,006	5,003	5,001	4,998	**9**	40

Tafel 56

Tabelle zur Berechnung der Fettgehalte bei Verwendung der Stoffmengen 0—10 g für die Fettdichten 0,90—1,00 nach J. Großfeld[33]) (Fortsetzung)

(Menge des Lösungsmittels 100 ccm, abgemessene Menge der Fettlösung 25 ccm)

Abdampf-rückstand von 25 ccm Fettlösung	Gesamtmenge des Fettes in Gramm bei der Dichte:											Zwischen-werte	
g	0,90	0,91	0,92	0,93	0.94	0,95	0,96	0,97	0,98	0,99	1,00		
1,200	5,070	5,067	5,064	5,061	5,058	5,055	5.053	5,050	5,047	5,045	5,042	0	00
1,210	5,115	5,112	5,109	5,106	5,103	5,100	5,097	5,094	5,092	5,089	5,086	1	04
1,220	5,160	5,157	5,154	5,151	5,147	5,145	5,142	5,139	5,136	5,133	5,130	2	09
1,230	5,205	5,202	5,198	5,195	5,192	5,189	5,186	5,183	5,180	5,178	5,175	3	13
1,240	5,249	5,246	5,243	5,240	5,237	5,234	5,231	5,228	5,225	5,222	5,219	4	18
1,250	5,294	5,291	5,288	5,285	5,281	5,278	5,275	5,272	5,269	5,266	5,263	5	22
1,260	5,339	5,336	5,332	5,329	5,326	5,323	5,320	5,317	5,314	5,311	5,307	6	27
1,270	5,384	5,381	5,377	5,374	5,370	5,368	5,364	5,361	5,358	5,355	5,352	7	31
1,280	5,429	5,426	5,422	5,419	5,415	5,412	5,409	5,406	5,402	5,400	5,396	8	36
1,290	5,474	5,470	5,466	5,463	5,460	5,457	5,453	5,450	5,447	5,444	5,441	9	40
1,300	5,519	5,515	5,512	5,508	5,504	5,501	5,498	5,495	5,491	5,488	5,485	0	00
1,310	5,564	5,560	5,557	5,553	5,549	5,546	5,543	5,539	5,536	5,533	5,530	1	05
1,320	5.609	5,606	5,602	5,598	5,594	5,591	5,588	5,584	5,581	5,578	5,574	2	09
1,330	5,654	5,651	5,647	5,643	5,639	5,636	5,632	5,629	5,626	5,622	5,619	3	14
1,340	5,699	5,696	5,692	5,688	5,684	5,681	5,677	5,674	5,671	5,667	5,664	4	18
1,350	5,745	5,741	5,737	5,733	5,729	5,726	5,722	5,719	5,715	5,712	5,708	5	23
1,360	5,790	5,786	5,782	5,779	5,774	5,771	5,767	5,764	5,760	5,756	5,753	6	27
1,370	5,835	5,832	5,827	5,824	5,819	5,816	5,812	5,809	5,805	5,801	5,798	7	32
1,380	5,881	5,877	5,873	5,869	5,864	5,861	5,857	5,854	5,850	5,846	5,843	8	36
1,390	5,926	5,922	5,918	5,914	5,909	5,906	5,902	5,898	5,895	5,891	5,887	9	41
1,400	5,972	5,968	5,963	5,959	5,955	5,951	5,947	5,943	5,940	5,936	5,932	0	00
1,410	6,017	6,013	6,009	6,005	6,000	5,996	5,992	5,988	5,985	5,981	5,977	1	05
1,420	6,063	6,059	6,054	6,050	6,046	6,042	6,038	6,034	6,030	6,026	6,022	2	09
1,430	6,108	6,104	6,100	6,096	6,091	6,087	6,083	6,079	6,075	6,071	6,067	3	14
1,440	6,154	6,150	6,145	6,141	6,137	6,133	6,128	6,124	6,120	6,116	6,112	4	18
1,450	6,200	6,195	6,191	6,187	6,182	6,178	6,174	6,169	6,166	6,161	6,157	5	23
1,460	6,245	6,241	6,236	6,232	6,227	6,223	6,219	6,215	6,211	6,206	6,202	6	27
1,470	6,291	6,287	6,282	6,278	6,273	6,269	6,264	6,260	6,256	6,252	6,247	7	32
1,480	6,337	6,332	6,328	6,323	6,318	6,314	6,309	6,305	6,301	6,297	6,292	8	36
1,490	6,383	6,378	6,374	6,369	6,364	6,360	6,355	6,351	6,346	6,342	6,338	9	41
1,500	6,429	6,424	6,419	6,414	6,409	6,405	6,400	6,396	6,391	6,387	6,383	0	00
1,510	6,475	6,470	6,465	6,460	6,455	6,450	6,446	6,441	6,437	6,433	6,428	1	05
1,520	6,520	6,516	6,511	6,506	6,501	6,496	6,491	6,487	6,483	6,478	6,473	2	09
1,530	6,566	6,562	6,557	6,552	6,547	6,542	6,537	6,533	6,528	6,524	6,519	3	14
1,540	6,613	6,608	6,602	6,597	6,592	6,588	6,583	6,578	6,574	6,569	6,564	4	18
1,550	6,659	6,654	6,648	6,643	6,638	6,634	6,629	6,624	6,619	6,615	6,610	5	23
1,560	6,705	6,700	6,694	6,689	6,684	6,679	6,674	6,670	6,665	6,660	6,655	6	27
1,570	6,751	6,746	6,740	6,735	6,730	6,725	6,720	6,716	6,711	6,706	6,701	7	32
1,580	6,798	6,792	6,786	6,781	6,776	6,771	6,766	6,761	6,756	6,751	6,746	8	37
1,590	6,844	6,838	6,833	6,827	6,822	6,817	6,811	6,807	6,802	6,797	6,792	9	41

Tafel 56

Tabelle zur Berechnung der Fettgehalte bei Verwendung der Stoffmengen 0—10 g für die Fettdichten 0,90—1,00 nach J. Großfeld[33] (Fortsetzung)

(Menge des Lösungsmittels 100 ccm, abgemessene Menge der Fettlösung 25 ccm)

Abdampf-rückstand von 22 ccm Fettlösung g	Gesamtmenge des Fettes in Gramm bei der Dichte:											Zwischen-werte	
	0,90	0,91	0,92	0,93	0,94	0,95	0,96	0,97	0,98	0,99	1,00		
1,600	6,890	6,884	6,878	6,873	6,868	6,862	6,857	6,852	6,847	6,842	6,838	**0**	00
1,610	6,936	6,931	6,925	6,919	6,914	6,908	6,903	6,898	6,893	6,888	6,883	**1**	05
1,620	6,983	6,977	6,971	6,966	6,960	6,955	6,949	6,944	6,939	6,934	6,929	**2**	09
1,630	7,029	7,024	7,018	7,012	7,006	7,001	6,995	6,990	6,985	6,980	6,975	**3**	14
1,640	7,075	7,070	7,064	7,058	7,053	7,047	7,041	7,036	7,031	7,026	7,021	**4**	18
1,650	7,122	7,117	7,110	7,104	7,099	7,093	7,088	7,083	7,077	7,072	7,066	**5**	23
1,660	7,169	7,163	7,157	7,151	7,145	7,139	7,134	7,129	7,123	7,118	7,112	**6**	28
1,670	7,216	7,210	7,203	7,197	7,192	7,186	7,180	7,175	7,169	7,164	7,158	**7**	32
1,680	7,262	7,256	7,250	7,244	7,238	7,232	7,226	7,221	7,215	7,210	7,204	**8**	37
1,690	7,309	7,303	7,296	7,290	7,284	7,278	7,272	7,267	7,261	7,255	7,250	**9**	42
1,700	7,356	7,349	7,343	7,337	7,330	7,324	7,318	7,313	7,307	7,302	7,296	**0**	00
1,710	7,403	7,396	7,389	7,383	7,377	7,371	7,365	7,359	7,353	7,348	7,342	**1**	05
1,720	7,449	7,443	7,436	7,430	7,424	7,417	7,411	7,406	7,400	7,394	7,388	**2**	09
1,730	7,496	7,490	7,483	7,477	7,470	7,464	7,458	7,452	7,446	7,441	7,435	**3**	14
1,740	7,543	7,537	7,530	7,524	7,517	7,511	7,504	7,499	7,493	7,487	7,481	**4**	19
1,750	7,590	7,584	7,576	7,571	7,564	7,557	7,551	7,545	7,539	7,533	7,527	**5**	23
1,760	7,638	7,631	7,623	7,617	7,611	7,604	7,597	7,592	7,586	7,579	7,573	**6**	28
1,770	7,685	7,678	7,670	7,664	7,657	7,651	7,644	7,638	7,632	7,626	7,619	**7**	33
1,780	7,732	7,725	7,717	7,711	7,704	7,697	7,690	7,685	7,678	7,672	7,666	**8**	37
1,790	7,779	7,772	7,764	7,758	7,751	7,744	7,737	7,731	7,725	7,718	7,712	**9**	42
1,800	7,826	7,819	7,811	7,804	7,797	7,790	7,784	7,777	7,771	7,765	7,759	**0**	00
1,810	7,873	7,866	7,858	7,851	7,844	7,837	7,831	7,824	7,818	7,811	7,805	**1**	05
1,820	7,920	7,913	7,906	7,899	7,891	7,884	7,878	7,871	7,864	7,858	7,852	**2**	09
1,830	7,968	7,961	7,953	7,946	7,938	7,931	7,925	7,918	7,911	7,905	7,898	**3**	14
1,840	8,016	8,008	8,000	7,993	7,986	7,978	7,972	7,965	7,958	7,951	7,945	**4**	19
1,850	8,063	8,056	8,047	8,040	8,033	8,025	8,019	8,012	8,005	7,998	7,991	**5**	24
1,860	8,111	8,103	8,095	8,087	8,080	8,072	8,066	8,059	8,052	8,045	8,038	**6**	28
1,870	8,158	8,150	8,142	8,135	8,127	8,119	8,113	8,106	8,098	8,092	8,085	**7**	33
1,880	8,206	8,198	8,189	8,182	8,174	8,166	8,160	8,152	8,145	8,138	8,132	**8**	38
1,890	8,253	8,244	8,237	8,229	8,221	8,213	8,207	8,199	8,192	8,185	8,178	**9**	42
1,900	8,301	8,292	8,284	8,276	8,268	8,261	8,253	8,246	8,239	8,232	8,225	**0**	00
1,910	8,348	8,340	8,332	8,324	8,316	8,308	8,301	8,293	8,286	8,279	8,272	**1**	05
1,920	8,396	8,388	8,380	8,372	8,364	8,356	8,348	8,341	8,333	8,326	8,319	**2**	10
1,930	8,444	8,436	8,427	8,419	8,411	8,403	8,395	8,388	8,380	8,373	8,366	**3**	14
1,940	8,492	8,484	8,475	3,467	8,459	8,451	8,443	8,435	8,428	8,420	8,413	**4**	19
1,950	8,540	8,532	8,523	8,515	8,506	8,498	8,490	8,482	8,475	8,467	8,460	**5**	24
1,960	8,588	8,580	8,571	8,562	8,554	8,546	8,538	8,530	8,522	8,514	8,507	**6**	29
1,970	8,636	8,628	8,619	8,610	8,602	8,593	8,585	8,577	8,569	8,562	8,554	**7**	33
1,980	8,684	8,676	8,666	8,658	8,649	8,641	8,632	8,624	8,616	8,609	8,601	**8**	38
1,990	8,732	7,724	8,714	8,706	8,697	8,688	8,680	8,672	8,664	8,656	8,648	**9**	43

Tafel 56

Tabelle zur Berechnung der Fettgehalte bei Verwendung der Stoffmengen 0—10 g für die Fettdichten 0,90—1,00 nach J. Großfeld[33] (Fortsetzung)

(Menge des Lösungsmittels 100 ccm, abgemessene Menge der Fettlösung 25 ccm)

Abdampfrückstand von 20 ccm Fettlösung	Gesamtmenge des Fettes in Gramm bei der Dichte:											Zwischenwerte	
g	0,90	0,91	0,92	0,93	0,94	0,95	0,96	0,97	0,98	0,99	1,00		
2,000	8,780	8,771	8,762	8,753	8,744	8,736	8,727	8,719	8,711	8,703	8,696	0	00
2,010	8,829	8,819	8,810	8,801	8,792	8,784	8,775	8,767	8,759	8,751	8,743	1	05
2,020	8,877	8,868	8,858	8,849	8,840	8,832	8,823	8,815	8,807	8,799	8,790	2	10
2,030	8,925	8,916	8,906	8,897	8,888	8,879	8,871	8,862	8,854	8,846	8,838	3	14
2,040	8,974	8,964	8,954	8,945	8,936	8,927	8,919	8,910	8,902	8,894	8,885	4	19
2,050	9,022	9,012	9,002	8,993	8,984	8,975	8,966	8,958	8,950	8,941	8,932	5	24
2,060	9,070	9,061	9,051	9,042	9,032	9,023	9,014	0,005	8,997	8,989	8,980	6	29
2,070	9,119	9,109	9,099	9,090	9,080	9,071	9,062	9,053	9,045	9,037	9,028	7	34
2,080	9,167	9,158	9,147	9,138	9,128	9,119	9,110	9,101	9,093	9,084	9,075	8	38
2,090	9,216	9,206	9,196	9,186	9,176	9,167	9,158	9,148	9,140	9,132	9,123	9	43
2,100	9,264	9,254	9,244	9,234	9,224	9,215	9,205	9,196	9,187	9,179	9,170	0	00
2,110	9,313	9,303	9,293	9,282	9,273	9,263	9,254	9,244	9,235	9,227	9,218	1	05
2,120	9,362	9,352	9,341	9,331	9,321	9,312	9,302	9,293	9,284	9,275	9,266	2	10
2,130	9,411	9,401	9,390	9,380	9,370	9,360	9,350	9,341	9,332	9,323	9,313	3	15
2,140	9,460	9,449	9,438	9,428	9,418	9,408	9,399	9,389	9,380	9,371	9,361	4	20
2,150	9,509	9,498	9,487	9,477	9,467	9,457	9,447	9,437	9,428	9,419	9,409	5	24
2,160	9,557	9,547	9,536	9,526	9,515	9,505	9,495	9,486	9,476	9,467	9,457	6	29
2,170	9,607	9,596	9,584	9,574	9,564	9,554	9,544	9,534	9,524	9,515	9,505	7	34
2,180	9,656	9,645	9,633	9,623	9,612	9,602	9,592	9,582	9,572	9,563	9,553	8	39
2,190	9,704	9,693	9,682	9,671	9,661	9,650	9,640	9,630	9,620	9,611	9,610	9	44
2,200	9,753	9,742	9,731	9,720	9,709	9,698	9,688	9,678	9,668	9,659	9,649	0	00
2,210	9,803	9,792	9,780	9,769	9,758	9.747	9,737	9,727	9,717	9,707	9,697	1	05
2,220	9,852	9,841	9,829	9,818	9,807	9,796	9,785	9,775	9,765	9,755	9,745	2	10
2,230	9,901	9,890	9,878	9,867	9,856	9,845	9,834	9,824	9,814	9,804	9,794	3	15
2,240	9,951	9,939	9,927	9,916	9,905	9,894	9,883	9,872	9,862	9,852	9,842	4	20
2,250	10,000	9,989	9,976	9,965	9,954	9,942	9,932	9,921	9,911	9,901	9,890	5	25
2,260	10,049	10,038	10,026	10,014	10,002	9,991	9,980	9,970	9,959	9,949	9,938	6	30
2,270	10,098	10,087	10,076	10,065	10,053	10,042	10,031	10,020	10,009	9,997	9,987	7	34
2,280	10,140	10,136	10,124	10,112	10,100	10,088	10,077	10,066	10,056	10,045	10,035	8	39
2,290	10,198	10,185	10,173	10,161	10,149	10,138	10,126	10,115	10,104	10,094	10,084	9	44
2,300	10,248	10,235	10,222	10,210	10,198	10,186	10,175	10,164	10,153	10,143	10,132	0	00
2,310	10,297	10,284	10,272	10,259	10,247	10,236	10,224	10,213	10,202	10,191	10,181	1	05
2,320	10,347	10,334	10,321	10,309	10,297	10,285	10,273	10,262	10,251	10,240	10,229	2	10
2,330	10,397	10.383	10,371	10,358	10,346	10,334	10,322	10,311	10,300	10,289	10,278	3	15
2,340	10,446	10,433	10,420	10,408	10,395	10,383	10,371	10,360	10,349	10,338	10,327	4	20
2,350	10,496	10,483	10,470	10,457	10,445	10,432	10,420	10,409	10,398	10,386	10,375	5	25
2,360	10,546	10,532	10,519	10,506	10,494	10,481	10,469	10,458	10,446	10,435	10,424	6	30
2,370	10,596	10,583	10,569	10,556	10,543	10,531	10,519	10,507	10,495	10,484	10,473	7	34
2,380	10,646	10,632	10,619	10,606	10,593	10,580	10,568	10,556	10,544	10,533	10,522	8	39
2,390	10,696	10,682	10,669	10,655	10,642	10,630	10,617	10,605	10,594	10,582	10.571	9	44

Tafel 57

Tabelle zur Bestimmung der Dichte von Speisefette und Ölen nach der Schwebemethode[34]). Giltig für 15^0.

ccm Wasser, zu 2 ccm „absolutem" Alkohol (98—99%) zugefügt, und zugehörige Dichten der in den so entstehenden Schwebeflüssigkeiten schwimmenden Fette und Öle*)

Wasser ccm	Dichte d_{15^0}	Wasser ccm	Dichte d_{15^0}	Wasser ccm	Dichte d_{15^0}	Wasser ccm	Dichte d_{15^0}
0,1	0,8178	**1,1**	0,9050	**2,1**	0,9376	**3,1**	0,9537
0,2	0,8331	**1,2**	0,9091	**2,2**	0,9397	**3,2**	0,9548
0,3	0,8456	**1,3**	0,9133	**2,3**	0,9417	**3,3**	0,9558
0,4	0,8563	**1,4**	0,9173	**2,4**	0,9436	**3,4**	0,9568
0,5	0,8678	**1,5**	0,9209	**2,5**	0,9453	**3,5**	0,9577
0,6	0,8739	**1,6**	0,9243	**2,6**	0,9469	**3,6**	0,9587
0,7	0,8812	**1,7**	0,9273	**2,7**	0,9485	**3,7**	0,9595
0,8	0,8880	**1,8**	0,9301	**2,8**	0,9499	**3,8**	0,9603
0,9	0,8940	**1,9**	0,9329	**2,9**	0,9512	**3,9**	0,9610
1,0	0,8995	**2,0**	0,9353	**3,0**	0,9525	**4,0**	0,9617

*) Empirische Werte, nicht aus den Dichten von Alkohol und Wasser berechenbar.

Tafel 58

Chemisch-physikalische Kennzahlen der

Art des Fettes (Öles)	Eigenschaften des		
	Dichte bei 15°	Erstarrungspunkt °C	Refraktion (Skalenteile)
Klauenfett und Knochenöle	0,914—0,916	je nach Herstellung bzw. Stearingehalt weit über u. unter 0	50—51 b. 40°
Pferdefett	0,919—0,922	22—37	67—74 b. 40°
Rindertalg	0,943—0,952 100° 0,857—0,860	30—38	43—49 b. 40°
Hammeltalg	0,937—0,940 100° 0,857—0,860	32—45	43—49 b. 40°
Schweineschmalz	0,931—0,938 100° 0,858—0,860	26—30	47—52 b. 40°
Gänseschmalz	0,927	16—22	50—52 b. 40°
Butterfett	0,936—0,946 100° 0,864—0,868	15—25 Schmp. 30-35	39—46 b. 40°
Walfischtran	0,917—0,931	unter —2	65—70
Sardinenöl	0,916—0,934	—	73—75 b. 40°
Dorschlebertran	0,922—0,941	—	66—71 b. 40°

Tafel 58

wichtigsten tierischen Fette und Öle[35])

Fettes			Eigenschaften der Fettsäuren	
Verseifungs-zahl	Jodzahl	Unverseif-bares	Kältepunkt und Erstarrungspunkt (Erstarrp.) °C	Schmelzpunkt °C
191—203	schwankt je nach Stearingehalt 44—75 (82)	—	—	38—40
195—199	75—86	0,4—0,7	Erstarrp. 37,7	37,5—39,5
193—200	32—47	0,3	Erstarrp. 39,3—46,6	43—47
192—198	30—47	0,2	Erstarrp. 43—46	46—47
193—200	40—66 vom Fuß 77,3 vom Kopf 85,0	0,1—0,4	Erstarrp. 34—42	35—43
191—198	59—81	0,4	31—32	36—40
218—235	21—36	0,4	Erstarrp. 35,8—38	38—45
Blauwal: 195-200 Rotwal: 120-150	110—128	0,5—2,7	22,9—23,9	14—27
186—196	161—193	1,2	27,6—28,2	—
179—194	160—170	0,5—1,5	13,3—24,3	21—25

Tafel 59

Chemisch-physikalische Kennzahlen der

Art des Fettes (Öles)	Eigenschaften des		
	Dichte bei 15°	Erstarrungspunkt °C	Refraktion 2 Skalenteile, ohne Angabe bei 25°
Leinöl	0,930—0,935 (0,937)	— 18 bis — 27	80—87
Mohnöl	0,924—0,927	— 15 bis — 20	71—75
Sonnenblumenöl	0,924—0,926 (0,932)	— 16 bis — 18	72—76 bei 20°
Walnußöl (europäisches)	0,925—0,926	— 28 bis — 29	65—68 bei 40°
Hanföl	0,925—0,928 (0,931)	— 27	66—72 bei 40°
Baumwollsaatöl (Kottonöl)	0,922—0,928	— 6 bis — 14	68—69
Sesamöl	0,922—0,924 (0,921)	— 3 bis — 6	66—69
Maisöl	0,920—0,926	— 9	70—73
Bucheckernöl	0,920—0,922	— 17 bis — 18	71—75 bei 15°
Rüböl	0,913—0,917	— 4 bis — 12	66—72
Olivenöl (Baumöl)	0,914—0,919, bei geringen Sorten 0,920—0,925	—	59—64

Tafel 59

wichtigsten pflanzlichen Öle und Fette[35])

Fettes			Eigenschaften der Fettsäuren	
Verseifungszahl	Jodzahl	Unverseifbares	Kältepunkt und Erstarrungspunkt °C	Schmelzpunkt °C
190—195	169—196	0,5—1,5	13—17 Erstarrp. 19—20	17—24
189—194	131—143	0,6	16,5 Erstarrp. 15,4—16,2	20,2—21
186—194	127—136	1,0	17—18	22—23 (17)
188—194	143—162	0,2—0,4	13—16	16—20
190—194	140—172	0,5—1,0	15—17	17—19
191—199 meistens nahe bei 195	100—121	0,7—1,6	Erstarrp. 30—35 (28) Winteröl	35—38,5
187—195	103—112	0,8	21—24 Erstarrp. 21—23,8	23,30
188—193	111—131	1,3—2,5	14—16	18—23
188—196	101—111	0,8	17	23—24
167—181	94—106	0,5—1,5	16—18,5 Erstarrp. 11,7—13,6	16—21
185—196 meistens nahe 190	80—85	1,0	Erstarrp. 21—24,6 (17—26)	24—27 19—23 kalifornische Öle

Tafel 59

Chemisch-physikalische Kennzahlen der

Art des Fettes (Öles)	Eigenschaften des Dichte bei 15°	Erstarrungs-punkt ° C	Refraktion Skalenteile, ohne Angabe bei 25°
Erdnußöl (Arachisöl)	0,916—0,920	0 bis —3	62—68
Sojabohnenöl	0,924—0,929	—8 bis —18	69—74
Rizinusöl	0,960—0,973	—10 bis —18	78—81 bei 20°
Mandelöl	0,916—0,920	—10 bis —21	64—66
Aprikosenkernöl	0,915—0,920	—4 bis —21	65—70
Pfirsichkernöl	0,918—0,923	—20 bis —23	56—58 bei 40°
Kokosnußöl (Kokosfett)	0,925—0,938	14 bis 25	33—36 bei 40°
Palmkernöl	0,941—0,952	19 bis 24	36—39 bei 40°
Palmöl	0,945—0,950 bei 98—100° 0,858—0,860	31 bis 41	41—50 bei 40°
Kakaobutter (gepreßt)	flüssig: 0,911—0,913 fest 0,960—0,985	20 bis 32	46—48 bei 40°

Tafel 59

wichtigsten pflanzlichen Öle und Fette[35]) (Fortsetzung)

Fettes			Eigenschaften der Fettsäuren	
Verseifungs-zahl	Jodzahl	Unverseif-bares	Kältepunkt und Erstar-rungspunkt °C	Schmelz-punkt °C
188—194	83—103	0,3—1	22—32 Erstarrp. 28—29	28—33
188—195	103—139	0,5—1,5	14—25	20—28
176—187	81—90	0,3—0,6	2—3	10—13
189—196	91—102	0,3—1,0	9,5—10,1 (von süßen Mandeln) 11,3—11,8 (von bitteren Mandeln)	12—15
188—197	96—109	0,4—1,3	0	2—5
189—196	93—110	—	5—13	12—19
246—258	8—10	0,3	15,7—20,4 Erstarrp. 21,2—25,2	24—27
240—257	12—16	0,4	20—25,5	25—28,5 (20,7)
196—210	51—57	0,3	Erstarrp. 40—46	44—50
193—195	33—38	0,3	46—50	n. Fincke Fließp. 49—51° Klarp. 51,5—53,5°

Tafel 60

Aräometertafel

n_{15^0} = „rationelle“ Grade B a u m é, gemessen bei 15° C, d_{15^0} = Dichte. d. h. Masse von 1 ccm der Flüssigkeit in Gramm, bei 15° C, und zwar unter *a* bei Verwendung des Baumé-Aräometers für schwere, unter *b* bei Verwendung des Baumé-Aräometers für leichte Flüssigkeiten [36]).

n_{15^0}	d_{15^0} *a*	d_{15^0} *b*	n_{15^0}	d_{15^0} *a*	d_{15^0} *b*	n_{15^0}	d_{15^0} *a*	d_{15^0} *b*
0	0,9991	1,0726	23	1,189	0,9174	46	1,467	0,8015
1	1,006	1,0648	24	1,199	0,9117	47	1,482	0,7971
2	1,013	1,0571	25	1,209	0,9060	48	1,497	0,7928
3	1,020	1,0495	26	1,219	0,9004	49	1,513	0,7885
4	1,028	1,0420	27	1,229	0,8949	50	1,529	0,7842
5	1,035	1,0346	28	1,240	0,8894	51	1,545	0,7800
6	1,042	1,0273	29	1,250	0,8841	52	1,562	0,7759
7	1,050	1,0201	30	1,261	0,8787	53	1,579	0,7718
8	1,058	1,0130	31	1,273	0,8735	54	1,597	0,7677
9	1,066	1,0060	32	1,284	0,8683	55	1,615	0,7637
10	1,074	0,9991	33	1,295	0,8631	56	1,633	0,7597
11	1,082	0,9922	34	1,307	0,8580	57	1,652	0,7558
12	1,090	0,9857	35	1,319	0,8530	58	1,671	0,7519
13	1,098	0,9790	36	1,331	0,8481	59	1,690	0,7480
14	1,106	0,9725	37	1,344	0,8432	60	1,710	0,7442
15	1,115	0,9661	38	1,356	0,8383	61	1,731	
16	1,124	0,9597	39	1,369	0,8335	62	1,752	
17	1,133	0,9534	40	1,382	0,8289	63	1,773	
18	1,142	0,9472	41	1,396	0,8241	64	1,795	
19	1,151	0,9411	42	1,409	0,8195	65	1,818	
20	1,160	0,9351	43	1,423	0,8149	66	1,841	
21	1,169	0,9291	44	1,437	0,8104			
22	1,179	0,9232	45	1,452	0,8059			

Umrechnung von m Graden Twaddell in Dichte: d = 1,000 + 0,005 m.

Tafel 61

Vergleichung von Graden Baumé rationeller Skala mit Graden Brix-Fischer für Dichten größer als 1 *) [37]

Grade Baumé $d = \frac{144,30}{144,30-n}$ 15°	Grade Brix-Fischer $d = \frac{400}{400-n}$ 15,625° C bzw. 12,5° R	Grade Baumé $d = \frac{144,30}{144,30-n}$ 15°	Grade Brix-Fischer $d = \frac{400}{400-n}$ 15,625° C bzw. 12,5° R	Grade Baumé $d = \frac{144,30}{144,30-n}$ 15°	Grade Brix-Fischer $d = \frac{400}{400-n}$ 15,625° C bzw. 12,5° R
0	+0,03	23	63,77	46	127,53
1	2,81	24	66,55	47	130,31
2	5,58	25	69,32	48	133,08
3	8,35	26	72,10	49	135,85
4	11,12	27	74,87	50	138,62
5	13,89	28	77,64	51	141,39
6	16,66	29	80,42	52	144,16
7	19,44	30	83,19	53	146,94
8	22,21	31	85,96	54	149,71
9	24,98	32	88,73	55	152,48
10	27,75	33	91,50	56	155,25
11	30,52	34	94,27	57	158,03
12	33,29	35	97,05	58	160,80
13	36,07	36	99,82	59	163 57
14	38,84	37	102,59	60	166,34
15	41,61	38	105,36	61	169,11
16	44,38	39	108,13	62	171,88
17	47,15	40	110,90	63	174,66
18	49,92	41	113,68	64	177,43
19	52,70	42	116,45	65	180,20
20	55,47	43	119,22	66	182,97
21	58,24	44	121,99	67	185,74
22	61,01	45	124,76	68	188,51

*) d = Dichte, n = Gewicht des durch n Skalenteile verdrängten Wassers.

Tafel 62

Vergleichung von Graden Baumé rationeller Skala mit Graden Brix-Fischer für Dichten kleiner als 1 *) [37])

Grade Baumé $d = \frac{144,30}{144,30+n}$ 15°	Grade Brix-Fischer $d = \frac{400}{400+n}$ 15,625° C bzw. 12,5° R	Grade Baumé $d = \frac{144,30}{144,30+n}$ 15°	Grade Brix-Fischer $d = \frac{400}{400+n}$ 15,625° C bzw. 12,5° R	Grade Baumé $d = \frac{144,30}{144,30+n}$ 15°	Grade Brix-Fischer $d = \frac{400}{400+n}$ 15,625° C bzw. 12,5° R
0	−0,03	27	74,81	54	149,64
1	+2,74	28	77,58	55	152,42
2	5,51	29	80,35	56	155,19
3	8,28	30	83,12	57	157,76
4	11,05	31	85,89	58	160,73
5	13,83	32	88,66	59	163,50
6	16,60	33	91,44	60	166,27
7	19,37	34	94,21	61	169,04
8	22,14	35	96,98	62	171,81
9	24,92	36	99,75	63	174,59
10	27,69	37	102,53	64	177,36
11	30,46	38	105,30	65	179,13
12	33,23	39	108,07	66	182,90
13	36,01	40	110,84	67	185,68
14	38,78	41	113,62	68	188,45
15	41,51	42	116,39	69	191,22
16	44,32	43	119,16	70	193,99
17	47,09	44	121,93	71	196,22
18	49,86	45	124,71	72	199,53
19	52,63	46	127,48	73	202,31
20	55,40	47	130,25	74	205,08
21	58,17	48	133,02	75	207,85
22	60,94	49	135,79	76	210,62
23	63,72	50	138,56	77	213,40
24	66,49	51	141,33	78	216,17
25	69,26	52	144,10		
26	72,03	53	146,87		

*) d = Dichte; n = Gewicht des durch n Skalenteile verdrängten Wassers.

Tafel 63

Dichte des Wassers (d_w) bei verschiedenen Temperaturen (t^0) nebst Logarithmen[36]

Zur Umrechnung von Gewichtsverhältnissen $\gamma_L \frac{t^0}{t^0}$ auf $\gamma_L \frac{t^0}{4^0}$ ist mit dem zu t^0 gehörigen Werte von d_w zu multiplizieren.

t^0	d_w	lg d_w	t^0	d_w	lg d_w
+0,0	0,999868	9999426	17,5	0,998713	9994407
0,5	899	9562	18,0	622	4012
1,0	927	9682	18,5	528	3603
1,5	950	9783	19,0	432	3185
2,0	968	9861	19,5	332	2750
2,5	982	9922	20,0	230	2306
3,0	992	9966	20,5	126	1854
3,5	998	9991	21,0	019	1388
4,0	1,000000	0000000	21,5	0,997909	0910
4,5	0,999998	9999991	22,0	797	0422
5,0	992	9966	22,5	682	9989922
5,5	982	9922	23,0	565	9412
6,0	968	9861	23,5	445	8889
6,5	951	9787	24,0	323	8358
7,0	929	9692	24,5	198	7814
7,5	904	9583	25,0	071	7260
8,0	876	9461	25,5	0,996941	6694
8,5	844	9322	26,0	810	6124
9,0	808	9166	26,5	676	5540
9,5	769	8997	27,0	539	4943
10,0	727	8814	27,5	400	4337
10,5	681	8614	28,0	259	3723
11,0	632	8402	28,5	116	3099
11,5	580	8176	29,0	0,995971	2467
12,0	525	7937	29,5	823	1821
12,5	466	7680	30,0	673	1167
13,0	404	7411	30,5	521	0504
13,5	339	7129	31,0	367	9979832
14,0	271	6832	31,5	211	9151
14,5	200	6524	32,0	052	8458
15,0	126	6203	32,5	0,994892	7760
15,5	050	5872	33,0	729	7048
16,0	0,998970	5524	33,5	564	6328
16,5	887	5164	34,0	398	5602
17,0	801	4789	34,5	229	4865

Tafel 64

Bestimmung der Dichte (d_{t^0}) einer Flüssigkeit durch Wägung in Luft

Hat man durch Wägung in Luft ermittelt, wieviel ein Hohlgefäß (Kolben, Pyknometer usw.) einerseits von der Versuchsflüssigkeit (Gewicht. G_f) anderseits von Wasser (Gewicht: G_w bei gleicher Temperatur (t^0) faßt, so findet man durch Division das „Gewichtsverhältnis" $\gamma_L \frac{t^0}{t^0}$ (also den für Wägung in Luft gültigen Wert) $= \frac{G_f}{G_w}$. Um daraus die Dichte d_{t^0} der Versuchsflüssigkeit, also den für das Vakuum gültigen Wert, zu finden, rechnet man zunächst $\gamma_L \frac{t^0}{t^0}$ auf $\gamma_L \frac{t^0}{4^0}$ um, indem man mit dem Werte der Dichte des Wassers bei der Versuchstemperatur t^0 (siehe die Tafel 62) multipliziert, und korrigiert dann für das Vakuum.

Letzteres geschieht durch Zuzählen von 1,2 Einheiten der 5. Dezimale auf je 0,01 Einheiten, um die das Gewichtsverhältnis $\gamma_L \frac{t^0}{4^0}$ kleiner ist als 1,00, und durch Abziehen des gleichen Betrages für je 0,01 Einheiten, um die es größer ist als 1,00.

Beispiel 1.

Durch Auswägen wurde der Inhalt eines Kolbens, gefüllt mit der Versuchsflüssigkeit bei 15°, zu 40,3858 g bestimmt. Bei Füllung mit Wasser von 15° faßte der Kolben 50,4636 g. Dann ist:

$$\gamma_L \frac{15^0}{15^0} = \frac{40,3858}{50,4636} = 0,80030;$$

$$\gamma_L \frac{15^0}{4^0} = 0,80030 \cdot 0,999126 = 0,79960;$$

$$d_{15^0} = 0,79960 + 20 \cdot 0,000012 = 0,79984.$$

Beispiel 2.

In einem anderen Falle war der Inhalt an Versuchsflüssigkeit bei 20° 60,5836 g, an Wasser bei 20° 49,3643 g. Somit ist:

$$\gamma_L \frac{20^0}{20^0} = \frac{60,5836}{49,3643} = 1,22728;$$

$$\gamma_L \frac{20^0}{4^0} = 1,22728 : 0,998230 = 1,22511;$$

$$d_{20^0} = 1,22511 - 22,5 \,.\, 0,000012 = 1,22484.$$

Die Korrektur von Gewichtsverhältnissen auf das Vakuum (zur Bestimmung der Dichte) ist also immer dann erforderlich, wenn die Dichte mindestens bis auf die 4. Dezimale genau bestimmt werden soll (es sei denn, daß das Gewichtsverhältnis nur um weniger als 0,05 von der Einheit abweicht).

Tafel 65

Dichte und Gehalt wässeriger Lösungen von Schwefelsäure (H_2SO_4)

Dichte	Gehalt		Dichte	Gehalt		Dichte	Gehalt		Dichte	Gehalt	
d_{20^0}	Gew.%	Mol/Liter	d_{20^0}	Gew.%	Mol/Lit.	d_{20^0}	Gew.%	Mol/Lit.	d_{20^0}	Gew.%	Mol/Lit.
1,000	0,2609	0,02660	**1,235**	32,01	4,031	**1,470**	57,36	8,598	**1,705**	78,06	13,56
1,005	0,9855	0,1010	**1,240**	32,61	4,123	**1,475**	57,84	8,699	**1,710**	78,49	13,69
1,010	1,731	0,1783	**1,245**	33,22	4,216	**1,480**	58,31	8,799	**1,715**	78,93	13,80
1,015	2,485	0,2595	**1,250**	33,82	4,310	**1,485**	58,78	8,899	**1,720**	79,37	13,92
1,020	3,242	0,3372	**1,255**	34,42	4,404	**1,490**	59,24	9,000	**1,725**	79,81	14,04
1,025	4,000	0,4180	**1,260**	35,01	4,498	**1,495**	59,70	9,100	**1,730**	80,25	14,16
1,030	4,746	0,4983	**1,265**	35,60	4,592	**1,500**	60,17	9,202	**1,735**	80,70	14,28
1,035	5,493	0,5796	**1,270**	36,19	4,686	**1,505**	60,62	9,303	**1,740**	81,16	14,40
1,040	6,237	0,6613	**1,275**	36,78	4,781	**1,510**	61,08	9,404	**1,745**	81,62	14,52
1,045	6,956	0,7411	**1,280**	37,36	4,876	**1,515**	61,54	9,506	**1,750**	82,09	14,65
1,050	7,704	0,8250	**1,285**	37,95	4,972	**1,520**	62,00	9,608	**1,755**	82,57	14,78
1,055	8,415	0,9054	**1,290**	38,53	5,068	**1,525**	62,45	9,711	**1,760**	83,06	14,90
1,060	9,129	0,9865	**1,295**	39,10	5,163	**1,530**	62,91	9,813	**1,765**	83,57	15,04
1,065	9,843	1,066	**1,300**	39,68	5,259	**1,535**	63,36	9,916	**1,770**	84,08	15,17
1,070	10,56	1,152	**1,305**	40,25	5,356	**1,540**	63,81	10,02	**1,775**	84,61	15,31
1,075	11,26	1,235	**1,310**	40,82	5,452	**1,545**	64,26	10,12	**1,780**	85,16	15,46
1,080	11,96	1,317	**1,315**	41,39	5,549	**1,550**	64,71	10,23	**1,785**	85,74	15,61
1,085	12,66	1,401	**1,320**	41,95	5,646	**1,555**	65,15	10,33	**1,790**	86,35	15,76
1,090	13,36	1,484	**1,325**	42,51	5,743	**1,560**	65,59	10,43	**1,795**	86,99	15,92
1,095	14,04	1,567	**1,330**	43,07	5,840	**1,565**	66,03	10,54	**1,800**	87,69	16,09
1,100	14,73	1,652	**1,335**	43,62	5,938	**1,570**	66,47	10,64	**1,805**	88,43	16,27
1,105	15,41	1,735	**1,340**	44,17	6,035	**1,575**	66,91	10,74	**1,810**	89,23	16,47
1,110	16,08	1,820	**1,345**	44,72	6,132	**1,580**	67,35	10,85	**1,815**	90,12	16,68
1,115	16,76	1,905	**1,350**	45,26	6,229	**1,585**	67,79	10,96	**1,820**	91,11	16,91
1,120	17,43	1,990	**1,355**	45,80	6,327	**1,590**	68,23	11,06	**1,821**	91,33	16,96
1,125	18,09	2,075	**1,360**	46,33	6,424	**1,595**	68,66	11,16	**1,822**	91,56	17,01
1,130	18,76	2,161	**1,365**	46,86	6,522	**1,600**	69,09	11,27	**1,823**	91,78	17,06
1,135	19,42	2,247	**1,370**	47,39	6,620	**1,605**	69,53	11,38	**1,824**	92,00	17,11
1,140	20,08	2,334	**1,375**	47,92	6,718	**1,610**	69,96	11,48	**1,825**	92,25	17,17
1,145	20,73	2,420	**1,380**	48,45	6,817	**1,615**	70,39	11,59	**1,826**	92,51	17,22
1,150	21,38	2,507	**1,385**	48,97	6,915	**1,620**	70,82	11,70	**1,827**	92,77	17,28
1,155	22,03	2,594	**1,390**	49,48	7,012	**1,625**	71,25	11,80	**1,828**	93,03	17,34
1,160	22,67	2,681	**1,395**	49,99	7,110	**1,630**	71,67	11,91	**1,829**	93,33	17,40
1,165	23,31	2,768	**1,400**	50,50	7,208	**1,635**	72,09	12,02	**1,830**	93,64	17,47
1,170	23,95	2,857	**1,405**	51,01	7,307	**1,640**	72,52	12,13	**1,831**	93,94	17,54
1,175	24,58	2,945	**1,410**	51,52	7,406	**1,645**	72,95	12,24	**1,832**	94,32	17,62
1,180	25,21	3,033	**1,415**	52,02	7,505	**1,650**	73,37	12,34	**1,833**	94,72	17,70
1,185	25,84	3,122	**1,420**	52,51	7,603	**1,655**	73,80	12,45			
1,190	26,47	3,211	**1,425**	53,01	7,702	**1,660**	74,22	12,56			
1,195	27,10	3,302	**1,430**	53,50	7,801	**1,665**	74,64	12,67			
1,200	27,72	3,391	**1,435**	54,00	7,901	**1,670**	75,07	12,78			
1,205	28,33	3,481	**1,440**	54,49	8,000	**1,675**	75,49	12,89			
1,210	28,95	3,572	**1,445**	54,97	8,099	**1,680**	75,92	13,00			
1,215	29,57	3,663	**1,450**	55,45	8,108	**1,685**	76,34	13,12			
1,122	30,18	3,754	**1,455**	55,93	8,297	**1,690**	76,77	13,23			
1,225	30,79	3,846	**1,460**	56,41	8,397	**1,695**	77,20	13,34			
1,230	31,40	3,938	**1,465**	56,89	8,497	**1,700**	77,63	13,46			

Der Gehalt von Säuren höherer Dichte ist auf aräometrischem Wege nicht eindeutig bestimmbar.

Tafel 66

Dichte und Gehalt wässeriger Lösungen von Salzsäure (HCl)

Dichte d_{20^0}	Gehalt		Dichte d_{20^0}	Gehalt		Dichte d_{20^0}	Gehalt	
	Gew. %	Mol. Liter		Gew. %	Mol Liter		Gew. %	Mol. Liter
1,000	0,3600	0,09872	**1,070**	14,49$_5$	4,253	**1,140**	28,18	8,809
1,005	1,360	0,3748	**1,075**	15,48$_5$	4,565	**1,145**	29,17	9,159
1,010	2,364	0,6547	**1,080**	16,47	4.878	**1,150**	30,14	9,505
1,015	3,374	0,9391	**1,085**	17,45	5,192	**1,155**	31,14	9,863
1,020	4,388	1,227	**1,090**	18,43	5,509$_5$	**1,160**	32,14	10,22$_5$
1.025	5,408	1,520	**1,095**	19,41	5,829	**1,165**	33,16	10,59$_5$
1,030	6,433	1,817	**1,100**	20,39	6,150	**1,170**	34,18	10,97
1,035	7,464	2,118	**1,105**	21,36	6,472	**1,175**	35,20	11,34
1,040	8,490	2,421	**1.110**	22,33	6,796	**1,180**	36,23	11,73
1,045	9,510	2,725	**1,115**	23,29	7,122	**1,185**	37,27	12,11
1,050	10,52	3,029	**1,120**	24,25	7,449	**1,190**	38,32	12,50
1,055	11,52	3,333	**1,125**	25,22	7,782	**1,195**	39,37	12,90
1'060	12,51	3,638	**1,130**	26,20	8,118	**1,198**	40,00	13,14
1,065	13,50	3,944	**1,135**	27,18	8,459			

Tafel 67

Dichte und Gehalt wässeriger Lösungen von Salpetersäure (HNO_3)

Dichte d_{20^0}	Gehalt Gew. %	Gehalt Mol. Liter	Dichte d_{20^0}	Gehalt Gew. %	Gehalt Mol Liter	Dichte d_{20^0}	Gehalt Gew. %	Gehalt Mol. Liter
1,000	0,3333	0,05231	**1,190**	31,47	5,943	**1,380**	62,70	13,73
1,005	1,255	0,2001	**1,195**	32,21	6,107	**1,385**	63,72	14,01
1,010	2,164	0,3468	**1,200**	32,94	6,273	**1,390**	64,74	14,29
1,015	3,073	0,4950	**1,205**	33,68	6,440	**1,395**	65,84	14,57
1,020	3,982	0,6445	**1,210**	34,41	6,607	**1,400**	66,97	14,88
1,025	4,883	0,7943	**1,215**	35,16	6,778	**1,405**	68,10	15,18
1,030	5,784	0,9454	**1,220**	35,93	6,956	**1,410**	69,23	15,49
1,035	6,661	1,094	**1,225**	36,70	7,135	**1,415**	70,39	15,81
1,040	7,530	1,243	**1,230**	37,48	7,315	**1,420**	71,63	16,14
1,045	8,398	1,393	**1,235**	38,25	7,497	**1,425**	72,86	16,47
1,050	9,259	1,543	**1,240**	39,02	7,679	**1,430**	74,09	16,81
1,055	10,12	1,694	**1,245**	39,80	7,863	**1,435**	75,35	17,16
1,060	10,97	1,845	**1,250**	40,58	8,049	**1,440**	76,71	17,53
1,065	11,81	1,997	**1,255**	41,36	8,237	**1,445**	78,07	17,90
1,070	12,65	2,148	**1,260**	42,14	8,426	**1,450**	79,43	18,28
1,075	13,48	2,301	**1,265**	42,92	8,616	**1,455**	80,88	18,68
1,080	14,31	2,453	**1,270**	43,70	8,808	**1,460**	82,39	19,09
1,085	15,13	2,605	**1,275**	44,48	9,001	**1,465**	83,91	19,51
1,090	15,95	2,759	**1,280**	45,27	9,195	**1,470**	85,50	19,95
1,095	16,76	2,913	**1,285**	46,06	9,394	**1,475**	87,29	20,43
1,100	17,58	3,068	**1,290**	46,85	9,590	**1,480**	89,07	20,92
1,105	18,39	3,224	**1,295**	47,63	9,789	**1,485**	91,13	21,48
1,110	19,19	3,381	**1,300**	48,42	9,990	**1,490**	93,49	22,11
1,115	20,00	3,539	**1,305**	49,21	10,19	**1,495**	95,46	22,65
1,120	20,79	3,696	**1,310**	50,00	10,39	**1,500**	96,73	23,02
1,125	21,59	3,854	**1,315**	50,85	10,61	**1,501**	96,98	23,10
1,130	22,38	4,012	**1,320**	51,71	10,83	**1,502**	97,23	23,18
1,135	23,16	4,171	**1,325**	52,56	11,05	**1,503**	97,49	23,25
1,140	23,94	4,330	**1,330**	53,41	11,27	**1,504**	97,74	23,33
1,145	24,71	4,489	**1,335**	54,27	11,49	**1,505**	97,99	23,40
1,150	25,48	4,649	**1,340**	55,13	11,72	**1,506**	98,25	23,48
1,155	26,24	4,810	**1,345**	56,04	11,96	**1,507**	98,50	23,56
1,160	27,00	4,970	**1,350**	56,95	12,20	**1,508**	98,76	23,63
1,165	27,76	5,132	**1,355**	57,87	12,44	**1,509**	99,01	23,71
1,170	28,51	5,293	**1,360**	58,78	12,68	**1,510**	99,26	23,79
1,175	29,25	5,455	**1,365**	59,69	12,93	**1,511**	99,52	23,86
1,180	30,00	5,618	**1,370**	60,67	13,19	**1,512**	99,77	23,94
1,185	30,74	5,780	**1,375**	61,69	13,46	**1,513**	100,0	24,01

Tafel 68

Dichte und Gehalt wässeriger Lösungen von Phosphorsäure (H_3PO_4)

Dichte d_{20^0}	Gehalt		Dichte d_{20^0}	Gehalt		Dichte d_{20^0}	Gehalt	
	Gew. %	Mol. Liter		Gew. %	Mol. Liter		Gew. %	Mol. Liter
1,000	0,3214	0,03279	**1,160**	27,04	3,200	**1,320**	48,21	6,492
1,005	1,222	0,1253	**1,165**	27,78	3,301	**1,325**	48,81	6,597
1,010	2,148	0,2213	**1,170**	28,50	3,401	**1,330**	49,40	6,703
1,015	3,074	0,3183	**1,175**	29,21	3,501	**1,335**	50,00	6,809
1,020	4,000	0,4162	**1,180**	29,93	3,602	**1,340**	50,57	6,912
1,025	4,917	0,5141	**1,185**	30,63	3,703	**1,345**	51,14	7,015
1,030	5,835	0,6130	**1,190**	31,34	3,804	**1,350**	51,70	7,120
1,035	6,739	0,7114	**1,195**	32,04	3,906	**1,355**	52,27	7,225
1,040	7,640	0,8104	**1,200**	32,75	4,008	**1,360**	52,84	7,330
1,045	8,536	0,9098	**1,205**	33,45	4,111	**1,365**	53,41	7,436
1,050	9,429	1,010	**1,210**	34,15	4,215	**1,370**	53,98	7,543
1,055	10,31	1,110	**1,215**	34,86	4,320	**1,375**	54,55	7,650
1,060	11,18	1,209	**1,220**	35,53	4,421	**1,380**	55,11	7,757
1,065	12,05	1,309	**1,225**	36,18	4,521	**1,385**	55,64	7,860
1,070	12,91	1,409	**1,230**	36,84	4,622	**1,390**	56,17	7,964
1,075	13,76	1,509	**1,235**	37,50	4,724	**1,395**	56,70	8,068
1,080	14,60	1,608	**1,240**	38,16	4,826	**1,400**	57,23	8,173
1,085	15,43	1,708	**1,245**	38,82	4,929	**1,405**	57,77	8,278
1,090	16,26	1,808	**1,250**	39,47	5,033	**1,410**	58,30	8,384
1,095	17,06	1,906	**1,255**	40,13	5,137	**1,415**	58,83	8,491
1,100	17,87	2,005	**1,260**	40,77	5,240	**1,420**	59,36	8,598
1,105	18,67	2,104	**1,265**	41,41	5,343	**1,425**	59,89	8,705
1,110	19,46	2,203	**1,270**	42,05	5,447	**1,430**	60,41	8,811
1,115	20,25	2,303	**1,275**	42,69	5,552	**1,435**	60,92	8,917
1,120	21,02	2,402	**1,280**	43,33	5,658	**1,440**	61,43	9,023
1,125	21,80	2,501	**1,285**	43,97	5,764	**1,445**	61,94	9,129
1,130	22,56	2,600	**1,290**	44,62	5,870	**1,450**	62,45	9,236
1,135	23,32	2,700	**1,295**	45,24	5,975	**1,455**	62,96	9,344
1,140	24,07	2,799	**1,300**	45,83	6,077	**1,460**	63,47	9,452
1,145	24,82	2,899	**1,305**	46,43	6,180	**1,465**	63,98	9,561
1,150	25,57	2,999	**1,310**	47,02	6,283	**1,470**	64,49	9,670
1,155	26,31	3,099	**1,315**	47,62	6,387	**1,475**	65,00	9,779

Tafel 69

Dichte und Gehalt wässeriger Lösungen von Ameisensäure (H_2CO_2)

Dichte d_{20^0}	Gehalt		Dichte d_{20^0}	Gehalt		Dichte d_{20^0}	Gehalt	
	Gew. %	Mol. Liter		Gew. %	Mol. Liter		Gew. %	Mol. Liter
1,0000	0,469	0,102	**1,0600**	24,58	5,662	**1,1200**	49,96	12,16
1,0025	1,192	0,2597	**1,0625**	$25,62_5$	5,916	**1,1225**	51,04	12,45
1,0050	2,154	0,4704	**1,0650**	26,67	6,171	**1,1250**	52,13	12,74
1,0075	3,120	0,6390	**1,0675**	27,71	6,427	**1,1275**	53,22	13,04
1,0100	4,120	0,9042	**1,0700**	28,75	6,684	**1,1300**	54,30	13,33
1,0125	5,120	1,126	**1,0725**	29,79	6,943	**1,135**	56,48	13,93
1,0150	6,120	1,350	**1,0750**	30,83	7,203	**1,140**	58,65	14,53
1,0175	7,120	1,574	**1,0775**	$31,87_5$	7,463	**1,145**	60,83	15,13
1,0200	8,120	1,800	**1,0800**	32,92	7,725	**1,150**	63,00	15,74
1,0225	9,120	2,026	**1,0825**	33,96	7,988	**1,155**	65,17	16,36
1,1250	10,12	2,254	**1,0850**	35,00	8,252	**1,160**	67,35	16,98
1,0275	11,12	2,483	**1,0875**	36,04	8,517	**1,165**	69,52	17,60
1,0300	12,12	2,713	**1,0900**	37,08	8,783	**1,170**	71,70	18,23
1,0325	$13,12_5$	2,945	**1,0925**	38,12	9,051	**1,175**	73,87	18,86
1,0350	14,17	3,179	**1,0950**	39,17	9,319	**1,180**	76,00	19,49
1,0375	15,21	3,429	**1,0975**	40,21	9,589	**1,185**	78,23	20,14
1,0400	16,25	3,672	**1,1000**	41,26	9,862	**1,190**	80,57	20,83
1,0425	17,29	3,917	**1,1025**	42,35	10,15	**1,195**	83,05	21,57
1,0450	18,33	4,163	**1,1050**	43,43	10,43	**1,200**	85,72	22,35
1,0475	$19,37_5$	4,410	**1,1075**	44,52	$10,71_5$	**1,205**	88,53	23,18
1,0500	20,42	4,658	**1,1100**	45,61	11,00	**1,210**	91,56	24,07
1,0525	21,46	4,908	**1,1125**	46,70	11,29	**1,215**	94,93	25,06
1,0550	22,50	5,158	**1,1150**	47,78	11,58	**1,220**	98,75	26,18
1,0575	23,54	5,410	**1,1175**	48,87	11,87	**1,2213**	100,0	26,54

Tafel 70

Dichte und Gehalt wässeriger Lösungen von Essigsäure ($H_4C_2O_2$)

Dichte d_{20^0}	Gehalt Gew. %	Gehalt Mol. Liter	Dichte d_{20^0}	Gehalt Gew. %	Gehalt Mol. Liter	Dichte d_{20^0}	Gehalt Gew. %	Gehalt Mol. Liter
1,000	1,20	0,200	**1,032**	24,7	4,24	**1,057**	49,4	8,69
1,001	1,87	0,311	**1,033**	25,5	4,39		97,0	17,08
1,002	2,57	0,429	**1,034**	26,3	4,54	**1,058**	50,6	8,92
1,003	3,27	0,546	**1,035**	27,2	4,68		96,5	17,00
1,004	3,93	0,658	**1,036**	28,0	4,83	**1,059**	52,0	9,17
1,005	4,64	0,777	**1,037**	28,8	4,98		95,9	16,93
1,006	5,36	0,898	**1,038**	29,7	5,14	**1,060**	53,4	9,43
1,007	6,07	1,02	**1,039**	30,6	5,30		95,3$_5$	16,84
1,008	6,73	1,13	**1,040**	31,5	5,46$_5$	**1,061**	54,9	9,70
1,009	7,43	1,25	**1,041**	32,4$_5$	5,63		94,7	16,74
1,010	8,14	1,37	**1,042**	33,4	5,80	**1,062**	56,3	9,97
1,011	8,86	1,49	**1,043**	34,4	5,97		94,0	16,63
1,012	9,57	1,61	**1,044**	35,3	6,13	**1,063**	58,0	10,27
1,013	10,3	1,74	**1,045**	36,2	6,30		93,2	16,50
1,014	11,0	1,86	**1,046**	37,2	6,48	**1,064**	59,7	10,58
1,015	11,7	1,98	**1,047**	38,2	6,66		92,3	16,35
1,016	12,4	2,10	**1,048**	39,2	6,84	**1,065**	61,4	10,89
1,017	13,1$_5$	2,23	**1,049**	40,2	7,02$_5$		91,2	16,18
1,018	13,9	2,36	**1,050**	41,2	7,21	**1,066**	63,4	11,26
1,019	14,6	2,49		99,9	17,47		90,0	15,98
1,020	15,4	2,62	**1,051**	42,3	7,41	**1,067**	65,7$_5$	11,69
1,021	16,1	2,75		99,5	17,43		88,7	15,76
1,022	16,9	2,87	**1,052**	43,4	7,61	**1,068**	68,2$_5$	12,14
1,023	17,6	3,00		99,2	17,38		86,8	15,44
1,024	18,4	3,14	**1,053**	44,6	7,82	**1,069**	71,5	12,73
1,025	19,2	3,27		98,8	17,33		83,3	14,84
1,026	19,9	3,40$_5$	**1,054**	45,7	8,02		77,0	13,72
1,027	20,7	3,54		98,4	17,27	**1,070**	bis	bis
1,028	21,5	3,67$_5$	**1,055**	46,9	8,24		79,0	14,08
1,029	22,3	3,81		97,9$_5$	17,21		Maximum	
1,030	23,1	3,96	**1,056**	48,1	8,47		(Umkehrpunkt)	
1,031	23,8	4,10		97,5	17,15			

Tafel 71

Dichte und Gehalt wässeriger Lösungen von Kaliumhydroxyd (KOH)

Dichte d_{20^0}	Gehalt Gew. %	Gehalt Mol. Liter	Dichte d_{20^0}	Gehalt Gew. %	Gehalt Mol. Liter	Dichte d_{20^0}	Gehalt Gew. %	Gehalt Mol. Liter
1,000	0,197	0,0351	**1,180**	19,35	4,07	**1,360**	$36,73_5$	8,90
1,005	0,743	0,133	**1,185**	19,86	$4,19_5$	**1,365**	37,19	9,05
1,010	$1,29_5$	0,233	**1,190**	20,37	4,32	**1,370**	37,65	9,19
1,015	1,84	0,333	**1,195**	20,88	4,45	**1,375**	$38,10_5$	9,34
1,020	2,38	$0,433_5$	**1,200**	21,38	4,57	**1,380**	38,56	9,48
1,025	2,93	0,536	**1,205**	21,88	4,70	**1,385**	39,01	9,63
1,030	3,48	$0,639_5$	**1,210**	22,38	4,83	**1,390**	39,46	9,78
1,035	4,03	0,744	**1,215**	22,88	$4,95_5$	**1,395**	39,92	9,93
1,040	4,58	0,848	**1,220**	23,38	5,08	**1,400**	40,37	10,07
1,045	5,12	0,954	**1,225**	23,87	5,21	**1,405**	40,82	10,22
1,050	5,66	1,06	**1,230**	24,37	5,34	**1,410**	41,26	10,37
1,055	6,20	1,17	**1,235**	24,86	5,47	**1,415**	41,71	10,52
1,060	6,74	1,27	**1,240**	25,36	5,60	**1,420**	$42,15_5$	10,67
1,065	7,28	1,38	**1,245**	25,85	5,74	**1,425**	42,60	10,82
1,070	7,82	1,49	**1,250**	26,34	5,87	**1,430**	43,04	10,97
1,075	8,36	1,60	**1,255**	26,83	6,00	**1,435**	43,48	11,12
1,080	8,89	1,71	**1,260**	27,32	$6,13_5$	**1,440**	43,92	11,28
1,085	9,43	1,82	**1,265**	27,80	6,27	**1,445**	44,36	11,42
1,090	9,96	1,94	**1,270**	28,29	6,40	**1,450**	44,79	11,58
1,095	10,49	2,05	**1,275**	28,77	6,54	**1,455**	45,23	11,73
1,100	11,03	2,16	**1,280**	29,25	6,67	**1,460**	45,66	11,88
1,105	11,56	2,28	**1,285**	29,73	6,81	**1,465**	$46,09_5$	12,04
1,110	12,08	2,39	**1,290**	30,21	6,95	**1,470**	46,53	12,19
1,115	12,61	2,51	**1,295**	30,68	7,08	**1,475**	46,96	12,35
1,120	13,14	2,62	**1,300**	31,15	7,22	**1,480**	47,39	12,50
1,125	13,66	2,74	**1,305**	31,62	7,36	**1,485**	47,82	12,66
1,130	14,19	2,86	**1,310**	32,09	7,49	**1,490**	48,25	12,82
1,135	$14,70_5$	$2,97_5$	**1,315**	32,56	7,63	**1,495**	$48,67_5$	12,97
1,140	15,22	3,09	**1,320**	33,03	7,77	**1,500**	49,10	13,13
1,145	15,74	3,21	**1,325**	33,50	7,91	**1,505**	49,53	13,29
1,150	16,26	3,33	**1,330**	33,97	8,05	**1,510**	49,95	13,45
1,155	16,78	3,45	**1,335**	34,43	8,19	**1,515**	50,38	13,60
1,160	17,29	3,58	**1,340**	34,90	$8,33_5$	**1,520**	50,80	13,76
1,165	17,81	3,70	**1,345**	35,36	8,48	**1,525**	51,22	13,92
1,170	18,32	3,82	**1,350**	35,82	8,62	**1,530**	51,64	14,08
1,175	18,84	$3,94_5$	**1,355**	36,28	8,76	**1,535**	52,05	14,24

Tafel 72

Dichte und Gehalt wässeriger Lösungen von Natrium-hydroxyd (NaOH)

Dichte	Gehalt		Dichte	Gehalt		Dichte	Gehalt	
d_{20^0}	Gew. %	Mol. Liter	d_{20^0}	Gew. %	Mol. Liter	d_{20^0}	Gew. %	Mol. Liter
1,000	0,159	0,0398	**1,180**	16,44	4,850	**1,360**	33,06	11,24
1,005	0,602	0,151	**1,185**	16,89	5,004	**1,365**	33,54	11,45
1,010	1,04$_5$	0,264	**1,190**	17,34$_5$	5,160	**1,370**	34,03	11,65
1,015	1,49	0,378	**1,195**	17,80	5,317	**1,375**	34,52	11,86
1,020	1,94	0,494	**1,200**	18,25$_5$	5,476	**1,380**	35,01	12,08
1,025	2,39	0,611	**1,205**	18,71	5,636	**1,385**	35,50$_5$	12,29
1,030	2,84	0,731	**1,210**	19,16	5,796	**1,390**	36,00	12,51
1,035	3,29	0,851	**1,215**	19,62	5,958	**1,395**	36,49$_5$	12,73
1,040	3,74$_5$	0,971	**1,220**	20,07	6,122	**1,400**	36,99	12,95
1,045	4,20	1,097	**1,225**	20,53	6,286	**1,405**	37,49	13,17
1,050	4,65$_5$	1,222	**1,230**	20,98	6,451	**1,410**	37,99	13,39
1,055	5,11	1,347	**1,235**	21,44	6,619	**1,415**	38,49	13,61
1,060	5,56	1,474	**1,240**	21,90	6,788	**1,420**	38,99	13,84
1,065	6,02	1,602	**1,245**	22,36	6,958	**1,425**	39,49$_5$	14,07
1,070	6,47	1,731	**1,250**	22,82	7,129	**1,430**	40,00	14,30
1,075	6,93	1,862	**1,255**	23,27$_5$	7,302	**1,435**	40,51$_5$	14,53
1,080	7,38	1,992	**1,260**	23,73	7,475	**1,440**	41,03	14,77
1,085	7,83	2,123	**1,265**	24,19	7,650	**1,445**	41,55	15,01
1,090	8,28	2,257	**1,270**	24,64$_5$	7,824	**1,450**	42,07	15,25
1,095	8,74	2,391	**1,275**	25,10	8,000	**1,455**	42,59	15,49
1,100	9,19	2,527	**1,280**	25,56	8,178	**1,460**	43,12	15,74
1,105	9,64$_5$	2,664	**1,285**	26,02	8,357	**1,465**	43,64	15,98
1,110	10,10	2,802	**1,290**	26,48	8,539	**1,470**	44,17	16,23
1,115	10,55$_5$	2,942	**1,295**	26,94	8,722	**1,475**	44,69$_5$	16,48
1,120	11,01	3,082	**1,300**	27,41	8,906	**1,480**	45,22	16,73
1,125	11,46	3,224	**1,305**	27,87	9,092	**1,485**	45,75	16,98
1,130	11,92	3,367	**1,310**	28,33	9,278	**1,490**	46,27	17,23
1,135	12,37	3,510	**1,315**	28,80	9,466	**1,495**	46,80	17,49
1,140	12,83	3,655	**1,320**	29,26	9,656	**1,500**	47,33	17,75
1,145	13,28	3,801	**1,325**	29,73	9,847	**1,505**	47,85	18,00
1,150	13,73	3,947	**1,330**	30,20	10,04	**1,510**	48,38	18,26
1,155	14,18	4,095	**1,335**	31,67	10,23	**1,515**	48,90$_5$	18,52
1,160	14,64	4,244	**1,340**	32,14	10,43	**1,520**	49,44	18,78
1,165	15,09	4,395	**1,345**	32,62	10,63	**1,525**	49,97	19,05
1,170	15,54	4,545	**1,350**	32,10	10,83	**1,530**	50,50	19,31
1,175	15,99	4,697	**1,355**	32,58	11,03			

Tafel 73

Dichte und Gehalt wässeriger Lösungen von Ammoniak (NH_3)

Dichte d_{20^0}	Gehalt Gew. %	Gehalt Mol. Liter	Dichte d_{20^0}	Gehalt Gew. %	Gehalt Mol. Liter	Dichte d_{20^0}	Gehalt Gew. %	Gehalt Mol. Liter
0,998	0,0465	0,0273	**0,958**	9,87	5,55	**0,918**	21,50	11,59
0,996	0,512	0,299	**0,956**	10,40	5,84	**0,916**	22,12$_5$	11,90
0,994	0,977	0,570	**0,954**	10,95	6,13	**0,914**	22,75	12,21
0,992	1,43	0,834	**0,952**	11,49	6,42	**0,912**	23,39	12,52
0,990	1,89	1,10	**0,950**	12,03	6,71	**0,910**	24,03	12,84
0,988	2,35	1,36$_5$	**0,948**	12,58	7,00	**0,908**	24,68	13,16
0,986	2,82	1,63$_5$	**0,946**	13,14	7,29	**0,906**	25,33	13,48
9,984	3,30	1,91	**0,944**	13,71	7,60	**0,904**	26,00	13,80
0,982	3,78	2,18	**0,942**	14,29	7,91	**0,902**	26,67	14,12
0,980	4,27	2,46	**0,940**	14,88	8,21	**0,900**	27,33	14,44
0,978	4,76	2,73	**0,938**	15,47	8,52	**0,898**	28,00	14,76
0,976	5,25	3,01	**0,936**	16,06	8,83	**0,896**	28,67	15,08
0,974	5,75	3,29	**0,934**	16,65	9,13	**0,894**	29,33	15,40
0,972	6,25	3,57	**0,932**	17,24	9,44	**0,892**	30,00	15,71
0,970	6,75	3,84	**0,930**	17,85	9,75	**0,890**	30,68$_5$	16,04
0,968	7,26	4,12	**0,928**	18,45	10,06	**0,888**	31,37	16,36
0,966	7,77	4,41	**0,926**	19,06	10,37	**0,886**	32,09	16,69
0,964	8,29	4,69	**0,924**	19,67	10,67	**0,884**	32,84	17,05
0,962	8,82	4,98	**0,922**	20,27	10,97	**0,882**	33,59$_5$	17,40
0,960	9,34	5,27	**0,920**	20,88	11,28	**0,880**	34,35	17,75

Tafel 74

Dichte und Gehalt wässeriger Lösungen von Methylalkohol (CH_3OH)

Dichte d_{20^0}	Gehalt Gew. %	Dichte d_{20^0}	Gehalt Gew. %	Dichte d_{20^0}	Gehalt Gew. %	Dichte d_{20^0}	Gehalt Gew. %	Dichte d_{20^0}	Gehalt Gew. %
0,998	0,111	**0,956**	27,13	**0,914**	50,80	**0,872**	69,79	**0,830**	86,48
0,996	1,23$_5$	**0,954**	28,44	**0,912**	51,76	**0,870**	70,62$_5$	**0,828**	87,21
0,994	2,41	**0,952**	29,69	**0,910**	52,71	**0,868**	71,46	**0,826**	87,93
0,992	3,59	**0,950**	30,94	**0,908**	53,67	**0,866**	72,28	**0,824**	88,64
0,990	4,76$_5$	**0,948**	32,19	**0,906**	54,62	**0,864**	73,08	**0,822**	89,36
0,988	5,94	**0,946**	33,41	**0,904**	55,57	**0,862**	73,88	**0,820**	90,07
0,986	7,19	**0,944**	34,59	**0,902**	56,52	**0,860**	74,68	**0,818**	90,79
0,984	8,44	**0,942**	35,76	**0,900**	57,48	**0,858**	75,50	**0,816**	91,50
0,982	9,69	**0,940**	36,94	**0,898**	58,43	**0,856**	76,33	**0,814**	92,21
0,980	11,00	**0,938**	38,06	**0,896**	59,36	**0,854**	77,16	**0,812**	92,93
0,978	12,33	**0,936**	39,17	**0,894**	60,27	**0,852**	77,96	**0,810**	93,64
0,976	13,67	**0,934**	40,28	**0,892**	61,18	**0,850**	78,76	**0,808**	94,36
0,974	15,00	**0,932**	41,39	**0,890**	62,09	**0,848**	79,56	**0,806**	95,07
0,972	16,33	**0,930**	42,47	**0,888**	63,00	**0,846**	80,36	**0,804**	95,76
0,970	17,67	**0,928**	43,53	**0,886**	63,87	**0,844**	81,15	**0,802**	96,45
0,968	19,00	**0,926**	44,58	**0,884**	64,74	**0,842**	81,92	**0,800**	97,14
0,966	20,43	**0,924**	45,63	**0,882**	65,61	**0,840**	82,69	**0,798**	97,83
0,964	21,80	**0,922**	46,68	**0,880**	66,46	**0,838**	83,46	**0,796**	98,52
0,962	23,13	**0,920**	47,74	**0,878**	67,29	**0,836**	84,23	**0,794**	99,21
0,960	24,47	**0,918**	48,79	**0,876**	68,12$_5$	**0,834**	85,00	**0,792**	99,90
0,958	25,80	**0,916**	49,84	**0,874**	68,96	**0,832**	85,74	**0,7917**	100,00

Tafel 75

Dichte und Gehalt wässeriger Lösungen von Glycerin ($C_3H_5(OH)_3$)

Dichte d_{20^0}	Gehalt Gew. %	Dichte d_{20^0}	Gehalt Gew. %	Dichte d_{20^0}	Gehalt Gew. %	Dichte d_{20^0}	Gehalt Gew. %
1,000	0,783	**1,070**	28,96	**1,140**	55,07	**1,210**	80,78
1,005	2,86	**1,075**	30,88	**1,145**	56,93	**1,215**	82,63
1,010	4,96	**1,080**	32,78	**1,150**	58,78	**1,220**	84,48
1,015	7,04	**1,085**	34,63	**1,155**	60,63	**1,225**	86,33
1,020	9,12₅	**1,090**	36,54	**1,160**	62,48	**1,230**	88,18₅
1,025	11,20	**1,095**	38,41	**1,165**	64,29	**1,235**	90,04
1,030	13,20	**1,100**	40,26	**1,170**	66,11	**1,240**	91,89
1,035	15,20	**1,105**	42,11	**1,175**	67,93	**1,245**	93,77
1,040	17,20	**1,110**	43,96	**1,180**	69,71	**1,250**	95,69
1,045	19,20	**1,115**	45,81₅	**1,185**	71,52	**1,255**	97,64
1,050	21,20	**1,120**	47,67	**1,190**	73,37	**1,260**	99,64
1,055	23,19	**1,125**	49,52	**1,195**	75,22	**1,2609**	100,00
1,060	25,11₅	**1,130**	51,37	**1,200**	77,07		
1,065	27,04	**1,135**	53,22	**1,205**	78,93		

Tafel 76

Maßanalytische Äquivalent

Nr.	Stoff	Formel	MG (Molekulargewicht)	ÄG (Äquivalentgewicht	lg ÄG	$ÄG_L$ (Äquivalentgewicht in Luft)	lg $ÄG_L$	Nr.
1	Äpfelsäure	$H_2 \cdot C_4H_4O_5$	134,05	67,025	82624	—	—	1
2	Ameisensäure . .	$H \cdot CHO_2$	46,02	46,02	66295	—	—	2
3	Ammoniak	NH_3	17,031	17,031	23124	—	—	3
4	Ammonium-chlorid	NH_4Cl	53,496	53,496	72832	—	—	4
5	Ammonium-rhodanid	NH_4CNS	76,118	76,118	88149	—	—	5
6	Arsenige Säure (Anh.)	As_2O_3	197,82	49,455	69421	49,44	69408	6
7	Ascorbinsäure . .	$C_6H_8O_6$	176	88	94448	—	—	7
8	Bariumcarbonat .	$BaCO_3$	197,36	98,68	99423	—	—	8
9	Bariumhydroxyd	$Ba(OH)_2 \cdot 8\,H_2O$	315,50	157,750	19797	—	—	9
10	Bariumoxyd . . .	BaO	153,36	76,680	88468	—	—	10
11	Calciumcarbonat	$CaCO_3$	100,08	50,040	69932	—	—	11
12	Calciumhydroxyd	$Ca(OH)_2$	74,10	37,048	56877	—	—	12
13	Calciumoxyd . . .	CaO	56,08	28,040	44778	—	—	13
14	Chlor	Cl	35,457	35,457	54970	—	—	14
15	Chlorwasserstoff	HCl	36,465	36,465	56188	—	—	15
16	Chromsäure (Anh.)	CrO_3	100,01	33,34	52292	—	—	16
17	Citronensäure . .	$H_3 \cdot C_6H_5O_7 \cdot H_2O$	210,08	70,03	84527	—	—	17
18	Eisenoxyd	Fe_2O_3	159,68	79,840	90222	—	—	18
19	Eisenoxydul . . .	FeO	71,84	71,84	85637	—	—	19
20	Essigsäure	$H \cdot C_2H_3O_2$	60,03	60,03	77887	—	—	20
21	Ferroammonium-sulfat	$(NH_4)_2Fe(SO_4)_2 \cdot 6H_2O$	392,13	392,13	59343	391,90	59318	21
22	Jod	J	126,92	126,92	10353	126,91	10349	22
23	Kaliumbicarbonat	$KHCO_3$	100,10	100,10	00043	100,07	00030	23
24	Kaliumbichromat	$K_2Cr_2O_7$	294,21	49,035	69051	49,012	69030	24
25	Kaliumbijodat . .	$KH(JO_3)_2$	389,94	32,495	51182	32,490	51175	25
26	Kaliumbiphthalat	$KHC_8H_4O_4$	204,14	204,14	30992	204,06	30976	26
27	Kaliumbitartrat .	$KHC_4H_4O_6$	188,14	188,14	27447	—	—	27
28	Kaliumbromat . .	$KBrO_3$	167,012	27,8353	44459	27,828	44448	28
29	Kaliumcarbonat .	K_2CO_3	138,19	69,096	83945	—	—	29
30	Kaliumhydroxyd	KOH	56,104	56,104	74899	—	—	30
31	Kaliumjodat . . .	KJO_3	214,02	35,669	55229	35,66	55218	31
32	Kaliumjodid . . .	KJ	166,02	166,02	22016	—	—	32
33	Kalium-permanganat .	$KMnO_4$	158,03	31,605	49976	—	—	33

Tafel 76

gewichte mit Logarithmen

Nr.	Stoff	Formel	MG (Molekulargewicht)	ÄG (Äquivalentgewicht)	lg ÄG	$ÄG_L$ (Äquivalentgewicht in Luft)	lg $ÄG_L$	Nr.
34	Kaliumphosphat (prim.)	KH_2PO_4	136,09	136,09	13381	—	—	34
35	Kaliumoxyd	K_2O	94,192	47,096	67298	—	—	35
36	Kaliumtartrat	$K_2C_4O_6$	226,22	113,11	05350	—	—	36
37	Kupfer	Cu	63,57	31,785	50222	—	—	37
38	Kupferoxyd	CuO	79,57	89,785	59972	—	—	38
39	Kupfersulfat	$CuSO_4 \cdot 5\,H_2O$	249,71	124,855	09641	—	—	39
40	Magnesiumcarbonat	$MgCO_3$	84,32	42,160	62490	—	—	40
41	Magnesiumoxyd	MgO	40,32	20,160	30440	—	—	41
42	Mangansuperoxyd	MnO_2	86,93	43,465	63814	—	—	42
43	Milchsäure	$H \cdot C_3H_5O_3$	90,05	90,05	95448	—	—	43
44	Milchzucker	$C_{12}H_{22}O_{11} \cdot H_2O$	360,2	180,1	25549	—	—	44
45	Natriumbicarbonat	$NaHCO_3$	84,005	84,005	92431	—	—	45
46	Natriumcarbonat	Na_2CO_3	105,99	52,997	72425	52,98	72411	46
47	Natriumchlorid	NaCl	58,454	58,454	76681	58,44	76671	47
48	Natriumhydroxyd	NaOH	40,005	40,005	60211	—	—	48
49	Natriumphosphat (sek.)	$Na_2HPO_4 \cdot 2\,H_2O$	178,01	178,01	25044	—	—	49
50	Natriumoxalat	$Na_2C_2O_4$	133,99	66,997	82606	66,98	82595	50
51	Natriumoxyd	Na_2O	61,994	30.997	49132	—	—	51
52	Natirumtetraborat	$Na_2B_4O_7 \cdot 10\,H_2O$	381,43	190,72	28040	190,61	28014	52
53	Natriumthiosulfat	$Na_2S_2O_3 \cdot 5\,H_2O$	248,19	248,19	39478	248,05	39454	53
54	Oxalsäure	$H_2C_2O_4 \cdot 2\,H_2O$	126,05	63,02	79948	62,99	79927	54
55	Phosphorsäure	H_3PO_4	98,04	32,68	51428	—	—	55
56	Phosphorsäureanhydrid	P_2O_5	142,04	23,673	37426	—	—	56
57	Salpetersäure	HNO_3	63,016	63,016	79945	—	—	57
58	Salpetersäureanhydrid	N_2O_5	108,016	54,008	73245	—	—	58
59	Salpetrige Säure	HNO_2	47,016	23,508	37121	—	—	59
60	Salpetrigsäureanhydrid	N_2O_3	76,016	19,004	27884	—	—	60
61	Sauerstoff	O	16,000	8,000	90309	—	—	61
62	Schwefelsäure	H_2SO_4	98,08	49,040	69055	—	—	62
63	Schwefelsäureanhydrid	SO_3	80,06	40,030	60239	—	—	63
64	Schwefelwasserstoff	H_2S	34,08	17,04	23147	—	—	64
65	Schweflige Säure (Anh.)	SO_2	64,06	32,030	50556	—	—	65
66	Silbernitrat	$AgNO_3$	169,888	169,888	23016	169,87	23012	66
67	Weinsäure	$H_2 \cdot C_4H_4O_6$	150,05	75,025	87521	—	—	67

Quellenangaben

zu den Anmerkungen im Text.

1. Röttgers Lehrbuch der Nahrungsmittelchemie, herausgegeben von E. Spaeth und A. Grohmann, Joh. Ambr. Barth, Leipzig 1926; Band II, S. 2017.
2. Wie 1.
3. R. Pfister und W. Leuze, Tabelle der berechneten Trockensubstanz der Milch nach der Fleischmannschen Formel; M. und H. Schaper, Hannover 1925 (Auszug).
4. A. Bömer, A. Juckenack und J. Tillmans, Handbuch der Lebensmittelchemie, Julius Springer, Berlin 1936; III. Band, S. 128.
5. W. Grimmer, Milchwirtschaftliches Praktikum, Akad. Verlagsgesellschaft, Leipzig 1926, S. 54; 60.
6. Winter, C. r. Acad. Sci. Paris 121, 696 (1895); Rev. internat. falsific. 16, 151 (1895).
7. Z. Unters. Lebensm. 13, 186 (1907); Berliner Molkereiztg. 1906, 109; 123; 124. Ausführliche Literatur bei: W. Fleischmann und H. Weigmann, Lehrbuch der Milchwirtschaft, Paul Parey, Berlin 1932; Chr. Barthel, Untersuchung von Milch und Molkereiprodukten, Paul Parey, Berlin 1928.
8. G. Wiegner, Milchwirtsch. Zbl. 7, 534 (1911).
9. Milchwirtsch. Forsch. 3, 240 (1926).
10. Aus A. Kraus und F. Schwenzer, Hilfstabellen für Nahrungsmittelchemiker, Veit & Co., Leipzig 1910.
11. J. Tillmans, Die chemische Untersuchung von Wasser und Abwasser, 2. Aufl., W. Knapp, Halle 1932.
12. R. Strohecker, Z. f. anal. Chem. **107**, 321 (1936); Vom Wasser 12, 128 (1938).
13. F. W. Müller, Vorratspflege und Lebensmittelforschung, 4, 401—406 (1941).
14. Z. Unters. Lebensmitt. **60**, 416 (1930).
15. Kalender f. d. landw. Gew., 47. Jahrg., Paul Parey, Berlin 1931.
16. Arb. ksl. Gesdhsamt **13**, 77 (1897).
17. Chemisch-technische Untersuchungsmethoden, Berl-Lunge, J. Springer, Berlin 1934; V. Band, S. 35.
18. Deutsche Zuckerindustrie **61**, 999 (1936).
19. Deutsche Zuckerindustrie **61**, 1027 (1936).
20. J. Großfeld, Anleitung zur Untersuchung der Lebensmittel, J. Springer, Berlin (1927).

21. Mitt. Lebensmittelunters. 4, 369 (1913).

22. H. Finke, Handbuch der Kakaoerzeugnisse, Julius Springer, Berlin 1936, S. 487/488.

23. Zeitschr. f. Unters. d. Lebensm. 79, 79 (1940).

24. Z. Ver. Dtsch. Zuckerind. 57, 1008 (1907).

25. Z. Zuckerind. in Böhmen 1908, Heft 3.

26. Reichsgesundheitsbl. 1943, Heft 16.

27. Siehe die Anweisung zur chemischen Untersuchung des Weines (Zbl. Dtsch. Reich 48, 1630/31 [1920]).

28. Aus A. Kraus und F. Schwenzer, Hilfstabellen für Nahrungsmittelchemiker, Veit & Co., Leipzig 1910.

29. Zeitschr. f. Unters. d. Lebensm. 72, 414 (1936).

30. Zeitschr. f. Unters. d. Lebensm. 71, 35 (1936) u. 72, 414 (1936).

31. Einheitliche Methoden f. die Fett- und Wachsindustrie (Wizöff), Wissensch. Verlagsges., Stuttgart 1930.

32. Schweiz. Lebensmittelbuch (Anträge für die Revision der Abschnitte Speisefette und Speiseöle), S. 180; Chem. Ztg. 31, 513 (1907); Z. f. Unters. d. Lebensm. 13, 518 (1907).

33. J. Großfeld, Anleitung zur Untersuchung der Lebensmittel, Julius Springer, Berlin 1927.

34. E. Bellmer, Chem. Ztg. 35, 997 (1911).

35. A. Bömer, A. Juckenack und J. Tillmans, Handbuch d. Lebensmittelchemie, IV. Band, J. Springer, Berlin 1939.

36. Aus F. W. Küster und A. Thiel, Logarithmische Rechentafeln für Chemiker, 41./45. Auflage, W. de Gruyter & Co., Berlin 1935.

37. Lunge-Berl, Chem.-techn. Unters.-Meth., 8. Aufl., Bd. I, S. 511, Julius Springer, Berlin 1931.

38. Die Tafeln 63—75 sind nach den Angaben in Landolt-Börnstein, Physikalisch-chemische Tabellen, 5. Aufl. und Ergänzungsbände, Julius Springer, Berlin 1923 u. f., sowie nach den dort angezogenen Originalarbeiten berechnet. Augenfällige Unstimmigkeiten sind durch rechnerischen Ausgleich beseitigt. Für Kalilauge wurden Angaben in Berl-Lunge, Taschenbuch für die anorganisch-chemische Großindustrie, 7. Aufl., Julius Springer, Berlin 1930, S. 309—311, benutzt.

39. Vereinigung der Großkesselbesitzer, „Kesselbetrieb", Sammlung von Betriebserfahrungen, Verlag Springer, Berlin, 1931, 2. Aufl.

40. Handbuch der Lebensmittelchemie, VIII/2 (1940).

Zusammenstellung

der einschlägigen Buchliteratur.

1. Handbuch d. Lebensmittelchemie, J. Springer, Berlin 1933-1942.
2. R. Strohecker, Methoden der Lebensmittelchemie, Walter de Gruyter, Berlin 1943, 2. Auflage.
3. J. Großfeld, Anleitung zur Untersuchung der Lebensmittel, Julius Springer, Berlin 1927.
4. A. Beythien, Laboratoiumsbuch für den Nahrungsmittelchemiker, Theodor Steinkopf, Dresden und Leipzig 1939, 2. Aufl.
5. H. Röttger, E. Späth und A. Grohmann, Lehrbuch der Nahrungsmittelchemie, Joh. Ambr. Barth, Leipzig 1926.
6. W. Fleischmann und H. Weigmann, Lehrbuch der Milchwirtschaft, Paul Parey, Berlin 1932.
7. Handbuch der Milchwirtschaft, W. Grimmer, H. Weigmann und W. Winkler, Julius Springer, Berlin 1935.
8. W. Grimmer, Milchwirtschaftl. Praktikum, Akademische Verlagsgesellschaft, Leipzig 1926.
9. Chr. Barthel, Untersuchung von Milch u. Milchprodukten, Paul Parey, Berlin 1928.
10. H. Fincke, Handbuch der Kakaoerzeugnisse, Julius Springer, Berlin 1936.
11. F. Pawlowski und A. Doemens, Die brautechnischen Untersuchungsmethoden, R. Oldenbourg, München und Berlin 1932.
12. J. Tillmans, Die chemische Untersuchung von Wasser und Abwasser, 2. Aufl., Wilhelm Knapp, Halle 1932.
13. H. Beger, E. Nolte und A. Splittgerber, Untersuchungen des Wassers, Urban & Schwarzenberg, Berlin und Wien 1931.

Zusammenstellung

14. Ohlmüller-Spitta, Untersuchung und Beurteilung des Wassers und Abwassers, herausgegeben von Wo. Olszewski und O. Spitta, Julius Springer, Berlin 1931.

15. H. Klut, Untersuchung des Wassers an Ort und Stelle, Julius Springer, Berlin 1931.

16. Einheitsverfahren der Wasseruntersuchung, herausgegeben von der Fachgruppe Wasserchemie des Vereins deutscher Chemiker, Verlag Chemie, Berlin 1936.

17. J. Holluta, Die Chemie und chemische Technologie des Wassers, Ferdinand Enke, Stuttgart 1937.

18. Th. Arentz u. a., Chemie und Gewinnung der Fette, Julius Springer, Wien 1936.

19. Einheitliche Untersuchungsmethoden für die Fett- und Wachsindustrie (Wizöff), Wissenschaftliche Verlagsgesellschaft, Stuttgart 1930.

20. W. Plücker, Untersuchung der Nahrungs- und Genußmittel, Urban & Schwarzenberg, Berlin und Wien 1931.

21. W. Diemair, Die Haltbarmachung von Lebensmitteln, J. Encke, Stuttgart, 2. Aufl., 1946.

Vierziffrige Mantissen.

N.	0	1	2	3	4	5	6	7	8	9	1	2	3	4	5	6	7	8	9
											Proportionalteile								
10	0000	0043	0086	0128	0170	0212	0253	0294	0334	0374	4	8	12	17	21	25	29	33	37
11	0414	0453	0492	0531	0569	0607	0645	0682	0719	0755	4	8	11	15	19	23	27	30	34
12	0792	0828	0864	0899	0934	0969	1004	1038	1072	1106	3	7	10	14	17	21	24	28	31
13	1139	1173	1206	1239	1271	1303	1335	1367	1399	1430	3	6	10	13	16	19	23	26	29
14	1461	1492	1523	1553	1584	1614	1644	1673	1703	1732	3	6	9	12	15	18	21	24	27
15	1761	1790	1818	1847	1875	1903	1931	1959	1987	2014	3	6	8	11	14	17	20	22	25
16	2041	2068	2095	2122	2148	2175	2201	2227	2253	2279	3	5	8	11	13	16	18	21	24
17	2304	2330	2355	2380	2405	2430	2455	2480	2504	2529	2	5	7	10	12	15	17	20	22
18	2553	2577	2601	2625	2648	2672	2695	2718	2742	2765	2	5	7	9	12	14	16	19	21
19	2788	2810	2833	2856	2878	2900	2923	2945	2967	2989	2	4	7	9	11	13	16	18	20
20	3010	3032	3054	3075	3096	3118	3139	3160	3181	3201	2	4	6	8	11	13	15	17	19
21	3222	3243	3263	3284	3304	3324	3345	3365	3385	3404	2	4	6	8	10	12	14	16	18
22	3424	3444	3464	3483	3502	3522	3541	3560	3579	3598	2	4	6	8	10	12	14	15	17
23	3617	3636	3655	3674	3692	3711	3729	3747	3766	3784	2	4	6	7	9	11	13	15	17
24	3802	3820	3838	3856	3874	3892	3909	3927	3945	3962	2	4	5	7	9	11	12	14	16
25	3979	3997	4014	4031	4048	4065	4082	4099	4116	4133	2	3	5	7	9	10	12	14	15
26	4150	4166	4183	4200	4216	4232	4249	4265	4281	4298	2	3	5	7	8	10	11	13	15
27	4314	4330	4346	4362	4378	4393	4409	4425	4440	4456	2	3	5	6	8	9	11	13	14
28	4472	4487	4502	4518	4533	4548	4564	4579	4594	4609	2	3	5	6	8	9	11	12	14
29	4624	4639	4654	4669	4683	4698	4713	4728	4742	4757	1	3	4	6	7	9	10	12	13
30	4771	4786	4800	4814	4829	4843	4857	4871	4886	4900	1	3	4	6	7	9	10	11	13
31	4914	4928	4942	4955	4969	4983	4997	5011	5024	5038	1	3	4	6	7	8	10	11	12
32	5051	5065	5079	5092	5105	5119	5132	5145	5159	5172	1	3	4	5	7	8	9	11	12
33	5185	5198	5211	5224	5237	5250	5263	5276	5289	5302	1	3	4	5	6	8	9	10	12
34	5315	5328	5340	5353	5366	5378	5391	5403	5416	5428	1	3	4	5	6	8	9	10	11
35	5441	5453	5465	5478	5490	5502	5514	5527	5539	5551	1	2	4	5	6	7	9	10	11
36	5563	5575	5587	5599	5611	5623	5635	5647	5658	5670	1	2	4	5	6	7	8	10	11
37	5682	5694	5705	5717	5729	5740	5752	5763	5775	5786	1	2	3	5	6	7	8	9	10
38	5798	5809	5821	5832	5843	5855	5866	5877	5888	5899	1	2	3	5	6	7	8	9	10
39	5911	5922	5933	5944	5955	5966	5977	5988	5999	6010	1	2	3	4	5	7	8	9	10
40	6021	6031	6042	6053	6064	6075	6085	6096	6107	6117	1	2	3	4	5	6	8	9	10
41	6128	6138	6149	6160	6170	6180	6191	6201	6212	6222	1	2	3	4	5	6	7	8	9
42	6232	6243	6253	6263	6274	6284	6294	6304	6314	6325	1	2	3	4	5	6	7	8	9
43	6335	6345	6355	6365	6375	6385	6395	6405	6415	6425	1	2	3	4	5	6	7	8	9
44	6435	6444	6454	6464	6474	6484	6493	6503	6513	6522	1	2	3	4	5	6	7	8	9
45	6532	6542	6551	6561	6571	6580	6590	6599	6609	6618	1	2	3	4	5	6	7	8	9
46	6628	6637	6646	6656	6665	6675	6684	6693	6702	6712	1	2	3	4	5	6	7	7	8
47	6721	6730	6739	6749	6758	6767	6776	6785	6794	6803	1	2	3	4	5	5	6	7	8
48	6812	6821	6830	6839	6848	6857	6866	6875	6884	6893	1	2	3	4	4	5	6	7	8
49	6902	6911	6920	6928	6937	6946	6955	6964	6972	6981	1	2	3	4	4	5	6	7	8
50	6990	6998	7007	7016	7024	7033	7042	7050	7059	7067	1	2	3	3	4	5	6	7	8
51	7076	7084	7093	7101	7110	7118	7126	7135	7143	7152	1	2	3	3	4	5	6	7	8
52	7160	7168	7177	7185	7193	7202	7210	7218	7226	7235	1	2	2	3	4	5	6	7	7
53	7243	7251	7259	7267	7275	7284	7292	7300	7308	7316	1	2	2	3	4	5	6	6	7
54	7324	7332	7340	7348	7356	7364	7372	7380	7388	7396	1	2	2	3	4	5	6	6	7
55	7404	7412	7419	7427	7435	7443	7451	7459	7466	7474	1	2	2	3	4	5	5	6	7
56	7482	7490	7497	7505	7513	7520	7528	7536	7543	7551	1	2	2	3	4	5	5	6	7
57	7559	7566	7574	7582	7589	7597	7604	7612	7619	7627	1	2	2	3	4	5	5	6	7
58	7634	7642	7649	7657	7664	7672	7679	7686	7694	7701	1	1	2	3	4	4	5	6	7
59	7709	7716	7723	7731	7738	7745	7752	7760	7767	7774	1	1	2	3	4	4	5	6	7
60	7782	7789	7796	7803	7810	7818	7825	7832	7839	7846	1	1	2	3	4	4	5	6	6
N.	0	1	2	3	4	5	6	7	8	9	1	2	3	4	5	6	7	8	9

N.	0	1	2	3	4	5	6	7	8	9	1	2	3	4	5	6	7	8	9
60	7782	7789	7796	7803	7810	7818	7825	7832	7839	7846	1	1	2	3	4	4	5	6	6
61	7853	7860	7868	7875	7882	7889	7896	7903	7910	7917	1	1	2	3	4	4	5	6	6
62	7924	7931	7938	7945	7952	7959	7966	7973	7980	7987	1	1	2	3	3	4	5	6	6
63	7993	8000	8007	8014	8021	8028	8035	8041	8048	8055	1	1	2	3	3	4	5	5	6
64	8062	8069	8075	8082	8089	8096	8102	8109	8116	8122	1	1	2	3	3	4	5	5	6
65	8129	8136	8142	8149	8156	8162	8169	8176	8182	8189	1	1	2	3	3	4	5	5	6
66	8195	8202	8209	8215	8222	8228	8235	8241	8248	8254	1	1	2	3	3	4	5	5	6
67	8261	8267	8274	8280	8287	8293	8299	8306	8312	8319	1	1	2	3	3	4	5	5	6
68	8325	8331	8338	8344	8351	8357	8363	8370	8376	8382	1	1	2	3	3	4	4	5	6
69	8388	8395	8401	8407	8414	8420	8426	8432	8439	8445	1	1	2	2	3	4	4	5	6
70	8451	8457	8463	8470	8476	8482	8488	8494	8500	8506	1	1	2	2	3	4	4	5	6
71	8513	8519	8525	8531	8537	8543	8549	8555	8561	8567	1	1	2	2	3	4	4	5	5
72	8573	8579	8585	8591	8597	8603	8609	8615	8621	8627	1	1	2	2	3	4	4	5	5
73	8633	8639	8645	8651	8657	8663	8669	8675	8681	8686	1	1	2	2	3	4	4	5	5
74	8692	8698	8704	8710	8716	8722	8727	8733	8739	8745	1	1	2	2	3	4	4	5	5
75	8751	8756	8762	8768	8774	8779	8785	8791	8797	8802	1	1	2	2	3	3	4	5	5
76	8808	8814	8820	8825	8831	8837	8842	8848	8854	8859	1	1	2	2	3	3	4	5	5
77	8865	8871	8876	8882	8887	8893	8899	8904	8910	8915	1	1	2	2	3	3	4	4	5
78	8921	8927	8932	8938	8943	8949	8954	8960	8965	8971	1	1	2	2	3	3	4	4	5
79	8976	8982	8987	8993	8998	9004	9009	9015	9020	9025	1	1	2	2	3	3	4	4	5
80	9031	9036	9042	9047	9053	9058	9063	9069	9074	9079	1	1	2	2	3	3	4	4	5
81	9085	9090	9096	9101	9106	9112	9117	9122	9128	9133	1	1	2	2	3	3	4	4	5
82	9138	9143	9149	9154	9159	9165	9170	9175	9180	9186	1	1	2	2	3	3	4	4	5
83	9191	9196	9201	9206	9212	9217	9222	9227	9232	9238	1	1	2	2	3	3	4	4	5
84	9243	9248	9253	9258	9263	9269	9274	9279	9284	9289	1	1	2	2	3	3	4	4	5
85	9294	9299	9304	9309	9315	9320	9325	9330	9335	9340	1	1	2	2	3	3	4	4	5
86	9345	9350	9355	9360	9365	9370	9375	9380	9385	9390	1	1	2	2	3	3	4	4	5
87	9395	9400	9405	9410	9415	9420	9425	9430	9435	9440	0	1	1	2	2	3	3	4	4
88	9445	9450	9455	9460	9465	9469	9474	9479	9484	9489	0	1	1	2	2	3	3	4	4
89	9494	9499	9504	9509	9513	9518	9523	9528	9533	9538	0	1	1	2	2	3	3	4	4
90	9542	9547	9552	9557	9562	9566	9571	9576	9581	9586	0	1	1	2	2	3	3	4	4
91	9590	9595	9600	9605	9609	9614	9619	9624	9628	9633	0	1	1	2	2	3	3	4	4
92	9638	9643	9647	9652	9657	9661	9666	9671	9675	9680	0	1	1	2	2	3	3	4	4
93	9685	9689	9694	9699	9703	9708	9713	9717	9722	9727	0	1	1	2	2	3	3	4	4
94	9731	9736	9741	9745	9750	9754	9759	9763	9768	9773	0	1	1	2	2	3	3	4	4
95	9777	9782	9786	9791	9795	9800	9805	9809	9814	9818	0	1	1	2	2	3	3	4	4
96	9823	9827	9832	9836	9841	9845	9850	9854	9859	9863	0	1	1	2	2	3	3	4	4
97	9868	9872	9877	9881	9886	9890	9894	9899	9903	9908	0	1	1	2	2	3	3	4	4
98	9912	9917	9921	9926	9930	9934	9939	9943	9948	9952	0	1	1	2	2	3	3	4	4
99	9956	9961	9965	9969	9974	9978	9983	9987	9991	9996	0	1	1	2	2	3	3	3	4
100	00000	00043	00087	00130	00173	00217	00260	00303	00346	00389	4	9	13	17	22	26	30	35	39
101	00432	00475	00518	00561	00604	00647	00689	00732	00775	00817	4	9	13	17	22	26	30	34	39
102	00860	00903	00945	00988	01030	01072	01115	01157	01199	01242	4	8	13	17	21	25	30	34	38
103	01284	01326	01368	01410	01452	01494	01536	01578	01620	01662	4	8	13	17	21	25	29	34	38
104	01703	01745	01787	01828	01870	01912	01953	01995	02036	02078	4	8	12	17	21	25	29	33	37
105	02119	02160	02202	02243	02284	02325	02366	02407	02449	02490	4	8	12	16	21	25	29	33	37
106	02531	02572	02612	02653	02694	02735	02776	02816	02857	02898	4	8	12	16	20	24	28	32	36
107	02938	02979	03019	03060	03100	03141	03181	03222	03262	03302	4	8	12	16	20	24	28	32	36
108	03342	03383	03423	03463	03503	03543	03583	03623	03663	03703	4	8	12	16	20	24	28	32	36
109	03743	03782	03822	03862	03902	03941	03981	04021	04060	04100	4	8	12	16	20	24	28	31	36
110	04139	04179	04218	04258	04297	04336	04376	04415	04454	04493	4	8	12	16	20	24	28	31	36
N.	0	1	2	3	4	5	6	7	8	9	1	2	3	4	5	6	7	8	9

Antilogarithmen.

Proportionalteile

lg	0	1	2	3	4	5	6	7	8	9	1	2	3	4	5	6	7	8	9
·00	1000	1002	1005	1007	1009	1012	1014	1016	1019	1021	0	0	1	1	1	1	2	2	2
·01	1023	1026	1028	1030	1033	1035	1038	1040	1042	1045	0	0	1	1	1	1	2	2	2
·02	1047	1050	1052	1054	1057	1059	1062	1064	1067	1069	0	0	1	1	1	1	2	2	2
·03	1072	1074	1076	1079	1081	1084	1086	1089	1091	1094	0	0	1	1	1	1	2	2	2
·04	1096	1099	1102	1104	1107	1109	1112	1114	1117	1119	0	1	1	1	1	2	2	2	2
·05	1122	1125	1127	1130	1132	1135	1138	1140	1143	1146	0	1	1	1	1	2	2	2	2
·06	1148	1151	1153	1156	1159	1161	1164	1167	1169	1172	0	1	1	1	1	2	2	2	2
·07	1175	1178	1180	1183	1186	1189	1191	1194	1197	1199	0	1	1	1	1	2	2	2	2
·08	1202	1205	1208	1211	1213	1216	1219	1222	1225	1227	0	1	1	1	1	2	2	2	3
·09	1230	1233	1236	1239	1242	1245	1247	1250	1253	1256	0	1	1	1	1	2	2	2	3
·10	1259	1262	1265	1268	1271	1274	1276	1279	1282	1285	0	1	1	1	1	2	2	2	3
·11	1288	1291	1294	1297	1300	1303	1306	1309	1312	1315	0	1	1	1	2	2	2	2	3
·12	1318	1321	1324	1327	1330	1334	1337	1340	1343	1346	0	1	1	1	2	2	2	2	3
·13	1349	1352	1355	1358	1361	1365	1368	1371	1374	1377	0	1	1	1	2	2	2	3	3
·14	1380	1384	1387	1390	1393	1396	1400	1403	1406	1409	0	1	1	1	2	2	2	3	3
·15	1413	1416	1419	1422	1426	1429	1432	1435	1439	1442	0	1	1	1	2	2	2	3	3
·16	1445	1449	1452	1455	1459	1462	1466	1469	1472	1476	0	1	1	1	2	2	2	3	3
·17	1479	1483	1486	1489	1493	1496	1500	1503	1507	1510	0	1	1	1	2	2	2	3	3
·18	1514	1517	1521	1524	1528	1531	1535	1538	1542	1545	0	1	1	1	2	2	2	3	3
·19	1549	1552	1556	1560	1563	1567	1570	1574	1578	1581	0	1	1	1	2	2	3	3	3
·20	1585	1589	1592	1596	1600	1603	1607	1611	1614	1618	0	1	1	1	2	2	3	3	3
·21	1622	1626	1629	1633	1637	1641	1644	1648	1652	1656	0	1	1	2	2	2	3	3	3
·22	1660	1663	1667	1671	1675	1679	1683	1687	1690	1694	0	1	1	2	2	2	3	3	3
·23	1698	1702	1706	1710	1714	1718	1722	1726	1730	1734	0	1	1	2	2	2	3	3	4
·24	1738	1742	1746	1750	1754	1758	1762	1766	1770	1774	0	1	1	2	2	2	3	3	4
·25	1778	1782	1786	1791	1795	1799	1803	1807	1811	1816	0	1	1	2	2	2	3	3	4
·26	1820	1824	1828	1832	1837	1841	1845	1849	1854	1858	0	1	1	2	2	3	3	3	4
·27	1862	1866	1871	1875	1879	1884	1888	1892	1897	1901	0	1	1	2	2	3	3	3	4
·28	1905	1910	1914	1919	1923	1928	1932	1936	1941	1945	0	1	1	2	2	3	3	4	4
·29	1950	1954	1959	1963	1968	1972	1977	1982	1986	1991	0	1	1	2	2	3	3	4	4
·30	1995	2000	2004	2009	2014	2018	2023	2028	2032	2037	0	1	1	2	2	3	3	4	4
·31	2042	2046	2051	2056	2061	2065	2070	2075	2080	2084	0	1	1	2	2	3	3	4	4
·32	2089	2094	2099	2104	2109	2113	2118	2123	2128	2133	0	1	1	2	2	3	3	4	4
·33	2138	2143	2148	2153	2158	2163	2168	2173	2178	2183	0	1	1	2	2	3	3	4	4
·34	2188	2193	2198	2203	2208	2213	2218	2223	2228	2234	1	1	2	2	3	3	4	4	5
·35	2239	2244	2249	2254	2259	2265	2270	2275	2280	2286	1	1	2	2	3	3	4	4	5
·36	2291	2296	2301	2307	2312	2317	2323	2328	2333	2339	1	1	2	2	3	3	4	4	5
·37	2344	2359	2355	2360	2366	2371	2377	2382	2388	2393	1	1	2	2	3	3	4	4	5
·38	2399	2404	2410	2415	2421	2427	2432	2438	2443	2449	1	1	2	2	3	3	4	4	5
·39	2455	2460	2466	2472	2477	2483	2489	2495	2500	2506	1	1	2	2	3	3	4	5	5
·40	2512	2518	2523	2529	2535	2541	2547	2553	2557	2564	1	1	2	2	3	4	4	5	5
·41	2570	2576	2582	2588	2594	2600	2606	2612	2618	2624	1	1	2	2	3	4	4	5	5
·42	2630	2636	2642	2649	2655	2661	2667	2673	2679	2685	1	1	2	2	3	4	4	5	6
·43	2692	2698	2704	2710	2716	2723	2729	2735	2742	2748	1	1	2	3	3	4	4	5	6
·44	2754	2761	2767	2773	2780	2786	2793	2799	2805	2812	1	1	2	3	3	4	4	5	6
·45	2818	2825	2831	2838	2844	2851	2858	2864	2871	2877	1	1	2	3	3	4	5	5	6
·46	2884	2891	2897	2904	2911	2917	2924	2931	2938	2944	1	1	2	3	3	4	5	5	6
·47	2951	2958	2965	2972	2979	2985	2992	2999	3006	3013	1	1	2	3	3	4	5	5	6
·48	3020	3027	3034	3041	3048	3055	3062	3069	3076	3083	1	1	2	3	4	4	5	6	6
·49	3090	3097	3105	3112	3119	3126	3133	3141	3148	3155	1	1	2	3	4	4	5	6	6
	0	1	2	3	4	5	6	7	8	9	1	2	3	4	5	6	7	8	9

Antilogarithmen.

Proportionalteile

lg	0	1	2	3	4	5	6	7	8	9	1	2	3	4	5	6	7	8	9
·50	3162	3170	3177	3184	3192	3199	3206	3214	3221	3228	1	1	2	3	4	4	5	6	7
·51	3236	3243	3251	3258	3266	3273	3281	3289	3296	3304	1	2	2	3	4	5	5	6	7
·52	3311	3319	3327	3334	3342	3350	3357	3365	3373	3381	1	2	2	3	4	5	5	6	7
·53	3388	3396	3404	3412	3420	3428	3436	3443	3451	3459	1	2	2	3	4	5	6	6	7
·54	3467	3475	3483	3491	3499	3508	3516	3524	3532	3540	1	2	2	3	4	5	6	6	7
·55	3548	3556	3565	3573	3581	3589	3597	3606	3614	3622	1	2	2	3	4	5	6	7	7
·56	3631	3639	3648	3656	3664	3673	3681	3690	3698	3707	1	2	3	3	4	5	6	7	8
·57	3715	3724	3733	3741	3750	3758	3767	3776	3784	3793	1	2	3	3	4	5	6	7	8
·58	3802	3811	3819	3828	3837	3846	3855	3864	3873	3882	1	2	3	4	4	5	6	7	8
·59	3890	3899	3908	3917	3926	3936	3945	3954	3963	3972	1	2	3	4	5	5	6	7	8
·60	3981	3990	3999	4009	4018	4027	4036	4046	4055	4064	1	2	3	4	5	6	6	7	8
·61	4074	4083	4093	4102	4111	4121	4130	4140	4150	4159	1	2	3	4	5	6	7	8	9
·62	4169	4178	4188	4198	4207	4217	4227	4236	4246	4256	1	2	3	4	5	6	7	8	9
·63	4266	4276	4285	4295	4305	4315	4325	4335	4345	4355	1	2	3	4	5	6	7	8	9
·64	4365	4375	4385	4395	4406	4416	4426	4436	4446	4457	1	2	3	4	5	6	7	8	9
·65	4467	4477	4487	4498	4508	4519	4529	4539	4550	4560	1	2	3	4	5	6	7	8	9
·66	4571	4581	4592	4603	4613	4624	4634	4645	4656	4667	1	2	3	4	5	6	7	9	10
·67	4677	4688	4699	4710	4721	4732	4742	4753	4764	4775	1	2	3	4	5	7	8	9	10
·68	4786	4797	4808	4819	4831	4842	4853	4864	4875	4887	1	2	3	4	6	7	8	9	10
·69	4898	4909	4920	4932	4943	4955	4966	4977	4989	5000	1	2	3	5	6	7	8	9	10
·70	5012	5023	5035	5047	5058	5070	5082	5093	5105	5117	1	2	4	5	6	7	8	9	11
·71	5129	5140	5152	5164	5176	5188	5200	5212	5224	5236	1	2	4	5	6	7	8	10	11
·72	5248	5260	5272	5284	5297	5309	5321	5333	5346	5358	1	2	4	5	6	7	9	10	11
·73	5370	5383	5395	5408	5420	5433	5445	5458	5470	5483	1	3	4	5	6	8	9	10	11
·74	5495	5508	5521	5534	5546	5559	5572	5585	5598	5610	1	3	4	5	6	8	9	10	12
·75	5623	5636	5649	5662	5675	5689	5702	5715	5728	5741	1	3	4	5	7	8	9	10	12
·76	5754	5768	5781	5794	5808	5821	5834	5848	5861	5875	1	3	4	5	7	8	9	11	12
·77	5888	5902	5916	5929	5943	5957	5970	5984	5998	6012	1	3	4	5	7	8	10	11	12
·78	6026	6039	6053	6067	6081	6095	6109	6124	6138	6152	1	3	4	6	7	8	10	11	13
·79	6166	6180	6194	6209	6223	6237	6252	6266	6281	6295	1	3	4	6	7	9	10	11	13
·80	6310	6324	6339	6353	6368	6383	6397	6412	6427	6442	1	3	4	6	7	9	10	12	13
·81	6457	6471	6486	6501	6516	6531	6546	6561	6577	6592	2	3	5	6	8	9	11	12	14
·82	6607	6622	6637	6653	6668	6683	6699	6714	6730	6745	2	3	5	6	8	9	11	12	14
·83	6761	6776	6792	6808	6823	6839	6855	6871	6887	6902	2	3	5	6	8	9	11	13	14
·84	6918	6934	6950	6966	6982	6998	7015	7031	7047	7063	2	3	5	6	8	10	11	13	15
·85	7079	7096	7112	7129	7145	7161	7178	7194	7211	7228	2	3	5	7	8	10	12	13	15
·86	7244	7261	7278	7295	7311	7328	7345	7362	7379	7396	2	3	5	7	8	10	12	13	15
·87	7413	7430	7447	7464	7482	7499	7516	7534	7551	7568	2	3	5	7	9	10	12	14	16
·88	7586	7603	7621	7638	7656	7674	7691	7709	7727	7745	2	4	5	7	9	11	12	14	16
·89	7762	7780	7798	7816	7834	7852	7870	7889	7907	7925	2	4	5	7	9	11	13	14	16
·90	7943	7962	7980	7998	8017	8035	8054	8072	8091	8110	2	4	6	7	9	11	13	15	17
·91	8128	8147	8166	8185	8204	8222	8241	8260	8279	8299	2	4	6	8	9	11	13	15	17
·92	8318	8337	8356	8375	8395	8414	8433	8453	8472	8492	2	4	6	8	10	12	14	15	17
·93	8511	8531	8551	8570	8590	8610	8630	8650	8670	8690	2	4	6	8	10	12	14	16	18
·94	8710	8730	8750	8770	8790	8810	8831	8851	8872	8892	2	4	6	8	10	12	14	16	18
·95	8913	8933	8954	8974	8995	9016	9036	9057	9078	9099	2	4	6	8	10	12	15	17	19
·96	9120	9141	9162	9183	9204	9226	9247	9268	9290	9311	2	4	6	8	11	13	15	17	19
·97	9333	9354	9376	9397	9419	9441	9462	9484	9506	9528	2	4	7	9	11	13	15	17	20
·98	9550	9572	9594	9616	9638	9661	9683	9705	9727	9750	2	4	7	9	11	13	16	18	20
·99	9772	9795	9817	9840	9863	9886	9908	9931	9954	9977	2	5	7	9	11	14	16	18	20
	0	1	2	3	4	5	6	7	8	9	1	2	3	4	5	6	7	8	9

MIX
Papier | Fördert
gute Waldnutzung
FSC® C083411

Zeitfracht Medien GmbH
Ferdinand-Jühlke-Straße 7
99095 Erfurt, Deutschland
produktsicherheit@kolibri360.de